수학 좀 한다면

디딤돌 초등수학 기본+응용 2-1
펴낸날 [개정판 1쇄] 2024년 7월 24일 | **펴낸이** 이기열 | **펴낸곳** (주)디딤돌 교육 | **주소** (03972) 서울특별시 마포구 월드컵북로 122 청원선와이즈타워 | **대표전화** 02-3142-9000 | **구입문의**
02-322-8451 | **내용문의** 02-323-9166 | **팩시밀리** 02-338-3231 | **홈페이지** www.didimdol.co.kr | **등록번호** 제10-718호 | 구입한 후에는 철회되지 않으며 잘못 인쇄된 책은 바꾸어
드립니다. 이 책에 실린 모든 삽화 및 편집 형태에 대한 저작권은 (주)디딤돌 교육에 있으므로 무단으로 복사 복제할 수 없습니다. Copyright ⓒ Didimdol Co. [2502280]

내 실력에 딱!
최상위로 가는 '맞춤 학습 플랜'

STEP 1 On-line
나에게 맞는 공부법은?
맞춤 학습 가이드를 만나요.

교재 선택부터 공부법까지! 디딤돌에서 제공하는 시기별
맞춤 학습 가이드를 통해 아이에게 맞는 학습 계획을 세워 주세요.
(학습 가이드는 디딤돌 학부모카페 '맘이가'를 통해 상시 공지합니다.
cafe.naver.com/didimdolmom)

STEP 2 Book
맞춤 학습 스케줄표
계획에 따라 공부해요.

교재에 첨부된 '맞춤 학습 스케줄표'에 맞춰 공부 목표를
달성합니다.

STEP 3 On-line
이럴 땐 이렇게!
'맞춤 Q&A'로 해결해요.

궁금하거나 모르는 문제가 있다면,
'맘이가' 카페를 통해 질문을 남겨 주세요.
디딤돌 수학쌤 및 선배맘님들이 친절히 답변해 드립니다.

STEP 4 Book
다음에는 뭐 풀지?
다음 교재를 추천받아요.

학습 결과에 따라 후속 학습에 사용할 교재를 제시해 드립니다.
(교재 마지막 페이지 수록)

 ★ 디딤돌 플래너 만나러 가기

디딤돌 초등수학 기본 + 응용 2-1

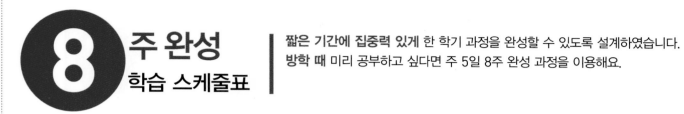

8 주 완성 학습 스케줄표 | 짧은 기간에 집중력 있게 한 학기 과정을 완성할 수 있도록 설계하였습니다.
방학 때 미리 공부하고 싶다면 주 5일 8주 완성 과정을 이용해요.

공부한 날짜를 쓰고 하루 분량 학습을 마친 후, 부모님께 확인 check ☑를 받으세요.

1주 **1 세 자리 수** **2주**

월 일	월 일	월 일	월 일	월 일	월 일	월 일
8~11쪽	12~15쪽	16~19쪽	20~25쪽	26~29쪽	30~32쪽	33~35쪽

3주 **3 덧셈과 뺄셈** **4주**

월 일	월 일	월 일	월 일	월 일	월 일	월 일
50~55쪽	56~59쪽	60~62쪽	63~65쪽	68~73쪽	74~77쪽	78~83쪽

5주 **4 길이 재기** **6주**

월 일	월 일	월 일	월 일	월 일	월 일	월 일
96~99쪽	100~103쪽	104~106쪽	107~109쪽	112~117쪽	118~123쪽	124~129쪽

7주 **5 분류하기** **6 곱셈** **8주**

월 일	월 일	월 일	월 일	월 일	월 일	월 일
142~149쪽	150~157쪽	158~160쪽	161~163쪽	166~171쪽	172~175쪽	176~179쪽

MEMO

효과적인 수학 공부 비법

시켜서 ✗ 억지로 　　　 내가 스스로 ○

억지로 하는 일과 즐겁게 하는 일은 결과가 달라요.
목표를 가지고 스스로 즐기면 능률이 배가 돼요.

가끔 한꺼번에 ✗ 　　　 매일매일 꾸준히 ○

급하게 쌓은 실력은 무너지기 쉬워요.
조금씩이라도 매일매일 단단하게 실력을 쌓아가요.

정답을 몰래 ✗ 　　　 개념을 꼼꼼히 ○

모든 문제는 개념을 바탕으로 출제돼요.
쉽게 풀리지 않을 땐, 개념을 펼쳐 봐요.

채점하면 끝 ✗ 　　　 틀린 문제는 다시 ○

왜 틀렸는지 알아야 다시 틀리지 않겠죠?
틀린 문제와 어림짐작으로 맞힌 문제는
꼭 다시 풀어 봐요.

수학 좀 한다면

초등수학
기본+응용

상위권으로 가는 응용심화 학습서

2
1

기본부터 실력까지 한 권으로 끝내는 공부 전략!

1 한 권에 보이는 개념 정리로 개념 이해!

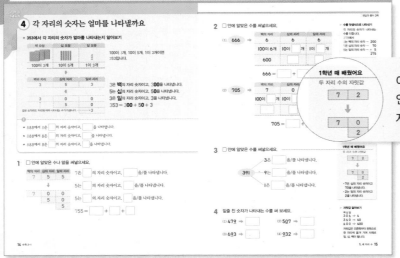

개념 정리를 읽고 교과서 기본 문제를 풀어 보며 개념을 확실히 내 것으로 만들어 봅니다.

> 이전에 배운 개념이 연계 학습을 통해 자연스럽게 확장됩니다.

2 개념 대표 문제로 개념 확인!

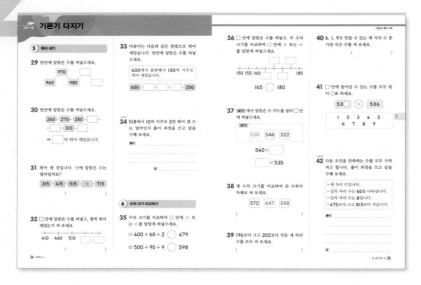

개념별 집중 문제로 교과서, 익힘책은 물론 서술형 문제까지 기본기에 필요한 모든 문제를 풀어봅니다.

3 응용 문제로 실력 완성!

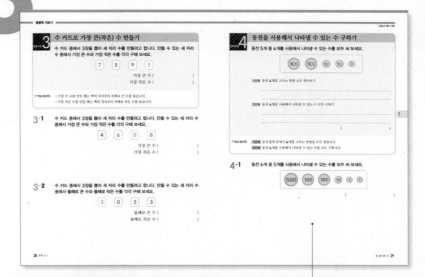

단원별 대표 응용 문제를 풀어 보며
실력을 완성해 봅니다.

동전을 사용해서 나타낼 수 있는 수 구하기

동전 5개 중 4개를 사용해서 나타낼 수 있는 수를 모두 써 보세요.

한 단계 더 나아간 심화 문제를 풀어
보며 문제 해결력을 완성해 봅니다.

4 단원 평가로 실력 점검!

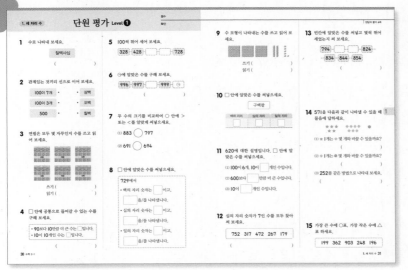

공부한 내용을 마무리하며 틀린 문제나
헷갈렸던 문제는 반드시 개념을 살펴
봅니다.

이 책의 **차례**

1 세 자리 수

100이 6개, 10이 7개, 1이 4개이면 어떤 수를 나타낼까?
바로 세 자리 수 674야!

수에서는 수가 놓인 자리가 값이다!

세 자리 수

1 1 1

백의 자리

1	0	0

십의 자리

너는 나와 만날 수 없어!

1	0

일의 자리

● = ●●●●●
    ●●●●●

흥! 아니거든!
나도 10이 되면
올라갈 수 있거든!

1

+

아! 그래서
같은 자리끼리
계산하는 거였군!

1	1	1

① 백을 알아볼까요

● **백 알아보기**

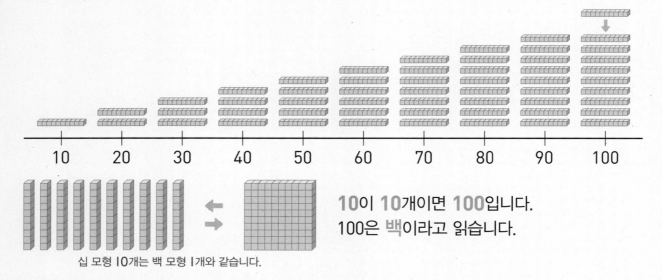

십 모형 10개는 백 모형 1개와 같습니다.

10이 10개이면 100입니다.
100은 **백**이라고 읽습니다.

• 90보다 10만큼 더 큰 수는 100입니다.
• 100은 99보다 1만큼 더 큰 수입니다.

1 빈칸에 알맞은 수를 써넣으세요.

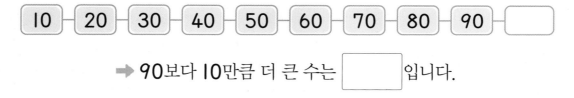

➡ 90보다 10만큼 더 큰 수는 ☐ 입니다.

2 100을 수 모형으로 나타낸 것입니다.
☐ 안에 알맞은 수나 말을 써넣으세요.

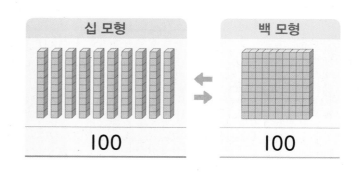

(1) 십 모형 10개는 백 모형 ☐ 개와
같습니다.

(2) 10이 10개이면 ☐ 입니다.

(3) 100은 ☐ (이)라고 읽습니다.

3 빈칸에 알맞은 수를 써넣으세요.

▶ **여러 가지 방법으로 100을 나타내기**

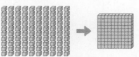

1이 100개인 수 → 100

10이 10개인 수 → 100

100이 1개인 수 → 100

(1)
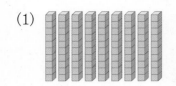

십 모형	일 모형
개	개

(2)
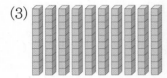

십 모형	일 모형
개	개

(3)

십 모형	일 모형
개	개

(4)

백 모형	십 모형	일 모형
개	개	개

4 ☐ 안에 알맞은 수를 써넣으세요.

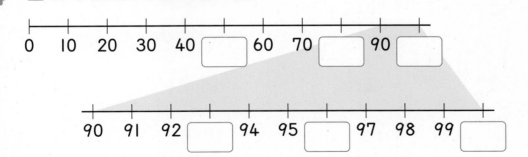

0 10 20 30 40 ☐ 60 70 ☐ 90 ☐

90 91 92 ☐ 94 95 ☐ 97 98 99 ☐

5 ☐ 안에 알맞은 수를 써넣으세요.

(1) 99보다 ☐ 만큼 더 큰 수는 100입니다.

(2) ☐ 은/는 90보다 10만큼 더 큰 수입니다.

▶ **100을 ~보다 ~만큼 더 큰 수로 나타내기**

99보다 1만큼 더 큰 수
98보다 2만큼 더 큰 수
90보다 10만큼 더 큰 수
80보다 20만큼 더 큰 수

2 몇백을 알아볼까요

● **몇백 알아보기**

수		쓰기	읽기
100이 **2**개		200	이백
100이 **3**개		300	삼백
100이 **4**개		400	사백
100이 **5**개		500	오백
100이 **6**개		600	육백

100이 ■개이면 ■00으로 쓰고 ■백으로 읽습니다.

● 100이 **7**개이면 **700**, **8**개이면 [　　], **9**개이면 [　　]입니다.

● **700**은 칠백, **800**은 [　　], **900**은 [　　]이라고 읽습니다.

1 수 모형이 나타내는 수를 쓰고 읽어 보세요.

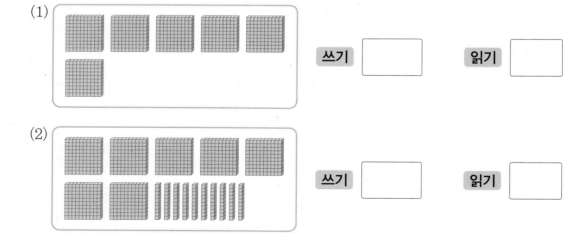

(1)　　　　　　　　　　　　　　　쓰기 [　　]　　읽기 [　　]

(2)　　　　　　　　　　　　　　　쓰기 [　　]　　읽기 [　　]

2 주어진 수만큼 묶어 보고 □ 안에 알맞은 수를 써넣으세요.

몇백일 때 십 모형, 일 모형은 모두 0개입니다.

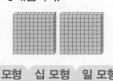

백 모형	십 모형	일 모형
2개	0개	0개

(1) | 100이 4개 |

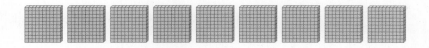

100이 4개이면 [   ]입니다.

(2) | 100이 7개 |

100이 [   ]개이면 [   ]입니다.

3 □ 안에 알맞은 수를 쓰고, 같은 것끼리 이어 보세요.

■00은 ■백이라고 읽습니다.

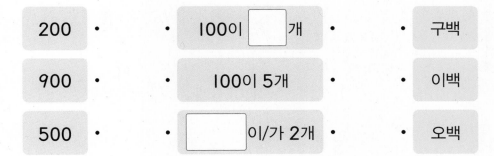

200	·	·	100이 [ ]개	·	·	구백
900	·	·	100이 5개	·	·	이백
500	·	·	[ ]이/가 2개	·	·	오백

4 선이는 꽃을 100송이씩 묶어 한 다발을 만들었습니다. 3다발에는 꽃이 모두 몇 송이일까요?

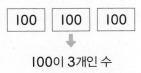

100이 3개인 수

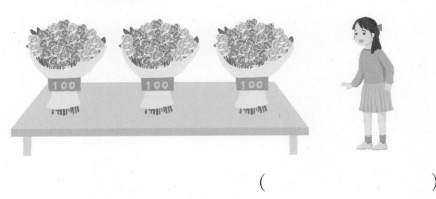

(   )

3 세 자리 수를 알아볼까요

• 몇백 몇십

백 모형	십 모형	일 모형
100이 3개	10이 4개	1이 0개
300	40	0

100이 **3**개, 10이 **4**개이면 **340**입니다.
340은 삼백사십이라고 읽습니다.

→ 1이 **0**개이면 읽지 않습니다.
삼백사십영(×)

• 몇백 몇십 몇

백 모형	십 모형	일 모형
100이 3개	10이 4개	1이 5개
300	40	5

100이 **3**개, 10이 **4**개, 1이 **5**개이면 **345**입니다.
345는 삼백사십오라고 읽습니다.

1 수 모형이 나타내는 수를 쓰고 읽어 보려고 합니다. □ 안에 알맞은 수를 써넣으세요.

백 모형	십 모형	일 모형
100이 6개	10이 5개	1이 8개

[ ]이/가 6개, [ ]이/가 5개, [ ]이/가 8개이면 [ ]이고

육백오십팔이라고 읽습니다.

2 수를 쓰고 읽어 보세요.

100이 5개, 10이 0개, 1이 7개인 수

쓰기 [ ]　　　읽기 [ ]

3 수 모형이 나타내는 수를 쓰고 읽어 보세요.

100이 ☐ 개, 10이 ☐ 개, 1이 ☐ 개이면 ☐ 이고

☐ (이)라고 읽습니다.

1학년 때 배웠어요

두 자리 수 쓰고 읽기

10이 6개, 1이 9개인 수는 60과 9이므로 69라 쓰고, 육십구 또는 예순아홉이라고 읽습니다.

4 빈칸에 알맞은 말이나 수를 써넣으세요.

104	

	칠백십팔

	육백사십

965	

▶ 자리의 숫자가 1이면 숫자는 읽지 않고 자리만 읽고, 자리의 숫자가 0이면 숫자와 자리 모두 읽지 않습니다.

5 색종이는 몇 장인지 써 보세요.

(   )

▶ 100장씩 묶음의 수, 10장씩 묶음의 수, 낱장의 수를 각각 세어 봅니다.

6 534만큼 색칠해 보세요.

▶ 534가 100이 몇 개, 10이 몇 개, 1이 몇 개인 수인지 먼저 생각해 봅니다.

④ 각 자리의 숫자는 얼마를 나타낼까요

● 353에서 각 자리의 숫자가 얼마를 나타내는지 알아보기

백 모형	십 모형	일 모형
100이 **3**개	10이 **5**개	1이 **3**개

100이 **3**개, 10이 **5**개, 1이 **3**개이면
353입니다.

↓

백의 자리	십의 자리	일의 자리
3	5	3

↓

3	0	0
	5	0
		3

같은 숫자라도 자리에 따라 나타내는 수가 다릅니다.

3은 **백**의 자리 숫자이고, **300**을 나타냅니다.
5는 **십**의 자리 숫자이고, **50**을 나타냅니다.
3은 **일**의 자리 숫자이고, **3**을 나타냅니다.
353 = **3**00 + **5**0 + **3**

- 888에서 8은 [ ]의 자리 숫자이고, [ ]을/를 나타냅니다.
- 888에서 8은 [ ]의 자리 숫자이고, [ ]을/를 나타냅니다.
- 888에서 8은 [ ]의 자리 숫자이고, [ ]을/를 나타냅니다.

---

1 ☐ 안에 알맞은 수나 말을 써넣으세요.

백의 자리	십의 자리	일의 자리
7	5	5

↓

7	0	0
	5	0
		5

7은 [ ]의 자리 숫자이고, [ ]을/를 나타냅니다.

5는 [ ]의 자리 숫자이고, [ ]을/를 나타냅니다.

5는 [ ]의 자리 숫자이고, [ ]을/를 나타냅니다.

755 = [ ] + [ ] + [ ]

2 □ 안에 알맞은 수를 써넣으세요.

수를 덧셈식으로 나타내기

각 자리의 숫자가 나타내는
수를 더합니다.

275에서
2는 백의 자리 숫자 → 200
7은 십의 자리 숫자 → 70
5는 일의 자리 숫자 → + 5
                    275

275 = 200 + 70 + 5

(1) 666 →

백의 자리	십의 자리	일의 자리
6	6	6
100이 6개	10이 ☐ 개	1이 ☐ 개
600	☐	☐

666 = ☐ + ☐ + ☐

(2) 705 →

백의 자리	십의 자리	일의 자리
7	0	5
100이 ☐ 개	10이 ☐ 개	1이 ☐ 개
☐	☐	☐

705 = ☐ + ☐

3 □ 안에 알맞은 수를 써넣으세요.

391

3은 ☐ 을/를 나타냅니다.

9는 ☐ 을/를 나타냅니다.

1은 ☐ 을/를 나타냅니다.

1학년 때 배웠어요

두 자리 수의 자릿값

7	2

↓

7	0
	2

• 7은 십의 자리 숫자이고
  70을 나타냅니다.
• 2는 일의 자리 숫자이고
  2를 나타냅니다.

4 밑줄 친 숫자가 나타내는 수를 써 보세요.

(1) 47<u>9</u> → ☐

(2) 5<u>0</u>7 → ☐

(3) 6<u>9</u>3 → ☐

(4) <u>9</u>32 → ☐

자릿값 알아보기

백 십 일
3 0 4 → 4
3 4 0 → 40
4 0 0 → 400

자릿값은 오른쪽부터 왼쪽으로
한 자리씩 옮겨 가며 차례로
일, 십, 백이 됩니다.

기본기 다지기

1 백 알아보기

1 ☐ 안에 알맞은 수를 써넣으세요.

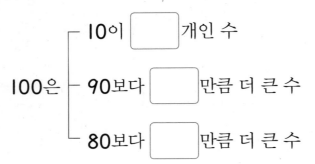

100은
- 10이 ☐ 개인 수
- 90보다 ☐ 만큼 더 큰 수
- 80보다 ☐ 만큼 더 큰 수

2 동전은 모두 얼마일까요?

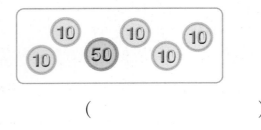

( )

3 ☐ 안에 알맞은 수를 써넣으세요.

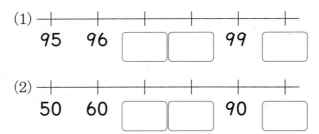

(1) 95 96 ☐ ☐ 99 ☐

(2) 50 60 ☐ ☐ 90 ☐

4 ☐ 안에 알맞은 수를 써넣으세요.

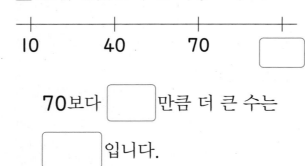

10 40 70 ☐

70보다 ☐ 만큼 더 큰 수는

☐ 입니다.

5 현미녹차가 한 상자에 50개씩 들어 있습니다. 두 상자에 들어 있는 현미녹차는 모두 몇 개일까요?

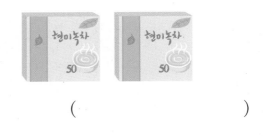

( )

6 돈을 가장 많이 가지고 있는 친구를 찾아 ○표 하세요.

지훈	다현	현수

7 지민이 할머니의 연세는 올해 **97**세입니다. 지민이의 할머니는 몇 년 후에 **100**세가 될까요?

( )

2 몇백 알아보기

8 ☐ 안에 알맞은 수를 써넣으세요.

(1) 100이 4개이면 ☐ 입니다.

(2) 100이 ☐ 개이면 600입니다.

9 동전은 모두 얼마인지 수를 쓰고 읽어 보세요.

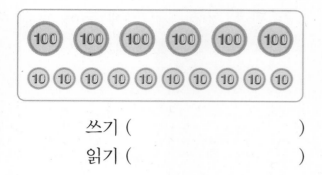

쓰기 (   )

읽기 (   )

10 보기 에서 알맞은 수를 찾아 □ 안에 써넣으세요.

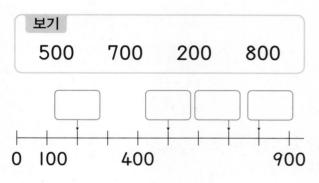

11 대화를 보고 잘못 말한 사람을 찾아 이름을 써 보세요.

유진: 100이 3개이면 300이야.
성호: 900은 구영영이라고 읽어.
주연: 오백을 수로 쓰면 500이야.

(   )

12 색칠한 칸의 수와 더 가까운 수에 ○표 하세요.

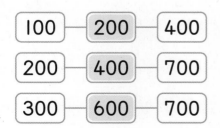

13 수 모형을 보고 알맞은 것을 찾아 기호 를 써 보세요.

㉠ 400보다 작습니다.
㉡ 400보다 크고 500보다 작습니다.
㉢ 500보다 큽니다.

(   )

3 세 자리 수 알아보기

14 □ 안에 알맞은 수나 말을 써넣으세요.

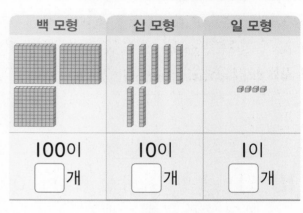

백 모형	십 모형	일 모형
100이 □개	10이 □개	1이 □개

➡ [   ]이고 [   ](이)라고 읽습니다.

15 수를 바르게 읽은 것을 찾아 이어 보 세요.

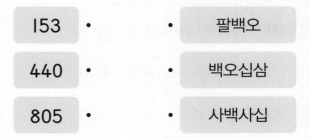

153	•	•	팔백오
440	•	•	백오십삼
805	•	•	사백사십

16 귤이 100개짜리 6상자와 10개짜리 3 봉지가 있습니다. 귤의 수를 쓰고 읽어 보세요.

쓰기 (   )

읽기 (   )

17 다음 수만큼 ⑩⑩, ⑩, ① 을 그려 나타내 보세요.

454

18 □ 안에 알맞은 수를 써넣어 10이 13 개인 수를 구해 보세요.

10이 10개이면 ➡

10이 3개이면 ➡

19 다음이 나타내는 수를 써 보세요.

100이 5개, 10이 17개, 1이 4개인 수

(   )

20 수 모형 4개 중 3개를 사용하여 나타낼 수 있는 세 자리 수를 모두 찾아 ○ 표 하세요.

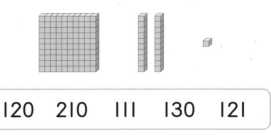

| 120 | 210 | 111 | 130 | 121 |

21 동전은 모두 얼마일까요?

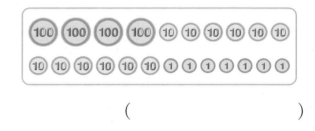

(   )

4 각 자리의 숫자가 나타내는 수 알아보기

22 □ 안에 알맞은 수를 써넣으세요.

317

백의 자리	십의 자리	일의 자리
100이 3개	10이 □ 개	1이 □ 개
300	□	□

317 = □ + □ + □

23 □ 안에 알맞은 수를 써넣으세요.

985

- 백의 자리 숫자: ⬚
  ➡ ⬚ 을/를 나타냅니다.

- 십의 자리 숫자: ⬚
  ➡ ⬚ 을/를 나타냅니다.

- 일의 자리 숫자: ⬚
  ➡ ⬚ 을/를 나타냅니다.

24 지우가 만든 수를 써 보세요.

내가 만든 수는 100이 6개인 세 자리 수야.
십의 자리 숫자는 80을 나타내고,
985와 일의 자리 숫자가 똑같아.

지우

( )

25 서연이네 학교 학습 준비실에 있는 준비물의 수입니다. 숫자 3이 30을 나타내는 것을 찾아 준비물을 써 보세요.

색연필	색종이	수수깡
203자루	329장	238개

( )

26 귤 415개를 보기 와 같은 방법으로 나타내 보세요.

보기
100개 ─ □, 10개 ─ ○, 1개 ─ △
324개 ➡ □□□○○△△△△

415개 ➡ ( )

27 밑줄 친 숫자가 얼마를 나타내는지 수 모형에서 찾아 ○표 하세요.

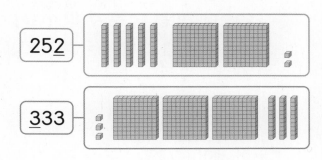

252

333

서술형
28 다음 수에서 밑줄 친 두 숫자 9의 다른 점을 설명해 보세요.

299

설명 _____

_____

_____

5 뛰어 세어 볼까요

- **100씩 뛰어 세기**

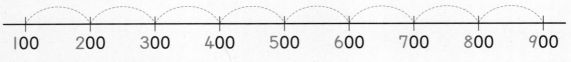

➡ 백의 자리 수가 1씩 커집니다.

- **10씩 뛰어 세기**

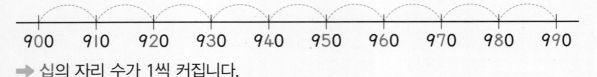

➡ 십의 자리 수가 1씩 커집니다.

- **1씩 뛰어 세기**

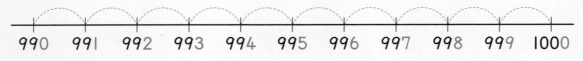

➡ 일의 자리 수가 1씩 커집니다.

- **999보다 1만큼 더 큰 수 알아보기**

999보다 1만큼 더 큰 수는 **1000**입니다.
1000은 **천**이라고 읽습니다.

1 뛰어 세어 보세요.

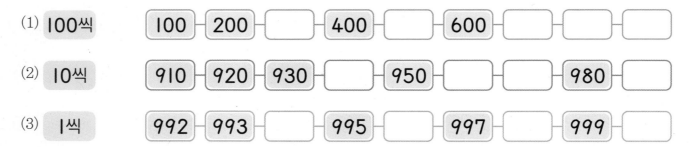

(1) 100씩 : 100 - 200 - ☐ - 400 - ☐ - 600 - ☐ - ☐ - ☐

(2) 10씩 : 910 - 920 - 930 - ☐ - 950 - ☐ - ☐ - 980 - ☐

(3) 1씩 : 992 - 993 - ☐ - 995 - ☐ - 997 - ☐ - 999 - ☐

2 ☐ 안에 알맞은 수나 말을 써넣으세요.

999보다 1만큼 더 큰 수는 ☐ 이고, ☐ (이)라고 읽습니다.

3 □ 안에 알맞은 수를 써넣으세요.

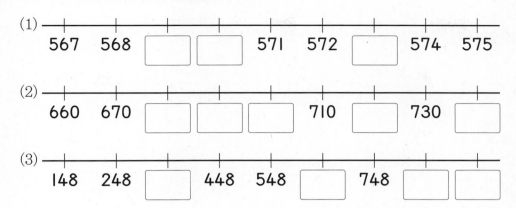

(1) 567 568 ☐ ☐ 571 572 ☐ 574 575

(2) 660 670 ☐ ☐ ☐ 710 ☐ 730 ☐

(3) 148 248 ☐ 448 548 ☐ 748 ☐ ☐

▶ 10, 100, 1000을 연결하여 알아보기

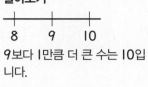
8 9 10
9보다 1만큼 더 큰 수는 10입니다.

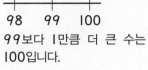
98 99 100
99보다 1만큼 더 큰 수는 100입니다.

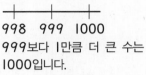
998 999 1000
999보다 1만큼 더 큰 수는 1000입니다.

4 빈칸에 알맞은 수를 써넣으세요.

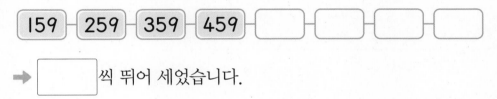

159 - 259 - 359 - 459 - ☐ - ☐ - ☐ - ☐

➡ ☐ 씩 뛰어 세었습니다.

5 빈칸에 알맞은 수를 써넣으세요.

280 - 290 - ☐ - 310 - ☐ - ☐ - ☐ - ☐

➡ ☐ 씩 뛰어 세었습니다.

1학년 때 배웠어요

두 자리 수를 10씩 뛰어 세기

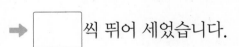
40 50 60 70 80

십의 자리 수만 1씩 커지고 일의 자리 수는 변하지 않습니다.

6 빈칸에 알맞은 수를 써넣으세요.

893 - ☐ - 895 - 896 - 897 - ☐ - ☐ - ☐

➡ ☐ 씩 뛰어 세었습니다.

6 수의 크기를 비교해 볼까요

● **세 자리 수의 크기 비교하기**

	백의 자리	십의 자리	일의 자리
327 =	3	2	7
256 =	2	5	6

327 ⟩ 256

백의 자리 수가 다르므로 백, 십, 일의 자리 수 중 백의 자리 수를 비교합니다.
└→ 십, 일의 자리 수는 비교하지 않아도 됩니다.

	백의 자리	십의 자리	일의 자리
327 =	3	2	7
356 =	3	5	6

327 ⟨ 356

백의 자리 수가 같으므로 십의 자리 수를 비교합니다.
└→ 일의 자리 수는 비교하지 않아도 됩니다.

● **수직선으로 비교하기**

수직선에서는 오른쪽에 있는 수일수록 더 큰 수입니다.

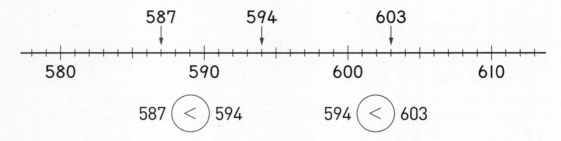

587 ⟨ 594   594 ⟨ 603

● 수의 크기를 비교할 때는 높은 자리 수부터 비교합니다. 따라서 세 자리 수의 크기를 비교할 때는
[ ]의 자리 수부터 비교하고 백의 자리 수가 같을 때는 [ ]의 자리 수를 비교하고
백의 자리, 십의 자리 수가 같을 때는 [ ]의 자리 수를 비교합니다.

1 두 수의 크기를 비교하여 ○ 안에 > 또는 <를 알맞게 써넣으세요.

백 모형	십 모형	일 모형
300	40	7

○

백 모형	십 모형	일 모형
300	40	5

└→ 백의 자리, 십의 자리 수가 같으므로 일의 자리 수를 비교합니다.

2 두 수의 크기를 비교하여 ○ 안에 > 또는 <를 알맞게 써넣으세요.

	백의 자리	십의 자리	일의 자리
231 ➡	2	3	1
416 ➡	4	1	6

231 ◯ 416

> 같은 수라도 높은 자리일수록 큰 수를 나타내므로 높은 자리 수부터 비교합니다.

3 두 수의 크기를 비교하여 ○ 안에 > 또는 <를 알맞게 써넣으세요.

(1) 360 ◯ 289

(2) 846 ◯ 873

4 빈칸에 알맞은 수를 써넣으세요.

	백의 자리	십의 자리	일의 자리
518 ➡	5	1	
495 ➡	4		5
513 ➡		1	3

(1) 가장 큰 수는 [　　] 입니다.

(2) 가장 작은 수는 [　　] 입니다.

> **1학년 때 배웠어요**
>
> 두 자리 수의 크기 비교
> 두 자리 수에서 가장 높은 자리는 십의 자리이므로 십의 자리 수부터 비교합니다.
>
> 93 > 75
>
> ➡ 십의 자리 수가 더 큰 93이 75보다 큽니다.
>
> 93 < 95
>
> ➡ 십의 자리 수가 같으므로 일의 자리 수가 더 큰 95가 93보다 큽니다.

5 은정이와 승욱이가 과수원에서 딴 사과의 수는 다음과 같습니다. 누가 사과를 더 많이 땄는지 구해 보세요.

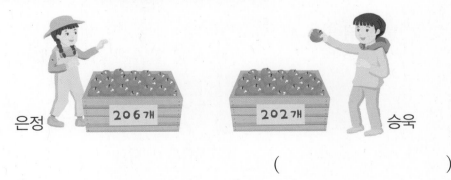

은정   206개   202개   승욱

(　　　　　)

> 사과를 더 많이 딴 사람을 구하려면 딴 사과의 수 중 더 큰 수를 찾아야 합니다.

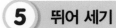
5 뛰어 세기

29 빈칸에 알맞은 수를 써넣으세요.

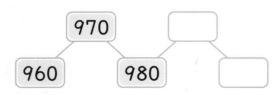

970   □

960   980   □

30 빈칸에 알맞은 수를 써넣으세요.

260 — 270 — 280 — □

□ — 310 — □

➡ □ 씩 뛰어 세었습니다.

31 뛰어 센 것입니다. ㉠에 알맞은 수는 얼마일까요?

315 — 415 — 515 — ㉠ — 715

(   )

32 □ 안에 알맞은 수를 써넣고, 몇씩 뛰어 세었는지 써 보세요.

410   460   510   □   □

(   )

33 다솜이는 다음과 같은 방법으로 뛰어 세었습니다. 빈칸에 알맞은 수를 써넣으세요.

> 600에서 출발해서 100씩 거꾸로 뛰어 세었습니다.

600 — □ — □ — □ — 200

서술형
34 518에서 10씩 거꾸로 3번 뛰어 센 수는 얼마인지 풀이 과정을 쓰고 답을 구해 보세요.

풀이 _____

_____

_____

답 _____

6 수의 크기 비교하기

35 수의 크기를 비교하여 ○ 안에 > 또는 <를 알맞게 써넣으세요.

(1) 400 + 60 + 2 ◯ 479

(2) 500 + 90 + 9 ◯ 598

36 □ 안에 알맞은 수를 써넣고, 두 수의 크기를 비교하여 ○ 안에 > 또는 <를 알맞게 써넣으세요.

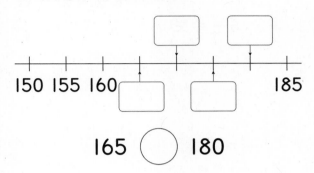

165 ◯ 180

37 보기 에서 알맞은 수 카드를 골라 □ 안에 써넣으세요.

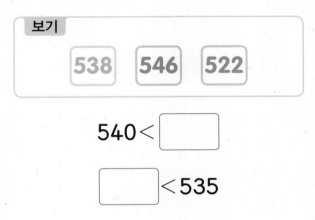

540 < ☐

☐ < 535

38 세 수의 크기를 비교하여 큰 수부터 차례로 써 보세요.

572 647 548

(   )

39 196보다 크고 202보다 작은 세 자리 수를 모두 써 보세요.

(   )

40 6, 1, 9로 만들 수 있는 세 자리 수 중 가장 작은 수를 써 보세요.

(   )

41 □ 안에 들어갈 수 있는 수를 모두 찾아 ○표 하세요.

53☐ (>) 536

| 1 | 2 | 3 | 4 | 5 |
| 6 | 7 | 8 | 9 |

1

서술형
42 다음 조건을 만족하는 수를 모두 구하려고 합니다. 풀이 과정을 쓰고 답을 구해 보세요.

- 세 자리 수입니다.
- 십의 자리 수는 60을 나타냅니다.
- 일의 자리 수는 8입니다.
- 475보다 크고 813보다 작습니다.

풀이 ....

....

....

답 ....

1 응용유형 어떤 수보다 ●만큼 더 큰(작은) 수 구하기

어떤 수보다 100만큼 더 큰 수는 502입니다. 어떤 수보다 10만큼 더 작은 수는 얼마일까요?

( )

● 핵심 NOTE
• 어떤 수보다 1만큼 더 큰(작은) 수는 일의 자리 수가 1만큼 더 큽(작습)니다.
• 어떤 수보다 10만큼 더 큰(작은) 수는 십의 자리 수가 1만큼 더 큽(작습)니다.
• 어떤 수보다 100만큼 더 큰(작은) 수는 백의 자리 수가 1만큼 더 큽(작습)니다.

1-1 어떤 수보다 1만큼 더 작은 수는 799입니다. 어떤 수보다 10만큼 더 큰 수는 얼마일까요?

( )

1-2 어떤 수보다 10만큼 더 큰 수는 1000입니다. 어떤 수에서 100씩 거꾸로 4번 뛰어 센 수는 얼마일까요?

( )

응용유형 2 일부분이 보이지 않는 두 수의 크기 비교

세 자리 수의 일의 자리 수가 보이지 않습니다. 어느 수가 더 큰 수인지 비교하여
○ 안에 > 또는 <를 알맞게 써넣으세요.

 ○

● 핵심 NOTE
- 백의 자리 수가 다르면 백의 자리 수를 비교합니다.
- 백의 자리 수가 같으면 십의 자리 수를 비교합니다.
- 백의 자리, 십의 자리 수가 같으면 일의 자리 수를 비교합니다.

2-1 세 자리 수의 십의 자리 수가 보이지 않습니다. 어느 수가 더 큰 수인지 비교하여 ○
안에 > 또는 <를 알맞게 써넣으세요.

 ○

2-2 □ 안에는 0부터 9까지의 수 중 같은 수가 들어갑니다. 어느 수가 더 큰 수인지 비교
하여 ○ 안에 > 또는 <를 알맞게 써넣으세요.

69□ ○ 6□2

3 수 카드로 가장 큰(작은) 수 만들기

수 카드 중에서 3장을 뽑아 세 자리 수를 만들려고 합니다. 만들 수 있는 세 자리 수 중에서 가장 큰 수와 가장 작은 수를 각각 구해 보세요.

| 7 | 5 | 9 | 1 |

가장 큰 수 (   )

가장 작은 수 (   )

● **핵심 NOTE** ・가장 큰 수를 만들 때는 백의 자리부터 차례로 큰 수를 놓습니다.

・가장 작은 수를 만들 때는 백의 자리부터 차례로 작은 수를 놓습니다.

3-1 수 카드 중에서 3장을 뽑아 세 자리 수를 만들려고 합니다. 만들 수 있는 세 자리 수 중에서 가장 큰 수와 가장 작은 수를 각각 구해 보세요.

가장 큰 수 (   )

가장 작은 수 (   )

3-2 수 카드 중에서 3장을 뽑아 세 자리 수를 만들려고 합니다. 만들 수 있는 세 자리 수 중에서 둘째로 큰 수와 둘째로 작은 수를 각각 구해 보세요.

둘째로 큰 수 (   )

둘째로 작은 수 (   )

심화유형 4 동전을 사용해서 나타낼 수 있는 수 구하기

동전 5개 중 4개를 사용해서 나타낼 수 있는 수를 모두 써 보세요.

1단계 동전 4개를 고르는 방법 모두 알아보기

_____

_____

2단계 동전 4개를 사용해서 나타낼 수 있는 수 모두 구하기

_____

_____

(   )

● 핵심 NOTE   1단계 동전 5개 중에서 4개를 고르는 방법을 모두 찾습니다.
                      2단계 동전 4개를 사용해서 나타낼 수 있는 수를 모두 구합니다.

4-1

동전 6개 중 5개를 사용해서 나타낼 수 있는 수를 모두 써 보세요.

(   )

단원 평가 Level ❶

1 수로 나타내 보세요.

칠백사십

(   )

2 관계있는 것끼리 이어 보세요.

100이 7개   •   • 삼백

100이 3개   •   • 오백

500   •   • 칠백

3 연필은 모두 몇 자루인지 수를 쓰고 읽어 보세요.

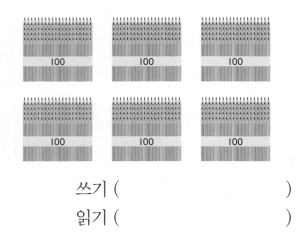

쓰기 (   )
읽기 (   )

4 ☐ 안에 공통으로 들어갈 수 있는 수를 구해 보세요.

• 90보다 10만큼 더 큰 수는 ☐입니다.
• 10이 10개인 수는 ☐입니다.

(   )

5 100씩 뛰어 세어 보세요.

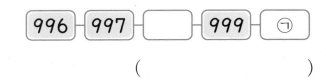

328 – 428 – ☐ – ☐ – 728

6 ㉠에 알맞은 수를 구해 보세요.

996 – 997 – ☐ – 999 – ㉠

(   )

7 두 수의 크기를 비교하여 ○ 안에 > 또는 <를 알맞게 써넣으세요.

(1) 883 ◯ 797

(2) 691 ◯ 694

8 ☐ 안에 알맞은 수를 써넣으세요.

729에서

• 백의 자리 숫자는 ☐이고,

  ☐을/를 나타냅니다.

• 십의 자리 숫자는 ☐이고,

  ☐을/를 나타냅니다.

• 일의 자리 숫자는 ☐이고,

  ☐을/를 나타냅니다.

9 수 모형이 나타내는 수를 쓰고 읽어 보세요.

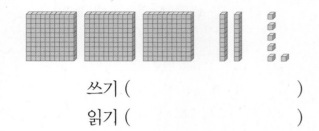

쓰기 (   )

읽기 (   )

10 ☐ 안에 알맞은 수를 써넣으세요.

구백팔

백의 자리	십의 자리	일의 자리
☐	☐	☐

11 620에 대한 설명입니다. ☐ 안에 알맞은 수를 써넣으세요.

(1) 100이 6개, 10이 ☐개인 수입니다.

(2) 600보다 ☐만큼 더 큰 수입니다.

(3) 10이 ☐개인 수입니다.

12 십의 자리 숫자가 7인 수를 모두 찾아 써 보세요.

752 317 472 267 179

(   )

13 빈칸에 알맞은 수를 써넣고 몇씩 뛰어 세었는지 써 보세요.

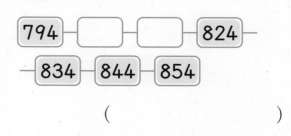

(   )

14 571을 다음과 같이 나타낼 수 있을 때 물음에 답하세요.

(1) ★ 1개는 ◆ 몇 개와 바꿀 수 있을까요?

(   )

(2) ◆ 1개는 ● 몇 개와 바꿀 수 있을까요?

(   )

(3) 252를 같은 방법으로 나타내 보세요.

(   )

15 가장 큰 수에 ○표, 가장 작은 수에 △표 하세요.

199 362 903 248 196

16 228보다 크고 234보다 작은 수는 모두 몇 개일까요?

(   )

17 다음 조건을 만족하는 수를 모두 써 보세요.

> • 세 자리 수입니다.
> • 십의 자리 수는 70을 나타냅니다.
> • 일의 자리 수는 7보다 큰 홀수입니다.
> • 356보다 크고 586보다 작습니다.

(   )

18 세 자리 수를 비교하여 다음과 같이 나타냈습니다. ☐ 안에 들어갈 수 있는 수를 모두 구해 보세요.

$$526 > \boxed{}42$$

(   )

19 수 카드를 한 번씩만 사용하여 가장 큰 세 자리 수를 만들려고 합니다. 풀이 과정을 쓰고 답을 구해 보세요.

6   1   8

풀이 _____

_____

_____

_____

답 _____

20 두 수 ㉮와 ㉯ 중에서 더 큰 수를 찾아 기호를 쓰려고 합니다. 풀이 과정을 쓰고 답을 구해 보세요.

> ㉮ 100이 6개, 10이 4개, 1이 4개인 수
> ㉯ 10이 70개인 수

풀이 _____

_____

_____

_____

답 _____

단원 평가 Level ❷

1 100만큼 묶어 보세요.

2 수를 쓰고 읽어 보세요.

100이 9개인 수

쓰기 (   )

읽기 (   )

3 수를 읽거나 수로 써 보세요.

⑴ 175

(   )

⑵ 칠백칠십육

(   )

⑶ 608

(   )

4 □ 안에 알맞은 수를 써넣으세요.

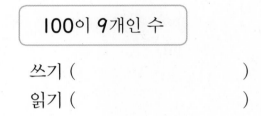

254는 100이 □개, 10이 □개, 1이 □개 입니다.

5 □ 안에 알맞은 수를 써넣으세요.

이백구십육

백의 자리	십의 자리	일의 자리
□	□	□

6 다음 중 설명이 잘못된 것은 어느 것일 까요? (   )

① 100이 3개이면 300입니다.
② 800은 100이 8개인 수입니다.
③ 10이 50개이면 500입니다.
④ 700은 1이 70개인 수입니다.
⑤ 400은 10이 40개인 수입니다.

7 백의 자리 수가 가장 큰 수는 어느 것 일까요? (   )

① 612   ② 708   ③ 563
④ 491   ⑤ 386

8 밑줄 친 숫자는 얼마를 나타내는지 써 보세요.

(1) 53<u>3</u> ➡ ☐

(2) 6<u>1</u>9 ➡ ☐

(3) <u>7</u>77 ➡ ☐

9 두 수의 크기를 비교하여 ○ 안에 > 또는 <를 알맞게 써넣으세요.

(1) 599 ◯ 728

(2) 463 ◯ 사백삼십육

10 밑줄 친 숫자 6이 나타내는 수가 가장 작은 수를 써 보세요.

| <u>6</u>21 | 16<u>3</u> | 91<u>6</u> | <u>6</u>07 |

(   )

11 뛰어 세는 규칙을 찾아 빈칸에 알맞은 수를 써넣으세요.

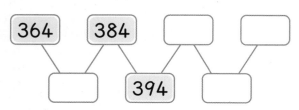

12 ☐ 안에 알맞은 수를 써넣으세요.

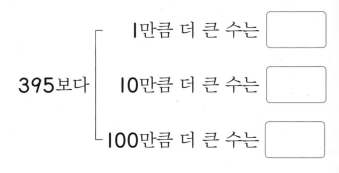

395보다
- 1만큼 더 큰 수는 ☐
- 10만큼 더 큰 수는 ☐
- 100만큼 더 큰 수는 ☐

13 보기 와 같은 방법으로 603을 나타내 보세요.

보기

254 ➡ ☐☐○○○○○△△△△

603 ➡ ....

14 큰 수부터 차례로 써 보세요.

| 584 | 677 | 901 | 592 |

(   )

15 100씩 뛰어 세어 782가 되도록 빈칸에 알맞은 수를 써넣으세요.

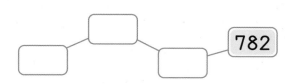

16 1000에 가까운 수부터 차례로 써 보세요.

970 700 997

( )

17 문방구에 클립이 100개씩 4상자, 10개씩 22상자, 낱개 9개가 있습니다. 클립은 모두 몇 개일까요?

( )

18 0부터 9까지의 수 중에서 □ 안에 들어갈 수 있는 수를 모두 구해 보세요.

765 < 7□8

( )

19 백의 자리 수가 3인 세 자리 수 중에서 305보다 작은 수를 모두 구하려고 합니다. 풀이 과정을 쓰고 답을 구해 보세요.

풀이

답

20 수 카드를 한 번씩 사용하여 만들 수 있는 세 자리 수 중에서 437보다 큰 수는 모두 몇 개인지 풀이 과정을 쓰고 답을 구해 보세요.

[3] [7] [4]

풀이

답

2 여러 가지 도형

△, □, ○ 는 무슨 모양이지?
이 도형들도 각자 부를 수 있는 이름이 있어!

변, 꼭짓점이 3개면 삼각형, 4개면 사각형!

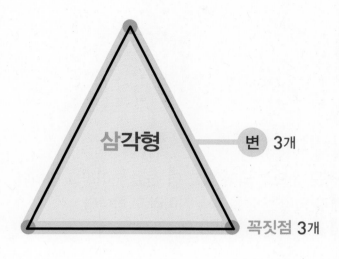

삼각형 — 변 3개

꼭짓점 3개

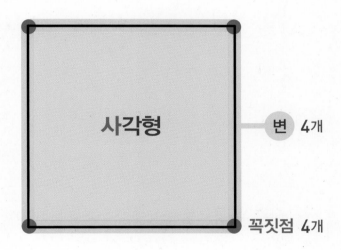

사각형 — 변 4개

꼭짓점 4개

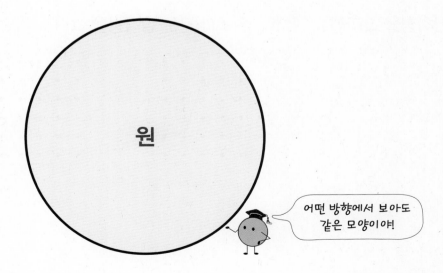

원

어떤 방향에서 보아도
같은 모양이야!

① △을 알아보고 찾아볼까요

● **삼각형의 모양**

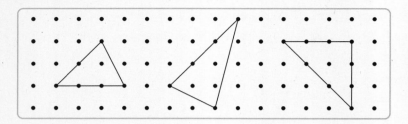

그림과 같은 모양의 도형을
삼각형이라고 합니다.

└→ 三角形(석 삼, 뿔 각, 모양 형)

● **삼각형의 특징**

① 모든 선이 곧은 선으로 되어 있고 이 선을 **변**이라고 합니다.
② 곧은 선 2개가 만나는 점을 **꼭짓점**이라고 합니다.
③ 변과 꼭짓점이 3개씩 있습니다.

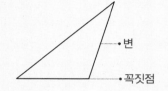

● **삼각형 그리기**

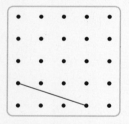 ➡ 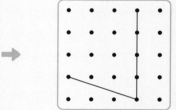 ➡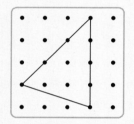

점과 점을 곧은 선으로 이 어 한 개의 변을 그립니다.　　변의 한쪽 점과 다른 점을 이어 둘째 변을 그립니다.　　만나지 않은 두 점을 이어 셋째 변을 그립니다.

● 삼각형은 곧은 선 ☐ 개로 이루어진 도형입니다.

1 삼각형을 그리려고 합니다. 왼쪽과 같은 삼각형을 그려 보세요.

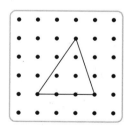　　　　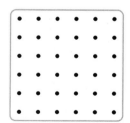

2 삼각형을 모두 찾아 기호를 써 보세요.

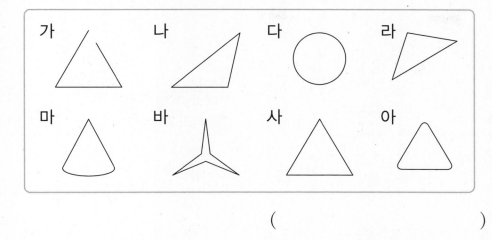

( )

▶ 둥근 부분이 있는 도형은 삼각형이 아닙니다.

3 여러 가지 모양의 삼각형입니다. 물음에 답하세요.

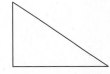 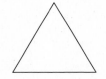 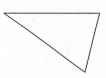

(1) 각 삼각형의 변은 몇 개일까요?

( )

(2) 각 삼각형의 꼭짓점은 몇 개일까요?

( )

▶ 모양은 달라도 모든 삼각형의 변과 꼭짓점의 수는 같습니다.

4 모눈종이에 여러 가지 삼각형을 그려 보세요.

▶ 모눈종이 위의 3개의 점을 선택하고 곧은 선으로 이어 그립니다.

2 □을 알아보고 찾아볼까요

● **사각형의 모양**

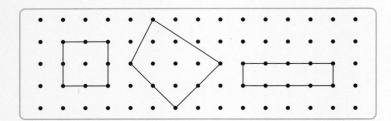

그림과 같은 모양의 도형을
사각형이라고 합니다.

四角形(넉 사, 뿔 각, 모양 형)

● **사각형의 특징**

① 모든 선이 곧은 선으로 되어 있고 이 선을 **변**이라고 합니다.
② 곧은 선 2개가 만나는 점을 **꼭짓점**이라고 합니다.
③ 변과 꼭짓점이 4개씩 있습니다.

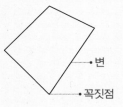

● 사각형은 곧은 선 ☐ 개로 이루어진 도형입니다.

1 그림과 같은 모양의 도형을 무엇이라고 할까요?

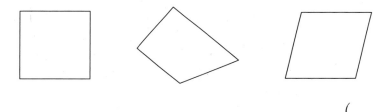

(   )

2 사각형을 그리려고 합니다. 왼쪽과 같은 사각형을 그려 보세요.

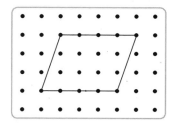 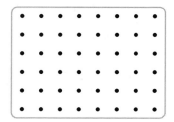

3 사각형을 모두 찾아 기호를 써 보세요.

▶ 곧은 선 4개로 이루어진 도형 을 모두 찾아봅니다.

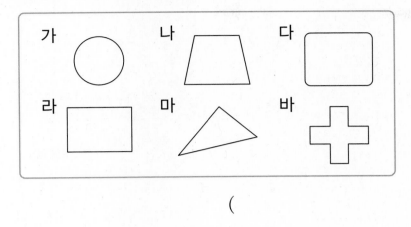

(   )

4 여러 가지 모양의 사각형입니다. 물음에 답하세요.

 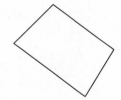

1학년 때 배웠어요

□ 모양 알아보기

위의 물건들은 모두 □ 모 양입니다.

(1) 각 사각형의 변은 몇 개일까요?

(   )

(2) 각 사각형의 꼭짓점은 몇 개일까요?

(   )

5 모눈종이에 여러 가지 사각형을 그려 보세요.

▶ 4개의 변으로 둘러싸인 도형 은 모두 사각형입니다.

2

3 ○을 알아보고 찾아볼까요

● 원의 모양

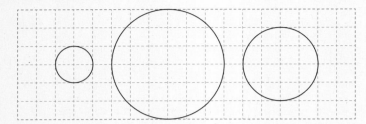

그림과 같은 모양의 도형을 **원**이라고 합니다.

圓(둥글 원)

● 원의 특징

① 곧은 선이 없습니다.
② 뾰족한 부분이 없습니다.
③ 어느 곳에서 보아도 완전히 둥근 모양입니다.
④ 모양은 모두 똑같지만 크기는 다를 수 있습니다.

● 원 그리기

종이컵을 대고 테두리를 따라 그리면
원이 됩니다.

---

1 원을 모두 찾아 도형 안에 원이라고 써 보세요.

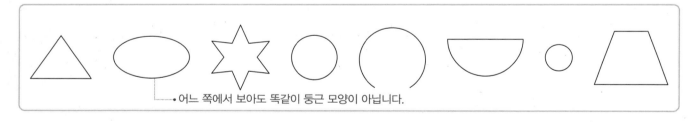

어느 쪽에서 보아도 똑같이 둥근 모양이 아닙니다.

2 오른쪽과 같이 컵을 종이 위에 대고 그린 도형을 찾아 ○표 하세요.

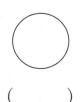

(   )   (   )   (   )

3 원이 아닌 것을 모두 찾아 기호를 써 보세요.

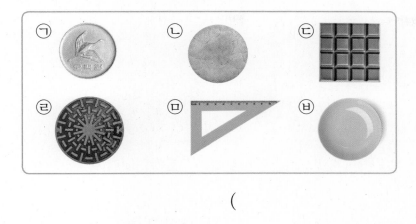

(   )

▶ 어느 쪽에서 보아도 똑같이 둥근 모양이 아닌 것을 모두 찾아봅니다.

4 원을 모두 찾아 기호를 써 보세요.

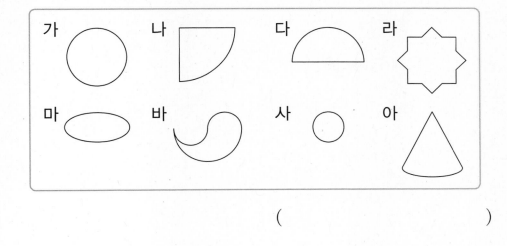

(   )

▶ 원의 특징을 생각하며 원을 찾아봅니다.

5 주변에 있는 물건이나 모양 자를 이용하여 크기가 다른 원을 2개 그려 보세요.

▶ 모양 자를 이용하면 다양한 크기의 원을 그릴 수 있습니다. 또는 동전이나 풀 등을 대고 테두리를 따라 그려 봅니다.

4 칠교판으로 모양을 만들어 볼까요

● **칠교판 알아보기**

삼각형	사각형
①, ②, ③, ⑤, ⑦	④, ⑥

➡ 삼각형 5개, 사각형 2개로 모두 7조각입니다.

● **삼각형 만들기** ····· • 다른 조각으로도 만들 수 있습니다.

2조각   3조각

● **사각형 만들기** ····· • 다른 조각으로도 만들 수 있습니다.

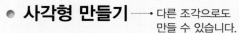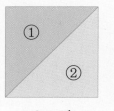

2조각   3조각

---

1 칠교판을 알아보려고 합니다. 물음에 답하세요.

(1) 칠교 조각이 삼각형 모양이면 빨간색, 사각형 모양이면 초록색으로 색칠해 보세요.

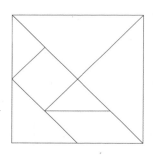

(2) 칠교 조각에서 삼각형은 ☐개, ☐개, ☐개가 있습니다.

(3) 칠교 조각에서 사각형은 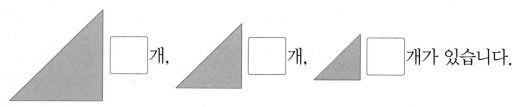 ☐개, ☐개가 있습니다.

2 세 조각을 모두 이용하여 삼각형과 사각형을 만들어 보세요.

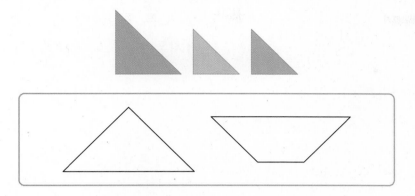

▶ 자신이 만든 방법 이외에 다른 방법이 있는지 생각해 봅니다.

3 칠교판에 대한 설명으로 틀린 것을 모두 고르세요. (   )

① 칠교 조각은 모두 **7**개입니다.

② 칠교 조각 중 삼각형 모양은 모두 **5**개입니다.

③ 칠교 조각 중 사각형 모양은 모두 **5**개입니다.

④ 칠교 조각 중 크기가 가장 큰 조각은 삼각형 모양입니다.

⑤ 칠교 조각 중 크기가 가장 큰 조각은 사각형 모양입니다.

▶ 칠교 조각들을 삼각형과 사각형으로 나누어 구별해 봅니다.

2

4 칠교 조각으로 만든 집 모양입니다. 집 모양을 완성해 보세요.

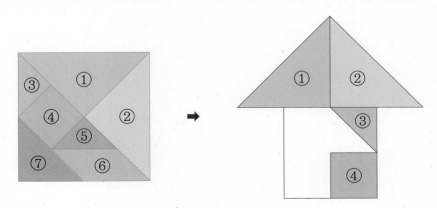

▶ **칠교 조각으로 여러 가지 도형을 만들 때 주의할 점**

① 변의 길이가 같은 조각끼리 붙여야 합니다.

② 조각이 서로 떨어지지 않게 붙여야 합니다.

1 △을 알아보고 찾아보기

1 삼각형을 모두 찾아 ○표 하세요.

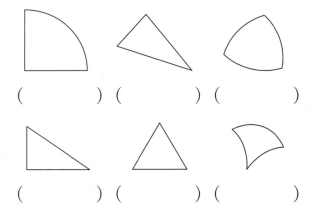

( ) ( ) ( )

( ) ( ) ( )

2 삼각형을 찾을 수 있는 물건을 모두 고르세요. ( )

3 삼각형이 아닌 것을 모두 고르세요.

( )

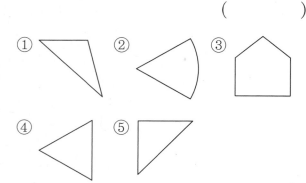

4 점을 모두 곧은 선으로 이었을 때 만들어지는 도형의 이름을 써 보세요.

•

• •

( )

5 오른쪽 삼각형을 보고 빈칸에 알맞은 수를 써넣으세요.

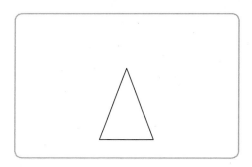

변의 수(개)	
꼭짓점의 수(개)	

6 삼각형을 여러 개 그려 꽃 그림을 완성해 보세요.

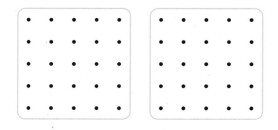

7 다음 설명에 맞는 도형을 그려 보세요.

- 변이 **3**개입니다.
- 도형의 안쪽에 점이 **3**개 있습니다.

8 삼각형에 대한 설명으로 틀린 것은 어느 것일까요? (   )

① 변이 3개입니다.
② 꼭짓점이 4개입니다.
③ 곧은 선이 3개입니다.
④ 곧은 선으로 둘러싸여 있습니다.
⑤ 곧은 선이 만나는 점이 3개입니다.

9 그림에서 찾을 수 있는 크고 작은 삼각형은 모두 몇 개인지 구해 보세요.

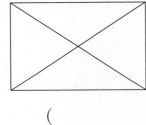

(   )

---

2 □을 알아보고 찾아보기

10 사각형을 모두 찾아 기호를 써 보세요.

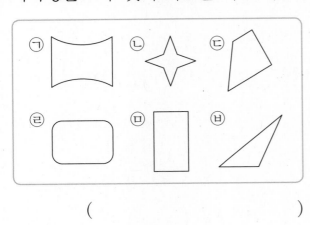

(   )

---

11 사각형에 대한 설명으로 맞으면 ○표, 틀리면 ×표 하세요.

(1) 변은 2개입니다.

(   )

(2) 꼭짓점은 4개입니다.

(   )

(3) 곧은 선으로 둘러싸여 있습니다.

(   )

12 다음과 같은 모양의 종이를 점선을 따라 자르면 어떤 도형이 몇 개 생길까요?

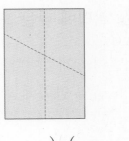

(   ), (   )

13 주어진 두 변과 한 점을 이어 사각형을 완성하려고 합니다. 어느 점과 이어야 하는지 기호를 써 보세요.

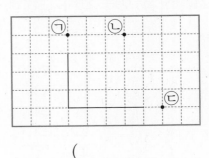

(   )

14 두 도형의 꼭짓점의 수의 합은 몇 개 인지 풀이 과정을 쓰고 답을 구해 보세요.

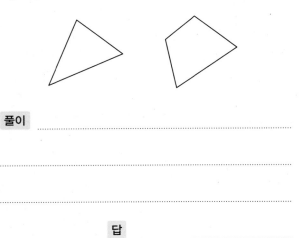

풀이 _____

_____

_____

답 _____

15 다음 설명에 맞는 도형을 그려 보세요.

> • 변이 **4**개입니다.
> • 도형의 안쪽에 점이 **4**개 있습니다.

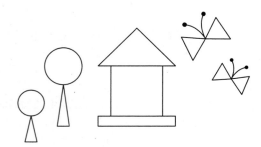

16 사각형을 모두 찾아 색칠해 보세요.

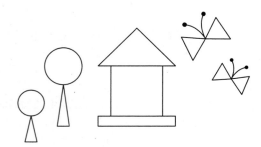

3 ○을 알아보고 찾아보기

17 원은 어느 것일까요? (   )

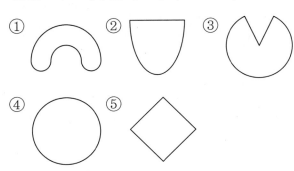

18 다음 물건을 본떠서 그릴 수 있는 도형의 이름을 써 보세요.

(   )

19 원은 모두 몇 개일까요?

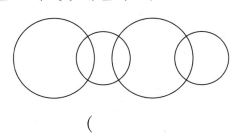

(   )

20 원에 대한 설명으로 틀린 것을 모두 찾아 기호를 써 보세요.

> ㉠ 둥근 모양입니다.
> ㉡ 뾰족한 부분이 없습니다.
> ㉢ 곧은 선으로 되어 있습니다.
> ㉣ 모든 원은 크기는 같고 모양은 다릅니다.

( )

4 칠교판으로 모양 만들어 보기

[21~25] 칠교판을 보고 물음에 답하세요.

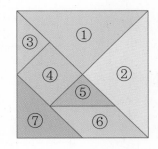

21 칠교 조각 중에서 삼각형과 사각형은 각각 몇 개씩일까요?

삼각형 ( )

사각형 ( )

22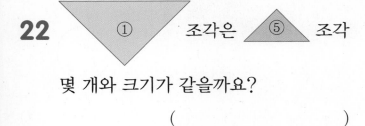

몇 개와 크기가 같을까요?

( )

23 칠교 조각을 이용하여 만든 모양입니다. 이용한 삼각형과 사각형 조각의 수를 각각 세어 보세요.

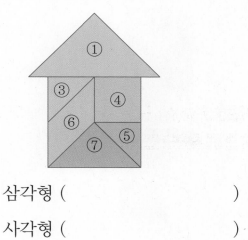

삼각형 ( )

사각형 ( )

24 세 조각을 모두 이용하여 사각형을 만들어 보세요.

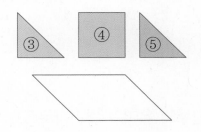

25 다른 칠교 조각들로 ①번 조각을 만들어 보세요.

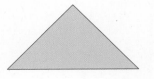

5 쌓은 모양을 알아볼까요

- ● **쌓기나무로 높이 쌓기**

┌─ 상자 모양입니다.
쌓기나무를 높이 쌓으려면 쌓기나무를
반듯하게 맞춰 쌓으면 됩니다.

- ● **쌓은 모양을 설명하기**

내가 보고 있는 쪽이 앞쪽이고
오른손이 있는 쪽이 오른쪽입니다.

- ● **설명한 대로 쌓기나무를 똑같이 쌓기**

빨간색 쌓기나무 1개 놓기	빨간색 쌓기나무 왼쪽에 쌓기나무 1개 놓기	빨간색 쌓기나무 위에 쌓기나무 1개 놓기

 ➡ 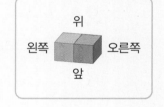 ➡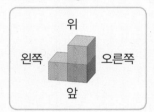

1 민수와 유미가 쌓기나무로 높이 쌓기 놀이를 하고 있습니다. 누가 더 높이 쌓을 수 있을까요?

민수   유미

(   )

2 빨간색 쌓기나무의 왼쪽에 있는 쌓기나무를 찾아 ○표 하세요.

내가 보고 있는 쪽이 앞쪽이고 왼손이 있는 쪽이 왼쪽입니다.

3 쌓기나무로 쌓은 모양에 대한 설명입니다. □ 안에 알맞은 수나 말을 써넣으세요.

빨간색 쌓기나무를 기준으로 생각해 봅니다.

빨간색 쌓기나무가 I개 있고, 그 위에 쌓기나무가 [   ]개 있습니다. 그리고 빨간색 쌓기나무 왼쪽과 [   ]에 쌓기나무가 각각 I개씩 있습니다.

4 주어진 설명에 맞게 색칠해 보세요.

- 빨간색 쌓기나무의 오른쪽에 파란색 쌓기나무
- 파란색 쌓기나무의 뒤에 노란색 쌓기나무

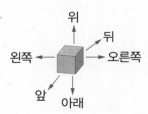

6 여러 가지 모양으로 쌓아 볼까요

● 쌓기나무 3개로 쌓은 모양

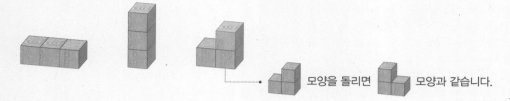

모양을 돌리면 [ ] 모양과 같습니다.

● 쌓기나무 4개로 쌓은 모양

주어진 쌓기나무 모양 외에도
여러 가지 모양으로 쌓을 수 있습니다.

● 쌓기나무 5개로 쌓은 모양

1 쌓기나무 5개로 만든 모양입니다. 바르게 설명한 사람은 누구일까요?

앞   오른쪽

민준: 1층으로만 쌓았어.

영철: 쌓기나무 3개가 옆으로 나란히 있고, 맨 왼쪽 쌓기나무 앞에 1개가 있어.

수아: 1층에 3개가 있고, 2층에 2개가 있어.

(   )

2 쌓기나무 **5**개로 만든 모양을 모두 찾아 기호를 써 보세요.

▶ **1**층부터 차례로 몇 개를 쌓았는지 세어 전체 개수를 알아봅니다.

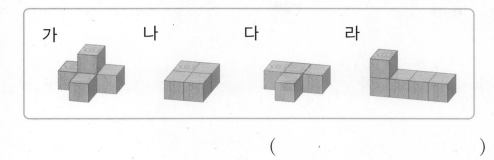

(   )

3 왼쪽 모양에서 쌓기나무 **1**개를 옮겨 오른쪽과 똑같은 모양을 만들려고 합니다. 옮겨야 할 쌓기나무에 ○표 하세요.

▶ 왼쪽 모양과 오른쪽 모양을 비교해 봅니다.

4 모양에 대한 설명을 보고 쌓은 모양을 찾아 기호를 써 보세요.

▶ 쌓기나무 모양을 설명하려면 쌓기나무의 개수와 위치를 말해야 합니다.

> ㉠ 쌓기나무 **3**개가 옆으로 나란히 있고, 맨 왼쪽 쌓기나무 앞에 **1**개가 있습니다.
> ㉡ 쌓기나무 **3**개가 옆으로 나란히 있고, 맨 오른쪽 쌓기나무 앞, 뒤에 각각 **1**개씩 있습니다.
> ㉢ 계단 모양으로 **1**층에 **2**개, **2**층에 **1**개가 있습니다.

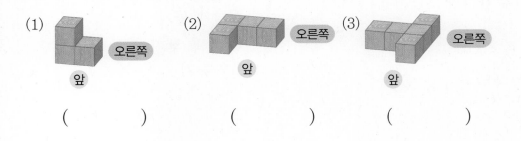

(1) (   )   (2) (   )   (3) (   )

5 쌓은 모양을 알아보기

26 다음에서 설명하는 쌓기나무를 찾아 ○표 하세요.

(1) 빨간색 쌓기나무의 위에 있는 쌓기나무

(2) 빨간색 쌓기나무의 왼쪽에 있는 쌓기나무

27 쌓은 모양을 바르게 나타내도록 보기 에서 알맞은 말을 골라 써 보세요.

> **보기**
>
> 위, 앞, 뒤, 오른쪽, 왼쪽

> 빨간색 쌓기나무가 1개 있고, 그 □에 쌓기나무가 1개 있습니다. 그리고 빨간색 쌓기나무 □(으)로 나란히 쌓기나무 2개가 있습니다.

28 다음 모양을 주어진 조건에 맞게 색칠해 보세요.

> • 빨간색 쌓기나무의 오른쪽에 파란색 쌓기나무
> • 보라색 쌓기나무의 아래에 초록색 쌓기나무
> • 초록색 쌓기나무의 오른쪽에 노란색 쌓기나무

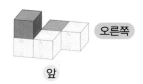

29 로봇의 시작하기 버튼을 누르면 명령대로 쌓기나무를 정리합니다. 다음 모양으로 정리하려고 할 때 필요한 명령어를 모두 찾아 기호를 써 보세요.

> ㉠ 빨간색 쌓기나무 오른쪽에 쌓기나무 1개 놓기
> ㉡ 빨간색 쌓기나무 앞에 쌓기나무 1개 놓기
> ㉢ 빨간색 쌓기나무 왼쪽에 쌓기나무 1개 놓기
> ㉣ 빨간색 쌓기나무 위에 쌓기나무 1개 놓기

( )

6 여러 가지 모양으로 쌓아 보기

30 쌓기나무 4개로 만들 수 있는 모양을 모두 찾아 ○표 하세요.

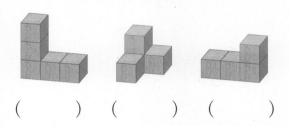

(   )   (   )   (   )

31 모양을 만드는 데 필요한 쌓기나무의 개수가 다른 하나를 찾아 기호를 써 보세요.

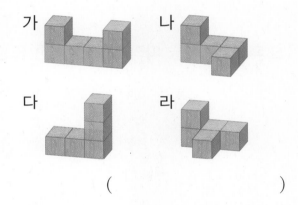

(   )

32 승주가 쌓기나무로 쌓은 모양을 설명한 것입니다. 다음에서 승주가 쌓은 모양을 찾아 ○표 하세요.

> ㅣ층에 쌓기나무 3개가 옆으로 나란히 있고, 맨 오른쪽 쌓기나무 위에 쌓기나무 ㅣ개가 있습니다.

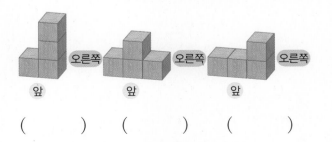

(   )   (   )   (   )

33 왼쪽 모양에 쌓기나무 ㅣ개를 더 쌓아 오른쪽과 똑같은 모양을 만들려고 합니다. 더 놓아야 하는 자리를 찾아 기호를 써 보세요.

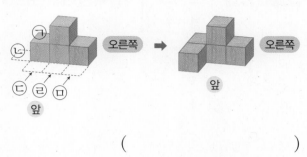

(   )

34 쌓기나무로 쌓은 모양에 대한 설명입니다. 틀린 부분을 모두 찾아 바르게 고쳐 보세요.

> ㅣ층에 쌓기나무 2개가 옆으로 나란히 있고, 왼쪽 쌓기나무 위에 쌓기나무 2개가 있습니다.

35 수정이가 쌓기나무로 오른쪽과 같은 모양을 만들었습니다. 수정이가 만든 모양을 설명해 보세요.

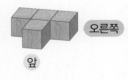

설명 _____

_____

_____

1 응용유형 **색종이를 잘랐을 때 생기는 도형의 개수 구하기**

그림과 같이 색종이를 2번 접었다가 펼친 후 접힌 선을 따라 자르면 어떤 도형이
몇 개 만들어질까요?

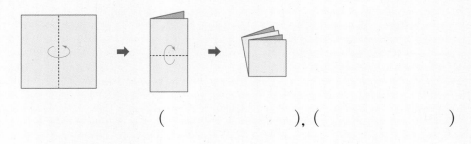

(   ), (   )

● 핵심 NOTE
· 곧은 선 **3**개로 둘러싸인 도형은 삼각형입니다.
· 곧은 선 **4**개로 둘러싸인 도형은 사각형입니다.

1-1

그림과 같이 색종이를 2번 접었다가 펼친 후 접힌 선을 따라 자르면 어떤 도형이 몇
개 만들어질까요?

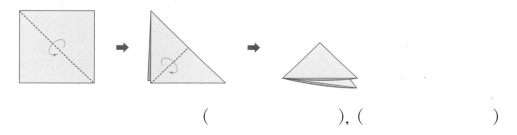

(   ), (   )

1-2

그림과 같이 색종이를 3번 접었다가 펼친 후 접힌 선을 따라 자르면 어떤 도형이 몇
개 만들어질까요?

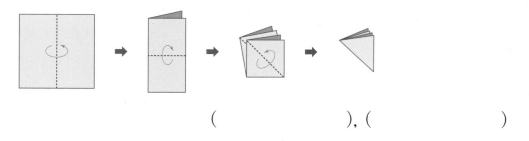

(   ), (   )

2 점을 이어 만들 수 있는 도형의 개수 구하기

세 점을 이어 만들 수 있는 삼각형은 모두 몇 개일까요?

(   )

● 핵심 NOTE   • 삼각형은 변과 꼭짓점이 **3**개씩 있습니다.
    • 사각형은 변과 꼭짓점이 **4**개씩 있습니다.

2-1 세 점을 이어 만들 수 있는 삼각형 중 빨간색 점을 한 개의 꼭짓점으로 하는 삼각형은 모두 몇 개일까요?

(   )

2-2 네 점을 이어 만들 수 있는 사각형 중 주어진 선을 한 변으로 하는 사각형은 모두 몇 개일까요?

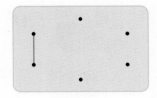

(   )

응용유형3 쌓기나무를 옮겨서 똑같은 모양으로 쌓기

왼쪽 모양에서 쌓기나무 1개를 옮겨 오른쪽과 똑같은 모양으로 만들려고 합니다.
옮겨야 할 쌓기나무를 찾아 기호를 써 보세요.

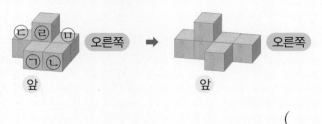

( )

● 핵심 NOTE • 왼쪽 모양과 오른쪽 모양을 비교하여 다른 부분을 찾습니다.

3-1 왼쪽 모양에서 쌓기나무 1개를 옮겨 오른쪽과 똑같은 모양으로 만들려고 합니다. 옮겨야 할 쌓기나무를 찾아 기호를 써 보세요.

( )

3-2 왼쪽 모양에서 쌓기나무를 1개만 옮겨 만들 수 있는 모양을 찾아 기호를 써 보세요.

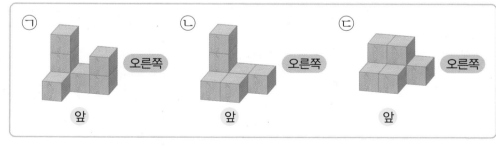

( )

심화유형 4 크고 작은 도형의 개수 구하기

그림에서 찾을 수 있는 크고 작은 사각형은 모두 몇 개인지 구해 보세요.

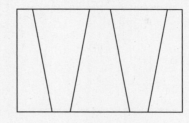

1단계 작은 도형 1개, 2개, 3개, 4개, 5개로 된 사각형의 개수 각각 구하기

....

....

2단계 크고 작은 사각형의 개수 구하기

....

....

(   )

● 핵심 **NOTE** **1단계** 작은 도형 1개, 2개, 3개, 4개, 5개로 된 사각형은 각각 몇 개인지 구합니다.

2단계 크고 작은 사각형은 모두 몇 개인지 구합니다.

4-1

그림에서 찾을 수 있는 크고 작은 삼각형은 모두 몇 개인지 구해 보세요.

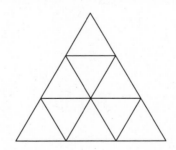

(   )

단원 평가 Level ❶

1 ☐ 안에 알맞은 수를 써넣으세요.

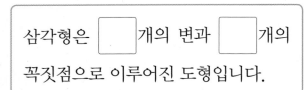

삼각형은 ☐ 개의 변과 ☐ 개의 꼭짓점으로 이루어진 도형입니다.

2 ☐ 안에 알맞은 말을 써넣으세요.

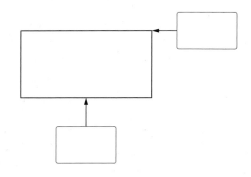

3 사각형을 모두 고르세요. (   )

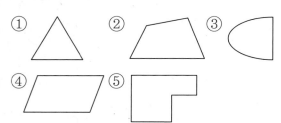

4 원을 본뜰 수 있는 것은 어느 것일까요?

(   )

5 원에 대한 설명이 아닌 것은 어느 것일까요? (   )

① 변이 없습니다.
② 둥근 모양입니다.
③ 뾰족한 부분이 없습니다.
④ 곧은 선으로 이루어진 도형입니다.
⑤ 동전을 본떠 그릴 수 있습니다.

6 쌓기나무 **4**개로 쌓은 모양을 찾아 기호를 써 보세요.

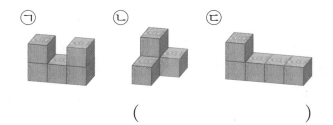

(   )

7 변의 수가 많은 도형부터 차례로 기호를 써 보세요.

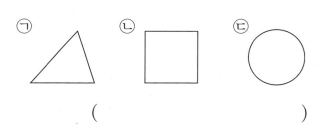

(   )

8 서로 다른 사각형 **2**개를 그려 보세요.

9 쌓은 모양을 바르게 나타내도록 보기 에서 알맞은 말을 골라 써 보세요.

보기

> 위, 앞, 뒤, 오른쪽, 왼쪽

|층에 쌓기나무 **3**개가 옆으로 나란히 있고, 맨 왼쪽 쌓기나무 [   ] 에 쌓기나무 |개가 있습니다.

10 왼쪽 모양에서 쌓기나무 |개를 빼어 오른쪽 모양과 똑같이 만들려고 합니다. 왼쪽 모양에서 빼야 하는 쌓기나무를 찾아 ○표 하세요.

11 색종이를 점선을 따라 자르면 어떤 도형이 몇 개 생길까요?

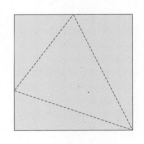

(   ), (   )

12 칠교판의 , 조각으로 삼각형을 만들어 보세요.

13 바르게 설명한 것을 모두 찾아 기호를 써 보세요.

> ㉠ 원은 꼭짓점이 없습니다.
> ㉡ 사각형은 꼭짓점이 **4**개입니다.
> ㉢ 삼각형은 사각형보다 변이 더 많습니다.

(   )

14 쌓기나무 **4**개로 만든 모양이 아닌 것은 어느 것일까요? (   )

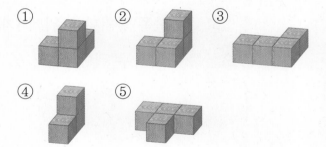

15 영국 국기에서 찾을 수 있는 삼각형은 모두 몇 개일까요?

(   )

16 다음 모양을 주어진 조건에 맞게 색칠해 보세요.

> • 빨간색 쌓기나무의 위쪽에 파란색 쌓기나무
> • 빨간색 쌓기나무의 왼쪽에 노란색 쌓기나무
> • 빨간색 쌓기나무의 오른쪽에 초록색 쌓기나무

17 쌓기나무로 쌓은 모양에 대한 설명입니다. 틀린 부분을 모두 찾아 ×표 하고 바르게 고쳐 보세요.

> |층에 쌓기나무 **2**개가 옆으로 나란히 있고, 맨 왼쪽 쌓기나무 위에 |개, 맨 오른쪽 쌓기나무 뒤에 |개가 있습니다.

18 칠교 조각들을 한 번씩 모두 이용하여 다음 모양을 만들어 보세요.

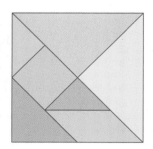

19 도형이 삼각형인지 아닌지 쓰고, 그 까닭을 써 보세요.

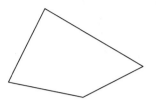

답 _____

까닭 _____

_____

_____

20 쌓기나무로 쌓은 모양을 설명해 보세요.

설명 _____

_____

_____

_____

단원 평가 Level ❷

[1~2] 도형을 보고 물음에 답하세요.

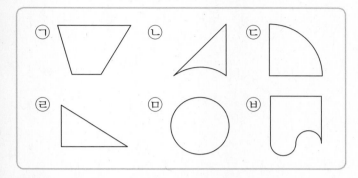

1 삼각형을 찾아 기호를 써 보세요.

( )

2 원을 찾아 기호를 써 보세요.

( )

3 사각형을 찾을 수 있는 물건을 모두 고르세요. ( )

4 오른쪽 도형의 변은 몇 개일까요?

( )

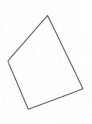

5 빨간색 쌓기나무의 왼쪽에 있는 쌓기나무의 색깔을 써 보세요.

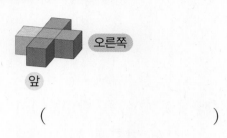

( )

6 변과 꼭짓점이 없는 도형을 찾아 기호를 써 보세요.

㉠ 원	㉡ 삼각형	㉢ 사각형

( )

7 색종이를 점선을 따라 잘랐을 때 생기는 도형을 모두 써 보세요.

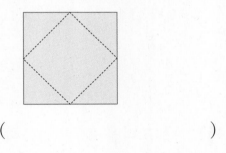

( )

8 사각형보다 꼭짓점의 수가 1개 더 적은 도형을 그려 보세요.

[9~11] 칠교판을 보고 물음에 답하세요.

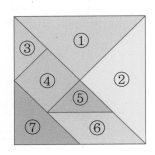

9 ①, ③, ④, ⑦ 중에서 가장 큰 조각을 찾아 번호를 써 보세요.

( )

10 다른 칠교 조각들로 ④번 조각을 만들어 보세요.

11 네 조각을 모두 이용하여 사각형을 만들어 보세요.

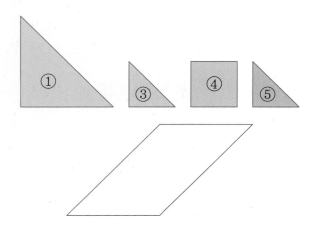

12 세 도형의 꼭짓점의 수를 합하면 모두 몇 개인지 구해 보세요.

사각형	원	삼각형

( )

13 쌓기나무로 쌓은 모양을 바르게 설명하는 말에 ○표 하세요.

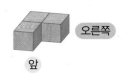

2개가 옆으로 나란히 있고, (왼쪽 , 오른쪽) 쌓기나무의 (앞 , 뒤)에 쌓기나무 1개가 있습니다.

14 안쪽에 점이 5개인 서로 다른 사각형을 2개 그려 보세요.

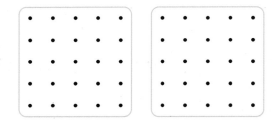

15 쌓기나무 6개로 만든 모양이 아닌 것은 어느 것일까요? ( )

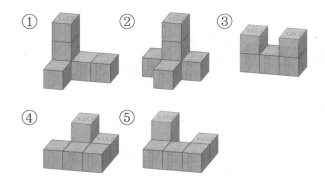

16 교통 표지판에서 볼 수 있는 도형의 특징으로 알맞은 것을 찾아 기호를 써 보세요.

> ㉠ 변이 **4**개입니다.
> ㉡ 꼭짓점이 **3**개입니다.
> ㉢ 어느 방향에서 보아도 항상 똑같은 모양입니다.

(   )

17 왼쪽 모양에서 쌓기나무 **1**개만 옮겨 오른쪽과 똑같은 모양으로 쌓으려고 합니다. 옮겨야 할 쌓기나무는 어느 것일까요? (   )

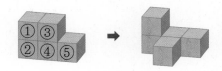

18 그림에서 찾을 수 있는 크고 작은 사각형은 모두 몇 개일까요?

(   )

19 버스 바퀴가 사각형이라면 어떻게 될지 설명해 보세요.

설명 _____

_____

_____

_____

20 왼쪽 모양에 쌓기나무 몇 개를 더 쌓아 오른쪽 모양과 똑같이 만들려고 합니다. 쌓기나무가 몇 개 더 필요한지 풀이 과정을 쓰고 답을 구해 보세요.

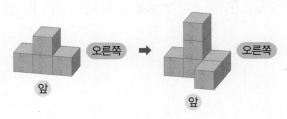

풀이 _____

_____

_____

답 _____

3 덧셈과 뺄셈

받아올림, 받아내림이 있는 덧셈과 뺄셈의 계산에서는
일 모형 10개는 십 모형 1개,
십 모형 10개는 백 모형 1개.

10씩 받아올림하거나 받아내림할 수 있다!

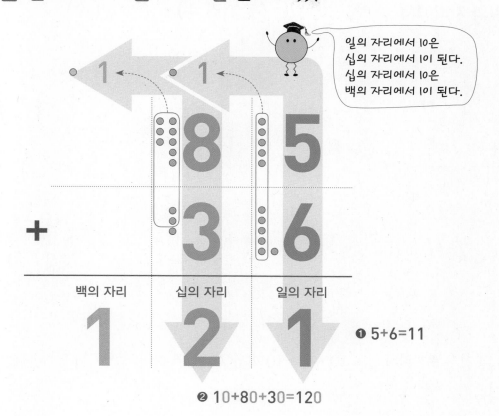

일의 자리에서 10은
십의 자리에서 1이 된다.
십의 자리에서 10은
백의 자리에서 1이 된다.

백의 자리	십의 자리	일의 자리
1	2	1

❶ 5+6=11

❷ 10+80+30=120

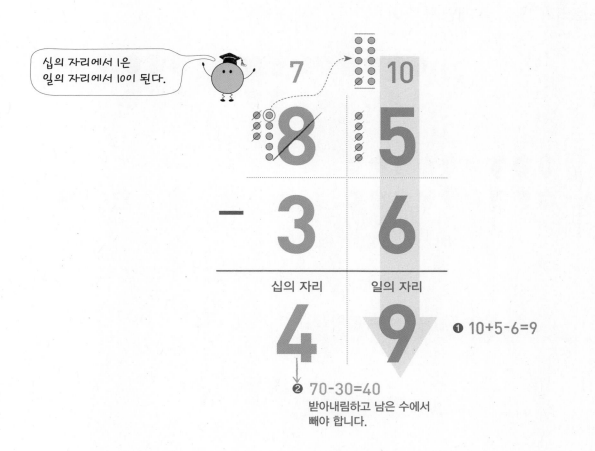

십의 자리에서 1은
일의 자리에서 10이 된다.

십의 자리	일의 자리
4	9

❶ 10+5-6=9

❷ 70-30=40
받아내림하고 남은 수에서
빼야 합니다.

1 덧셈을 하는 여러 가지 방법을 알아볼까요(1)

● 일의 자리에서 받아올림이 있는 (두 자리 수) + (한 자리 수)

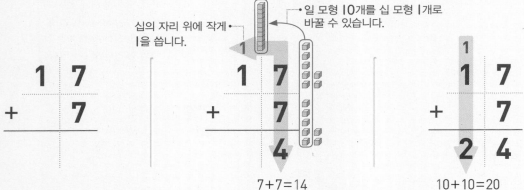

십의 자리 위에 작게
1을 씁니다.

일 모형 10개를 십 모형 1개로
바꿀 수 있습니다.

$$7+7=14$$

$$10+10=20$$

① 자리를 맞추어 세로로
쓰니다.

② 일의 자리 수끼리의 합이 10이
거나 10이 넘으면 십의 자리로
1을 받아올림합니다.
• 실제로 10을 나타냅니다.

③ 받아올림한 수를 십의 자리 수와
더합니다.

● 일의 자리 수끼리의 합이 10이거나 10이 넘으면 십의 자리로 [ ]을 받아올림합니다.

1 도토리가 모두 몇 개인지 이어 세기로 구해 보세요.

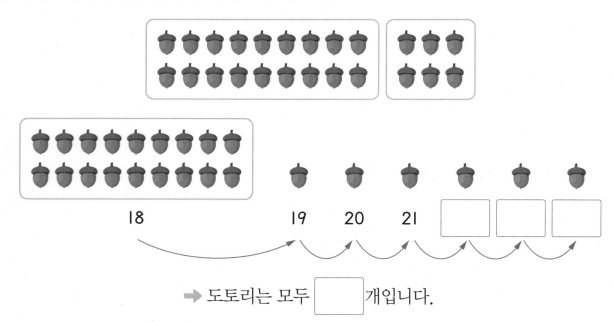

18   19   20   21   [ ] [ ] [ ]

➡ 도토리는 모두 [ ] 개입니다.

2 구슬이 **19**개 있었는데 **3**개를 더 받았습니다. 구슬은 모두 몇 개인지 ○를 그려 구해 보세요.

▶ 빈칸에 ○ 3개를 이어 그려 보고 덧셈을 해 봅니다.

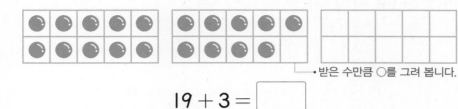

• 받은 수만큼 ○를 그려 봅니다.

$$19 + 3 = \boxed{}$$

3 그림을 보고 덧셈을 해 보세요.

▶ 일 모형 10개를 십 모형 1개로 바꿀 수 있습니다.

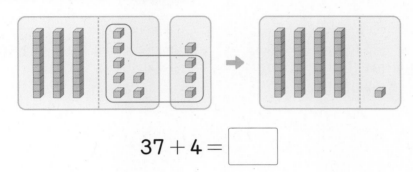

$$37 + 4 = \boxed{}$$

4 덧셈을 해 보세요.

▶ 십의 자리로 받아올림한 수는 십의 자리 수와 더합니다.

• 받아올림한 수를 씁니다.

(1)
$$\begin{array}{r} \boxed{} \\ 2\ \ 2 \\ +\ \ 9 \\ \hline 3\ \ \boxed{} \end{array}$$

(2)
$$\begin{array}{r} \boxed{} \\ 5\ \ 8 \\ +\ \ 4 \\ \hline \boxed{}\ \ 2 \end{array}$$

(3)
$$\begin{array}{r} \boxed{} \\ 6\ \ 4 \\ +\ \ 6 \\ \hline \boxed{}\ \ \boxed{} \end{array}$$

5 ☐ 안에 알맞은 수를 써넣으세요.

(1) 28 + 7

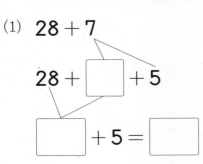

$$28 + \boxed{} + 5$$
$$\boxed{} + 5 = \boxed{}$$

(2) 56 + 5

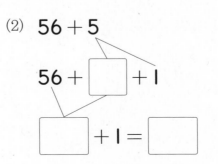

$$56 + \boxed{} + 1$$
$$\boxed{} + 1 = \boxed{}$$

1학년 때 배웠어요

10을 만들어 더하기

$$8 + 5$$
$$8 + 2 + 3$$
$$10 + 3 = 13$$

① 8을 10으로 만들기 위해 5를 2와 3으로 가르기 합니다.
② 8에 2를 더해 10을 만듭니다.
③ 10에 3을 더합니다.

2 덧셈을 하는 여러 가지 방법을 알아볼까요 (2)

● **일의 자리에서 받아올림이 있는 (두 자리 수) + (두 자리 수)**

일의 자리 수끼리, 십의 자리 수끼리 더합니다.

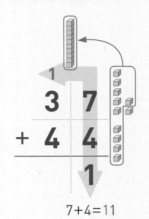

7+4=11

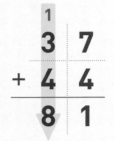

10+30+40=80

① 자리를 맞추어 세로로 쏩니다.

② 일의 자리 수끼리의 합이 10이 거나 10이 넘으면 십의 자리로 1을 받아올림합니다.

③ 받아올림한 수를 빠뜨리지 않고 십의 자리 계산을 할 때 더합니다.

1 29 + 15를 계산해 보세요.

방법 1 15를 가르기하여 구하기

29 + 15   ➡   29 + 15 = 29 + 10 + □

10 □

= □ + □

= □

방법 2 29를 가까운 30으로 바꾸어 구하기

➡   29 + 15 = 29 + 1 + □

= □ + □

= □

•15에서 1을 옮겨 29를 30으로 만들 수 있습니다.

2 그림을 보고 덧셈을 해 보세요.

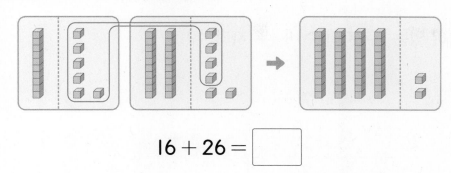

$$16 + 26 = \boxed{}$$

▶ 일 모형 10개를 십 모형 1개로 바꿀 수 있습니다.

3 ☐ 안에 알맞은 수를 써넣으세요.

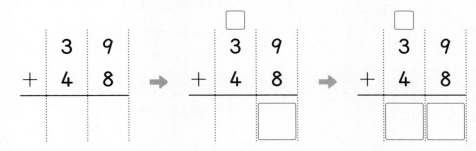

▶ 받아올림한 수는 십의 자리 위에 작게 쓰고 십의 자리 계산을 할 때 빠뜨리지 말고 더합니다.

4 덧셈을 해 보세요.

(1)
```
   1 4
 + 5 6
```

(2)
```
   6 5
 + 1 7
```

(3) 24 + 48

(4) 57 + 39

▶ 각 자리의 숫자가 나타내는 수가 다르므로 같은 자리의 수끼리 계산합니다.

5 다음 계산에서 1이 실제로 나타내는 수는 얼마일까요?

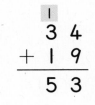
```
   1
   3 4
 + 1 9
 -----
   5 3
```

(   )

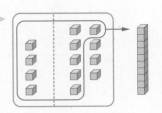

3 덧셈을 해 볼까요

● **십의 자리에서 받아올림이 있는 (두 자리 수) + (두 자리 수)**

$$
\begin{array}{r} 4\ 2 \\ +\ 8\ 5 \\ \hline 7 \end{array}
$$

2+5=7

① 자리를 맞추어 세로로 쓰고, 일의 자리 수끼리 더합니다.

백의 자리 위에 작게 1을 씁니다.

$$
\begin{array}{r} {}^{1} \\ 4\ 2 \\ +\ 8\ 5 \\ \hline 2\ 7 \end{array}
$$

40+80=120

② 십의 자리 수끼리의 합이 10이거나 10이 넘으면 백의 자리로 1을 받아올림합니다.
└•실제로 100을 나타냅니다.

$$
\begin{array}{r} {}^{1} \\ 4\ 2 \\ +\ 8\ 5 \\ \hline 1\ 2\ 7 \end{array}
$$

③ 받아올림한 수를 백의 자리에 씁니다.

● 십 모형 ☐ 개는 백 모형 1개와 바꿀 수 있습니다.

● 십의 자리 수끼리의 합이 10이거나 10이 넘으면 ☐ 의 자리로 1을 받아올림합니다.

1 82 + 53을 계산해 보세요.

•십 모형 10개를 백 모형 1개로 바꿉니다.

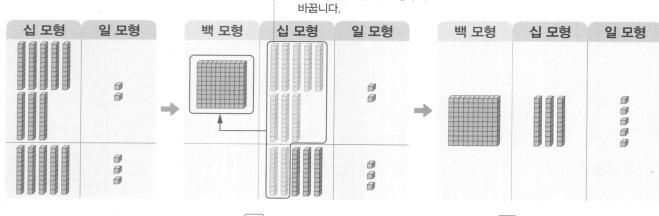

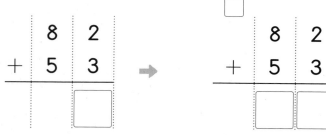

2 그림을 보고 덧셈을 해 보세요.

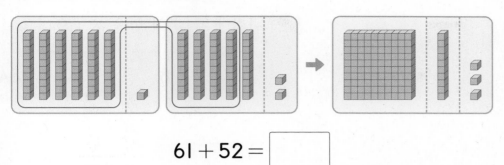

$$61 + 52 = \boxed{}$$

▶ 일 모형끼리, 십 모형끼리 더해 봅니다.

3 ☐ 안에 알맞은 수를 써넣으세요.

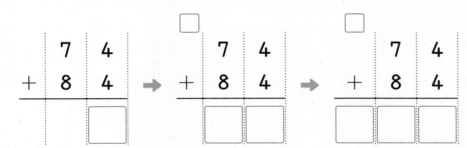

1학년 때 배웠어요

(몇십몇) + (몇십몇)

$$\begin{array}{r} 3\ 5 \\ +\ 2\ 1 \\ \hline 6 \end{array} \rightarrow \begin{array}{r} 3\ 5 \\ +\ 2\ 1 \\ \hline 5\ 6 \end{array}$$

일의 자리 수끼리 더하여 일의 자리에 쓰고, 십의 자리 수끼리 더하여 십의 자리에 씁니다.

3

4 덧셈을 해 보세요.

(1)
$$\begin{array}{r} 6\ 3 \\ +\ 5\ 5 \\ \hline \end{array}$$

(2)
$$\begin{array}{r} 9\ 7 \\ +\ 5\ 5 \\ \hline \end{array}$$

(3) 38 + 77

(4) 44 + 64

▶ 같은 자리 수끼리의 합이 10일 때 받아올림하고 남은 수 0을 빠뜨리지 않고 써야 합니다.

5 빈칸에 알맞은 수를 써넣으세요.

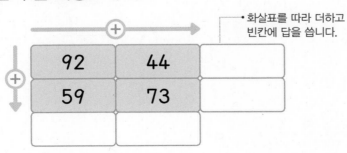

• 화살표를 따라 더하고 빈칸에 답을 씁니다.

기본기 다지기

1 덧셈하기 (1)

1 덧셈을 해 보세요.

(1)
```
   1 9
 +   2
```

(2)
```
   8 6
 +   4
```

(3) 46 + 7   (4) 65 + 5

2 덧셈을 해 보세요.

6 + 38 = ☐

5 + 39 = ☐

4 + 40 = ☐

3 ☐ 안에 알맞은 수를 써넣으세요.

(1) 54 + 8 = 54 + ☐ + 2

    = ☐ + 2 = ☐

(2) 28 + 7 = 28 + 2 + ☐

    = ☐ + ☐ = ☐

4 계산 결과를 비교하여 ○ 안에 >,
=, <를 알맞게 써넣으세요.

77 + 9 ○ 76 + 8

5 빈칸에 두 수의 합을 써넣으세요.

54	8

8	54

6 화살 두 개를 던져 맞힌 두 수의 합이
81입니다. 맞힌 두 수에 ○표 하세요.

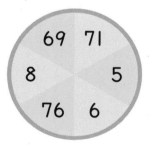

69 71

8   5

76 6

서술형
7 계산이 잘못된 까닭을 쓰고 바르게 계
산해 보세요.

```
   5 9
 +   7
─────
   5 6
```
➡

까닭 _____

② 덧셈하기 (2)

8 덧셈을 해 보세요.

(1)
```
   1 5
 + 5 6
```

(2)
```
   4 8
 + 2 9
```

(3) 37 + 14

(4) 69 + 27

9 □ 안에 알맞은 수를 써넣으세요.

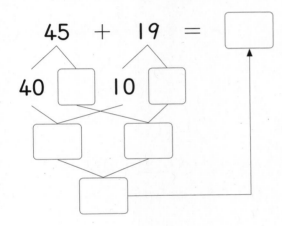

45 + 19 = □

40 □ 10 □

10 두 수의 합이 더 큰 쪽에 ○표 하세요.

34 + 28	15 + 49
( )	( )

11 아래의 두 수를 더해서 윗칸에 써넣으세요.

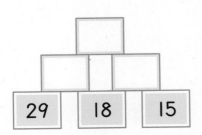

| 29 | 18 | 15 |

12 □ 안에 들어갈 수 있는 수를 모두 찾아 ○표 하세요.

46 + □ > 61

(13 , 15 , 17 , 19)

13 □ 안에 알맞은 수를 써넣으세요.

(1)
```
   2 3
 + □ 9
 ─────
   7 □
```

(2)
```
   5 4
 + 3 □
 ─────
 □ 0
```

14 훈태와 보라는 16 + 35를 서로 다른 방법으로 구하였습니다. 잘못 계산한 사람은 누구일까요?

> 훈태: 35를 30 + 5로 생각하여 16에 30을 먼저 더한 후 5를 뺐어.
>
> 보라: 16을 10 + 6으로 생각하여 10에 35를 먼저 더한 후 6을 더 더했어.

( )

3 덧셈하기 (3)

15 덧셈을 해 보세요.

(1)
```
  2 8
+ 8 0
```

(2)
```
  5 9
+ 7 2
```

(3) $35 + 67$

(4) $88 + 93$

16 계산 결과가 같은 것끼리 이어 보세요.

83 + 36 ·   · 75 + 49

95 + 26 ·   · 36 + 83

49 + 75 ·   · 26 + 95

17 □ 안에 알맞은 수를 써넣으세요.

$85 + 15 =$ ☐

$15 + 85 =$ ☐

18 계산 결과를 비교하여 ○ 안에 >, =, <를 알맞게 써넣으세요.

$46 + 54$ ◯ $72 + 29$

19 가장 큰 수와 가장 작은 수의 합을 구해 보세요.

| 82   78   39 |

( )

20 두 수의 합은 얼마일까요?

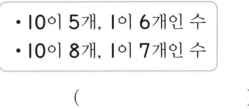
- 10이 5개, 1이 6개인 수
- 10이 8개, 1이 7개인 수

( )

21 빈칸은 선으로 연결된 두 수의 합입니다. 빈칸에 알맞은 수를 써넣으세요.

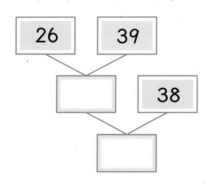

22 □ 안에 알맞은 수를 써넣으세요.

(1)
```
  ☐ 4
+ 5 7
─────
1 3 ☐
```

(2)
```
  3 6
+ ☐ 8
─────
1 2 ☐
```

4 덧셈의 활용

23 연못에 오리가 36마리 있었는데 오리 5마리가 더 왔습니다. 연못에 있는 오리는 모두 몇 마리일까요?

(   )

24 진웅이는 제기차기를 하였습니다. 처음에는 22번 차고 다음에는 39번 찼다면 진웅이는 제기를 모두 몇 번 찼을까요?

(   )

25 수 카드 중에서 2장을 골라 성미는 가장 큰 두 자리 수, 경호는 가장 작은 두 자리 수를 만들었습니다. 만든 두 수를 더한 값은 얼마일까요?

성미   경호

1 4 5   7 9 2

(   )

26 기호네 농장에는 닭이 49마리, 병아리가 65마리 있습니다. 기호네 농장에 있는 닭과 병아리는 모두 몇 마리일까요?

(   )

27 □ 안에 알맞은 수를 써넣어 서아의 일기를 완성해 보세요.

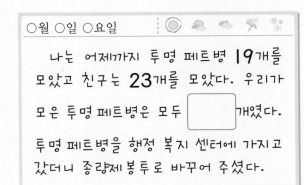

○월 ○일 ○요일

나는 어제까지 투명 페트병 19개를 모았고 친구는 23개를 모았다. 우리가 모은 투명 페트병은 모두 □개였다. 투명 페트병을 행정 복지 센터에 가지고 갔더니 종량제 봉투로 바꾸어 주셨다.

서술형
28 두 수를 이용하여 덧셈 문제를 만들어 해결해 보세요.

49   61   76   53

덧셈 문제

식

답

4 뺄셈을 하는 여러 가지 방법을 알아볼까요 (1)

● 받아내림이 있는 (두 자리 수) – (한 자리 수)

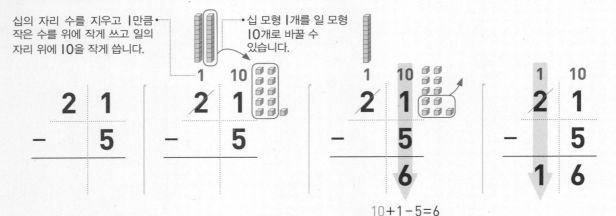

십의 자리 수를 지우고 1만큼 작은 수를 위에 작게 쓰고 일의 자리 위에 10을 작게 씁니다.

십 모형 1개를 일 모형 10개로 바꿀 수 있습니다.

10+1−5=6

① 자리를 맞추어 세로로 씁니다.

② 일의 자리 수끼리 뺄 수 없으면 십의 자리에서 10을 받아내림합니다.

③ 받아내림한 수를 일의 자리 수와 더하여 뺍니다.

④ 십의 자리에 남아 있는 수를 내려 씁니다.

- 십 모형 1개는 일 모형 ☐ 개로 바꿀 수 있습니다.

- 일의 자리 수끼리 뺄 수 없으면 십의 자리에서 ☐ 을 받아내림합니다.

---

1 지우는 사탕 13개 중 5개를 먹었습니다. 남은 사탕은 몇 개인지 거꾸로 세기로 구해 보세요.

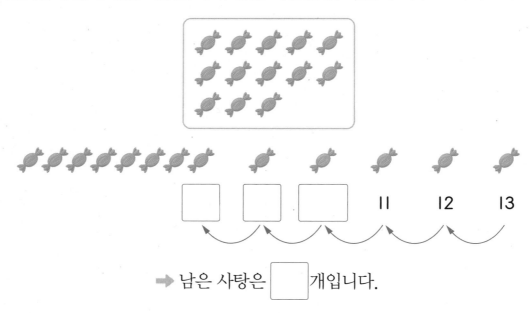

➡ 남은 사탕은 ☐ 개입니다.

2 구슬 **23**개 중에서 **6**개를 잃어버렸습니다. 남은 구슬은 몇 개인
지 /으로 지워 구해 보세요.

> 잃어버린 구슬 수만큼
> /으로 지워 봅니다.

$$23 - 6 = \boxed{}$$

> ▶ 구슬 **6**개를 지워 보고 뺄셈을
> 해 봅니다.

3 그림을 보고 뺄셈을 해 보세요.

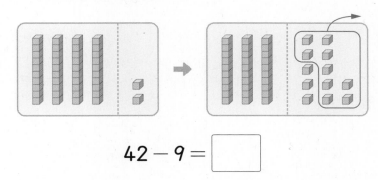

$$42 - 9 = \boxed{}$$

> ▶ 십 모형 1개는 일 모형 10개
> 로 바꿀 수 있으므로 십 모형
> 을 일 모형으로 바꾸어 계산
> 합니다.

4 뺄셈을 해 보세요.

> 받아내림한 수를 씁니다.

(1)
```
    1  [ ]
    2̸  5
 -     6
   [ ][ ]
```

(2)
```
    3  [ ]
    4̸  3
 -     8
   [ ][ ]
```

(3)
```
  [ ] [ ]
    7̸  4
 -     6
   [ ][ ]
```

> ▶ 십의 자리에서 받아내림하면
> 십의 자리 수는 1만큼 작아지고
> 일의 자리 수는 10만큼 커집
> 니다.

1학년 때 배웠어요

10을 만들어 빼기

$$15 - 6$$
$$15 - 5 - 1 \quad ①$$
$$② \quad ③ 10 - 1 = 9$$

① 15를 10으로 만들기 위
해 6을 5와 1로 가르기
합니다.
② 15에서 5를 빼서 10을
만듭니다.
③ 10에서 1을 뺍니다.

5 ☐ 안에 알맞은 수를 써넣으세요.

(1) $37 - 8$

$$37 - \boxed{} - 1$$

$$\boxed{} - 1 = \boxed{}$$

(2) $62 - 5$

$$62 - \boxed{} - 3$$

$$\boxed{} - 3 = \boxed{}$$

5 뺄셈을 하는 여러 가지 방법을 알아볼까요(2)

● **받아내림이 있는 (몇십) – (두 자리 수)**

일의 자리 수끼리, 십의 자리 수끼리 뺍니다.

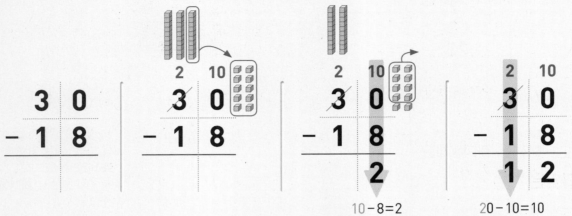

① 자리를 맞추어 세로로 씁니다.

② 일의 자리 수끼리 뺄 수 없으면 십의 자리에서 10을 받아내림합니다.

③ 받아내림한 10에서 일의 자리 수를 뺍니다.

④ 받아내림하고 남은 수에서 십의 자리 수를 뺍니다.

1 40 − 19를 계산해 보세요.

방법 1 19를 가르기하여 구하기

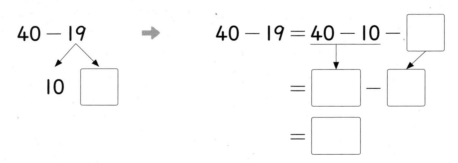

$$40 - 19 = 40 - 10 - \boxed{}$$
$$= \boxed{} - \boxed{}$$
$$= \boxed{}$$

방법 2 수를 다르게 나타내 구하기

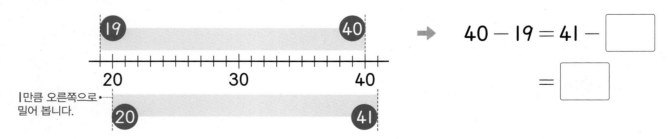

|만큼 오른쪽으로 밀어 봅니다.

$$40 - 19 = 41 - \boxed{}$$
$$= \boxed{}$$

2 그림을 보고 뺄셈을 해 보세요.

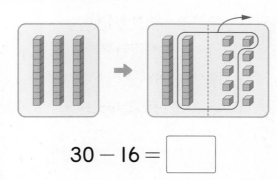

$$30 - 16 = \boxed{}$$

> 30에서 16을 한번에 빼기 어려울 경우 10을 빼고 또 6을 빼어 계산해도 됩니다.

3 ☐ 안에 알맞은 수를 써넣으세요.

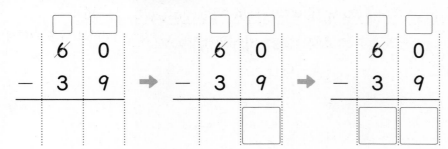

> 받아내림한 후 십의 자리 위에 1만큼 작은 수를 작게 쓰고 받아내림한 수 10을 일의 자리 위에 작게 씁니다.

4 뺄셈을 해 보세요.

(1)
$$\begin{array}{r} 2\,0 \\ -\,1\,7 \\ \hline \end{array}$$

(2)
$$\begin{array}{r} 8\,0 \\ -\,5\,2 \\ \hline \end{array}$$

(3) 70 − 15

(4) 90 − 44

> **1학년 때 배웠어요**
>
> (몇십)−(몇십)
>
> $$\begin{array}{r} 6\,0 \\ -\,2\,0 \\ \hline 4\,0 \end{array}$$
>
> (몇십) − (몇십)은 일의 자리에 0을 쓴 다음 십의 자리 수끼리 빼서 십의 자리에 씁니다.

5 유민이와 준호가 주운 밤의 수입니다. 유민이는 준호보다 밤을 몇 개 더 주웠을까요?

유민	준호
30개	13개

(   )

> 차를 구할 때에는 큰 수에서 작은 수를 뺍니다.
>
>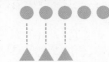
>
> ➡ 5와 3의 차는 2입니다.

6 뺄셈을 해 볼까요

● 받아내림이 있는 (두 자리 수) − (두 자리 수)

$$\begin{array}{r} 5\ 1 \\ -\ 3\ 3 \\ \hline \end{array}$$

$$\begin{array}{r} {}^{4}\ {}^{10} \\ \cancel{5}\ 1 \\ -\ 3\ 3 \\ \hline \end{array}$$

$$\begin{array}{r} {}^{4}\ {}^{10} \\ \cancel{5}\ 1 \\ -\ 3\ 3 \\ \hline 8 \end{array}$$

$$\begin{array}{r} {}^{4}\ {}^{10} \\ \cancel{5}\ 1 \\ -\ 3\ 3 \\ \hline 1\ 8 \end{array}$$

10+1−3=8   40−30=10

① 자리를 맞추어 세로로 씁니다.

② 일의 자리 수끼리 뺄 수 없으면 십의 자리에서 10을 받아내림합니다.

③ 받아내림한 수를 일의 자리 수와 더하여 뺍니다.

④ 받아내림하고 남은 수에서 십의 자리 수를 뺍니다.

---

1 75 − 46을 계산해 보세요.

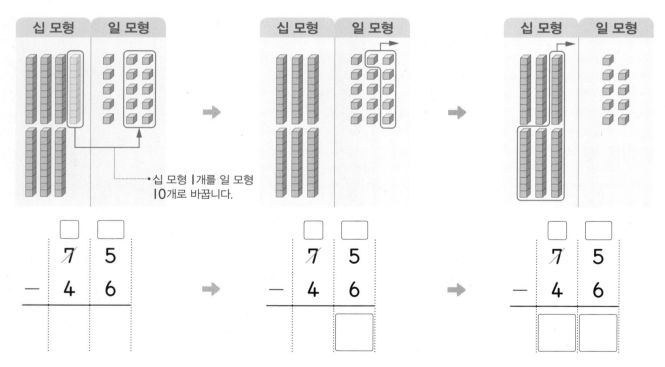

십 모형 1개를 일 모형 10개로 바꿉니다.

2 그림을 보고 뺄셈을 해 보세요.

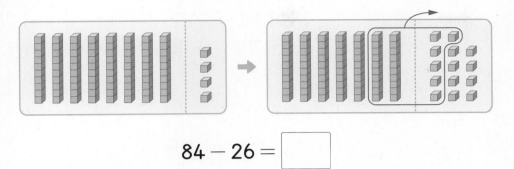

$$84 - 26 = \boxed{}$$

> 일 모형 4개에서 6개를 뺄 수 없으므로 십 모형 1개를 일 모형 10개로 바꾸어 뺍니다.

3 □ 안에 알맞은 수를 써넣으세요.

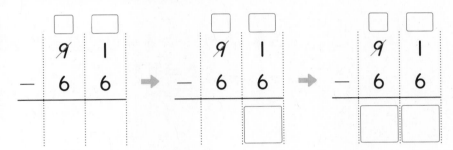

> 뺄셈에서 받아내림한 십의 자리 수 1은 일의 자리에서 10과 같습니다.

4 뺄셈을 해 보세요.

(1)
```
    5 6
  - 2 9
```

(2)
```
    7 3
  - 4 7
```

(3) 42 - 38

(4) 65 - 19

> 각 자리의 숫자가 나타내는 수가 다르므로 같은 자리의 수끼리 계산합니다.
> 5 6   2 9
> ↓ ↓   ↓ ↓
> 506   209

5 빈칸에 알맞은 수를 써넣으세요.

• 화살표를 따라 빼고 빈칸에 답을 씁니다.

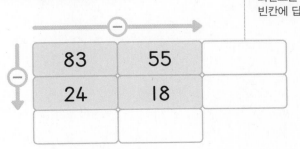

기본기 다지기

5 뺄셈하기 (1)

29 뺄셈을 해 보세요.

(1)
```
   8 0
 −   9
```

(2)
```
   5 4
 −   7
```

(3) 62 − 9

(4) 75 − 6

30 뺄셈을 해 보세요.

42 − 6 = ☐

43 − 7 = ☐

44 − 8 = ☐

31 ☐ 안에 알맞은 수를 써넣으세요.

(1) 64 − 5 = 64 − ☐ − 1

= ☐ − 1 = ☐

(2) 35 − 8 = 35 − 5 − ☐

= ☐ − ☐ = ☐

32 빈칸에 알맞은 수를 써넣으세요.

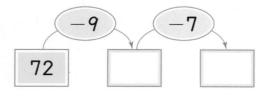

33 화살 두 개를 던져 맞힌 두 수의 차가 47입니다. 맞힌 두 수에 ○표 하세요.

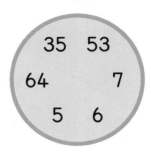

34 수 카드 중에서 2장을 골라 35가 되는 식을 모두 만들어 보세요.

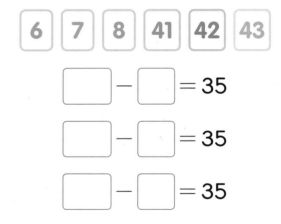

☐ − ☐ = 35

☐ − ☐ = 35

☐ − ☐ = 35

서술형
35 계산이 잘못된 까닭을 쓰고 바르게 계산해 보세요.

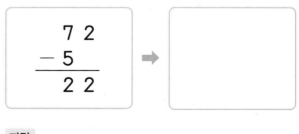

까닭 _____

36 l부터 9까지의 수 중에서 □ 안에 들어갈 수 있는 수를 모두 구해 보세요.

$$90 - \square > 86$$

(   )

40 두 수의 차가 같은 것끼리 같은 색으로 칠해 보세요.

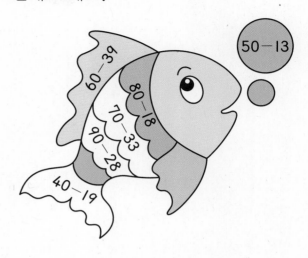

---

6 뺄셈하기 (2)

37 뺄셈을 해 보세요.

(1)
$$\begin{array}{r} 3\,0 \\ -\ 1\,5 \\ \hline \end{array}$$

(2)
$$\begin{array}{r} 6\,0 \\ -\ 4\,4 \\ \hline \end{array}$$

(3) $70 - 23$

(4) $90 - 51$

41 다음 표에서 이웃한 세 수를 이용하여 뺄셈식을 만들어 보세요.

50	53	25	80
16	50	32	18
34	90	44	62

(표 왼쪽 열에 50, 16, 34 이 세로로 50−16=34 표시)

38 □ 안에 알맞은 수를 써넣으세요.

$$40 \ - \ 13 \ = \ \boxed{\ }$$

$$\begin{array}{cc} 30\ 10 & 10\ 3 \end{array}$$

$$\begin{array}{r} 3\,0 \\ -\ 1\,0 \\ \hline \boxed{\ } \end{array} \qquad \begin{array}{r} 1\,0 \\ -\ \ 3 \\ \hline \boxed{\ } \end{array}$$

$$\boxed{\ } + \boxed{\ } = \boxed{\ }$$

42 l부터 9까지의 수 중에서 □ 안에 들어갈 수 있는 수를 모두 구해 보세요.

$$70 - 4\square < 24$$

(   )

39 계산 결과가 더 큰 것의 기호를 써 보세요.

$$\bigcirc\ 40 - 18 \qquad \bigcirc\ 60 - 37$$

(   )

43 뺄셈식에서 ♥는 같은 수를 나타냅니다. ㉠에 알맞은 수는 얼마일까요?

(   )

7 뺄셈하기 (3)

44 뺄셈을 해 보세요.

(1) $\begin{array}{r} 3\ 6 \\ -\ 1\ 9 \\ \hline \end{array}$ (2) $\begin{array}{r} 7\ 3 \\ -\ 4\ 6 \\ \hline \end{array}$

(3) 44 − 28   (4) 92 − 57

45 뺄셈을 해 보세요.

62 − 19 = ☐

62 − 29 = ☐

62 − 39 = ☐

46 계산 결과를 비교하여 ○ 안에 >, =, <를 알맞게 써넣으세요.

62 − 28 ◯ 52 − 28

47 ☐ 안에 알맞은 수를 써넣으세요.

53 − 17 = 30 + ☐

48 다현이와 세정이는 57 − 28을 서로 다른 방법으로 구하였습니다. 잘못 계산한 사람은 누구일까요?

> 다현: 57에서 20을 빼고 8을 빼서 계산했어.
>
> 세정: 57에서 30을 뺀 다음 2를 빼서 계산했어.

(   )

49 수 카드 5, 1, 8 을 모두 이용하여 주어진 계산 결과가 나오도록 완성해 보세요.

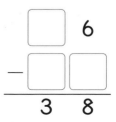

8 뺄셈의 활용

50 농장에서 귤을 지우는 31개 땄고, 재현이는 8개 땄습니다. 재현이가 지우와 딴 귤의 수가 같아지려면 몇 개를 더 따야 할까요?

(   )

51 공원에 비둘기가 50마리 있었습니다. 이 중에서 13마리가 날아갔다면 남아 있는 비둘기는 몇 마리일까요?

(   )

52 □ 안에 알맞은 수를 써넣어 은수의 일기를 완성해 보세요.

> ○월 ○일 ○요일
>
> 나는 지구 지킴이 활동으로 안 쓰는 플러그 뽑기 활동을 하기로 했다. 이번 달은 30일 중 17일을 실천하였고 □일은 실천하지 못하였다.

53 칭찬 붙임딱지를 가연이는 25장 모았고, 지은이는 52장 모았습니다. 누가 칭찬 붙임딱지를 몇 장 더 모았는지 식을 쓰고 답을 구해 보세요.

식 _____

답 _____ , _____

54 준영이는 4장의 수 카드를 모두 이용하여 차가 가장 작은 두 자리 수의 뺄셈식을 만들려고 합니다. 준영이가 만들 수 있는 식을 쓰고 답을 구해 보세요.

2   5   8   7

식 _____

답 _____

서술형
55 두 수를 이용하여 뺄셈 문제를 만들어 해결해 보세요.

42   17   51   35

뺄셈 문제 _____

_____

_____

식 _____

답 _____

7 세 수의 계산을 해 볼까요

세 수의 계산은 앞에서부터 두 수씩 차례로 계산합니다.

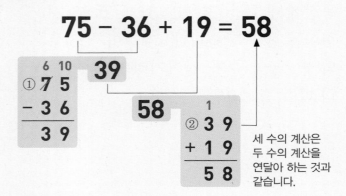

1 계산해 보세요.

(1)

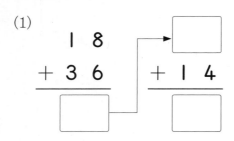

• 덧셈만 있는 계산은 순서를 바꾸어 계산해도 됩니다.

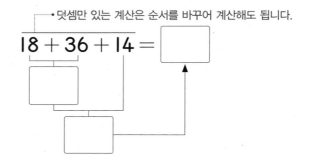

$18 + 36 + 14 =$ ⬜

(2)

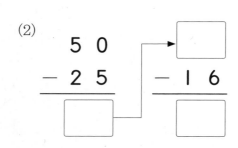

• 뒤에서부터 계산하면 답이 달라질 수도 있습니다.

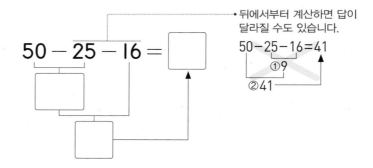

$50 - 25 - 16 =$ ⬜

(3)

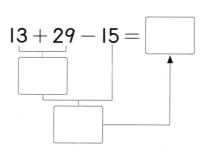

$13 + 29 - 15 =$ ⬜

2 계산 순서를 바르게 나타낸 것에 ○표 하세요.

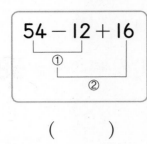 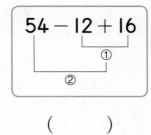

(   )   (   )

▶ 뺄셈이 섞인 계산은 반드시 앞에서부터 차례로 계산해야 합니다.

3 ☐ 안에 알맞은 수를 써넣으세요.

▶ 가로셈이 어려울 경우 세로셈 으로 고쳐서 계산할 수 있습 니다.

(1) $64 + 27 - 12 =$ ☐

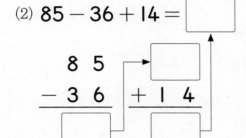

(2) $85 - 36 + 14 =$ ☐

(3) $47 + 16 + 27 =$ ☐

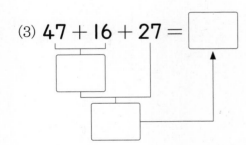

(4) $74 - 18 - 29 =$ ☐

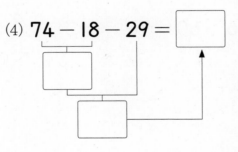

4 계산해 보세요.

(1) $53 - 24 + 16$ (2) $42 + 29 - 22$

8 덧셈과 뺄셈의 관계를 식으로 나타내 볼까요

● **덧셈식을 뺄셈식으로, 뺄셈식을 덧셈식으로 나타내기**

덧셈식 ┈┈• 가장 큰 수가 나오도록 작은 수끼리 더합니다.   뺄셈식 ┈┈• 가장 큰 수에서 작은 수를 각각 뺍니다.

$$25 + 15 = 40$$

$$15 + 25 = 40$$

$$40 - 25 = 15$$

$$40 - 15 = 25$$

(40)
(25) (15)

(?)
19 51

(?)
51 19

(70)
19 ?

(70)
? 51

$$19 + 51 = \boxed{}$$

$$51 + 19 = \boxed{}$$

$$70 - 19 = \boxed{}$$

$$70 - 51 = \boxed{}$$

1 덧셈식을 보고 뺄셈식으로 나타내 보세요.

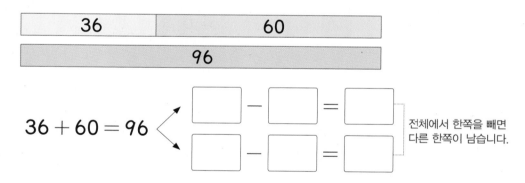

| 36 | 60 |

| 96 |

$$36 + 60 = 96 \begin{cases} \boxed{} - \boxed{} = \boxed{} \\ \boxed{} - \boxed{} = \boxed{} \end{cases}$$

┈• 전체에서 한쪽을 빼면 다른 한쪽이 남습니다.

2 뺄셈식을 보고 덧셈식으로 나타내 보세요.

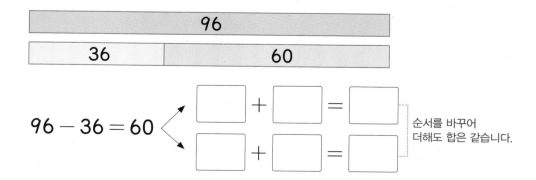

| 96 |

| 36 | 60 |

$$96 - 36 = 60 \begin{cases} \boxed{} + \boxed{} = \boxed{} \\ \boxed{} + \boxed{} = \boxed{} \end{cases}$$

┈• 순서를 바꾸어 더해도 합은 같습니다.

3 덧셈식을 뺄셈식으로 나타내 보세요.

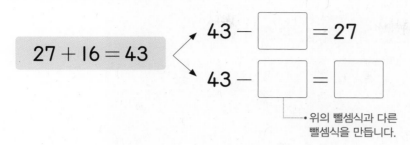

$$27 + 16 = 43$$

$$43 - \boxed{} = 27$$

$$43 - \boxed{} = \boxed{}$$

• 위의 뺄셈식과 다른 뺄셈식을 만듭니다.

▶ 더한 두 수 중 한쪽을 빼면 다른 한쪽이 남습니다.

4 그림을 보고 덧셈식을 뺄셈식으로 나타내 보세요.

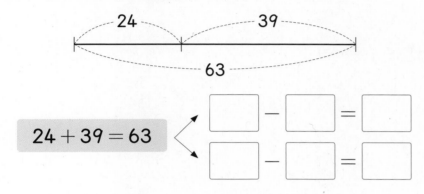

24 39
63

$$24 + 39 = 63$$

$$\boxed{} - \boxed{} = \boxed{}$$

$$\boxed{} - \boxed{} = \boxed{}$$

5 뺄셈식을 덧셈식으로 나타내 보세요.

$$41 - 9 = 32$$

$$32 + \boxed{} = 41$$

$$\boxed{} + \boxed{} = 41$$

• 덧셈식을 두 가지로 나타낼 수 있습니다.

▶ 덧셈에서는 두 수를 바꾸어 더해도 결과가 같습니다.
$$36 + 15 = 51$$
$$15 + 36 = 51$$

6 그림을 보고 뺄셈식을 덧셈식으로 나타내 보세요.

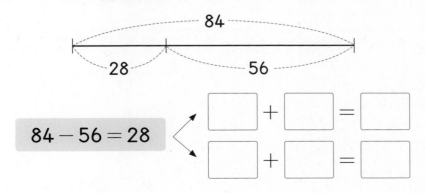

84
28 56

$$84 - 56 = 28$$

$$\boxed{} + \boxed{} = \boxed{}$$

$$\boxed{} + \boxed{} = \boxed{}$$

9 □가 사용된 덧셈식을 만들고 □의 값을 구해 볼까요

● □를 사용하여 덧셈식을 만들고 □의 값 구하기

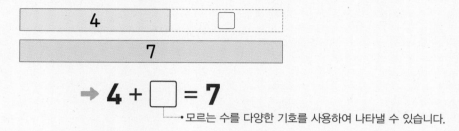

→ **4** + □ = **7**

⌐ 모르는 수를 다양한 기호를 사용하여 나타낼 수 있습니다.

4에서부터 7이 될 때까지 이어 세면 3이므로 □ = **3**입니다.

● 덧셈과 뺄셈의 관계를 이용하여 □의 값 구하기

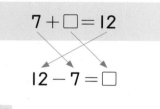

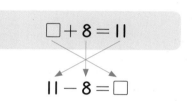

□의 값 ....

□의 값 ....

1 쿠키 **3**개가 있었는데 몇 개를 더 사 와서 **11**개가 되었습니다. 물음에 답하세요.

(1) 더 사 온 쿠키의 수를 □로 하여 덧셈식을 만들어 보세요.

덧셈식 ....

(2) 빈칸에 알맞은 수만큼 ○를 그려 보세요.

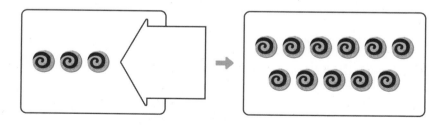

(3) 더 사 온 쿠키는 몇 개일까요?

( )

2 오이 몇 개가 있었는데 **8**개를 더 사와 **14**개가 되었습니다. 처음에 있던 오이의 수를 □로 하여 덧셈식을 만들고, □의 값을 구해 보세요.

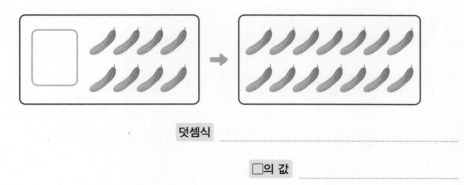

덧셈식 ┄┄┄┄┄┄┄┄┄┄┄┄┄┄┄┄┄┄┄┄┄

□의 값 ┄┄┄┄┄┄┄┄┄┄┄┄┄┄┄┄┄┄┄

▶ 모르는 수를 다양한 기호를 사용하여 나타낼 수 있습니다.

3 □를 사용하여 그림에 알맞은 덧셈식을 만들고, □의 값을 구해 보세요.

	□	5
	13	

덧셈식 ┄┄┄┄┄┄┄┄┄┄┄┄┄┄┄┄┄┄┄┄┄

□의 값 ┄┄┄┄┄┄┄┄┄┄┄┄┄┄┄┄┄┄┄

▶ 그림을 보고 □를 사용하여 덧셈식으로 나타내고 바둑돌 놓기, ○ 그리기 등을 통해 □의 값을 구해 봅니다.

3

4 □의 값이 같은 것끼리 이어 보세요.

$9 + \square = 14$ •

$5 + \square = 11$ •

$8 + \square = 12$ •

• $\square + 10 = 15$

• $\square + 6 = 10$

• $\square + 7 = 13$

▶ 먼저 □의 값을 구해 봅니다.

10 □가 사용된 뺄셈식을 만들고 □의 값을 구해 볼까요

● □를 사용하여 뺄셈식을 만들고 □의 값 구하기

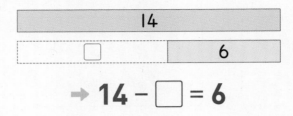

➡ **14 − □ = 6**

14에서부터 6이 될 때까지 거꾸로 세면 8이므로 □ = **8**입니다.

● 덧셈과 뺄셈의 관계를 이용하여 □의 값 구하기

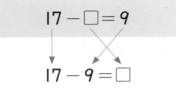

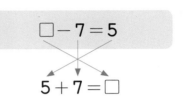

□의 값 ....

□의 값 ....

1 체리 13개가 있었는데 몇 개를 먹었더니 7개가 남았습니다. 물음에 답하세요.

(1) 먹은 체리의 수를 □로 하여 뺄셈식을 만들어 보세요.

　　　　　　　　　　　　　　　뺄셈식 ....

(2) 남은 체리가 7개가 되도록 / 로 지워 보세요.

└------• 지운 /의 수가 먹은 체리의 수입니다.

(3) 먹은 체리는 몇 개일까요?

　　　　　　　　　　　　　　　　　　　(　　　　　　　)

2 빵 11개가 있었는데 몇 개를 먹었더니 5개가 남았습니다. 먹은 빵의 수를 ☐로 하여 뺄셈식을 만들고, ☐의 값을 구해 보세요.

▶ 먹은 빵의 수를 ☐로 하여 시간의 흐름 순으로 식을 나타내 봅니다.

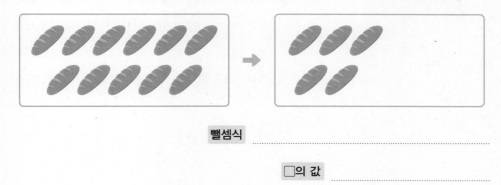

뺄셈식 ....

☐의 값 ....

3 ☐ 안에 알맞은 수를 써넣으세요.

▶ 덧셈과 뺄셈의 관계를 이용하여 ☐의 값을 구해 봅니다.

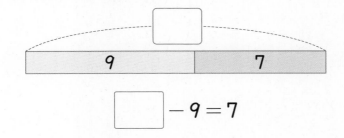

$$\boxed{} - 9 = 7$$

4 ☐의 값이 같은 것끼리 이어 보세요.

▶ 먼저 ☐의 값을 구해 봅니다.

$11 - \boxed{} = 7$ •

• $15 - \boxed{} = 7$

$12 - \boxed{} = 6$ •

• $14 - \boxed{} = 8$

$13 - \boxed{} = 5$ •

• $13 - \boxed{} = 9$

3. 덧셈과 뺄셈 **95**

9 세 수의 계산

56 □ 안에 알맞은 수를 써넣으세요.

(1) $26 + 9 - 17 =$ □

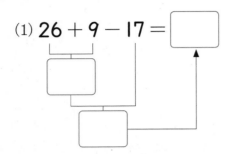

(2) $42 - 15 + 18 =$ □

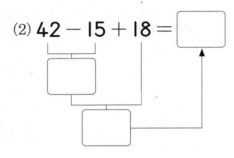

57 계산 결과를 비교하여 ○ 안에 >, =, <를 알맞게 써넣으세요.

$72 - 3 + 14$ ○ $93 - 15 + 4$

58 ▲ + ■를 구해 보세요.

$31 + 15 - 12 = ▲$
$31 - 12 + 15 = ■$

(   )

59 코끼리 열차에 64명이 타고 있었습니다. 동물원에서 8명이 내리고 식물원에서 7명이 내렸습니다. 지금 코끼리 열차에 타고 있는 사람은 몇 명일까요?

(   )

서술형
60 계산이 잘못된 까닭을 쓰고, 바르게 계산해 보세요.

까닭 _____

_____

61 세 수를 이용하여 계산 결과가 가장 큰 세 수의 계산식을 만들려고 합니다. ○ 안에 알맞은 수를 써넣고 답을 구해 보세요.

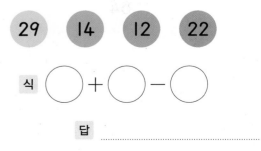

식 ○ + ○ − ○

답 _____

10 덧셈과 뺄셈의 관계를 식으로 나타내기

62 그림을 보고 덧셈식을 완성하고 뺄셈식으로 나타내 보세요.

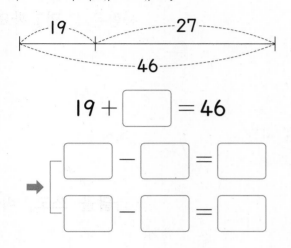

$19 + \boxed{} = 46$

➡ $\boxed{} - \boxed{} = \boxed{}$

$\boxed{} - \boxed{} = \boxed{}$

63 덧셈식을 뺄셈식으로 나타내 보세요.

$$57 + 27 = 84$$

➡ $84 - \boxed{} = 57$

$\boxed{} - 57 = \boxed{}$

64 뺄셈식을 덧셈식으로 나타내 보세요.

$$64 - 16 = 48$$

➡ $48 + \boxed{} = 64$

$\boxed{} + 48 = \boxed{}$

65 ☐ 안에 알맞은 수를 써넣으세요.

⑴ $\boxed{} + 25 = 71$

➡ $71 - \boxed{} = 46$

⑵ $91 - \boxed{} = 66$

➡ $25 + \boxed{} = 91$

66 오른쪽 세 수를 이용하여 뺄셈식을 완성하고, 덧셈식으로 나타내 보세요.

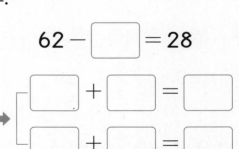

$62 - \boxed{} = 28$

➡ $\boxed{} + \boxed{} = \boxed{}$

$\boxed{} + \boxed{} = \boxed{}$

67 다음 수 카드 3장을 사용하여 덧셈식과 뺄셈식을 만들어 보세요.

| 18 | 85 | 67 |

$\boxed{} + \boxed{} = \boxed{}$

$\boxed{} - \boxed{} = \boxed{}$

11 □가 사용된 덧셈식을 만들고 □의 값 구하기

68 빈칸에 알맞은 수만큼 ○를 그리고, □ 안에 알맞은 수를 써넣으세요.

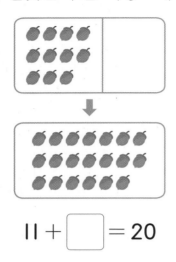

$$11 + \boxed{} = 20$$

69 □ 안에 알맞은 수를 써넣으세요.

(1) $35 + \boxed{} = 64$

(2) $\boxed{} + 27 = 43$

70 □의 값이 큰 것부터 차례로 기호를 써 보세요.

> ㉠ $7 + \boxed{} = 16$
> ㉡ $\boxed{} + 11 = 18$
> ㉢ $14 + \boxed{} = 19$
> ㉣ $\boxed{} + 12 = 20$

(   )

71 그림을 보고 □를 사용하여 덧셈식을 만들고, □의 값을 구해 보세요.

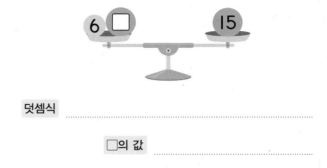

덧셈식 _____

□의 값 _____

72 어떤 수와 7의 합은 25입니다. 어떤 수를 □로 하여 덧셈식을 만들고, □의 값을 구해 보세요.

덧셈식 _____

□의 값 _____

서술형
73 양계장에 있는 닭들이 어제는 달걀을 47개 낳았고, 오늘 몇 개를 더 낳아서 모두 81개가 되었습니다. 오늘 낳은 달걀의 수를 □로 하여 덧셈식을 만들어 □의 값을 구하려고 합니다. 풀이 과정을 쓰고 답을 구해 보세요.

풀이 _____

_____

_____

답 _____

12 □가 사용된 뺄셈식을 만들고 □의 값 구하기

74 □를 사용하여 그림에 알맞은 뺄셈식을 만들고, □의 값을 구해 보세요.

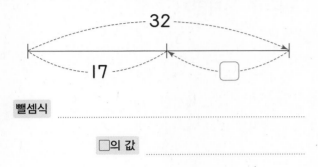

뺄셈식 ....

□의 값 ....

75 빈칸에 알맞은 수를 써넣으세요.

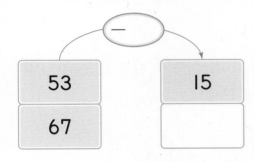

76 □ 안에 알맞은 수를 써넣으세요.

(1) $46 - \boxed{} = 28$

(2) $\boxed{} - 34 = 17$

77 현준이는 딱지를 15장 가지고 있었습니다. 몇 장을 동생에게 주었더니 7장이 남았습니다. □를 사용하여 뺄셈식을 만들고, □의 값을 구해 보세요.

뺄셈식 ....

□의 값 ....

78 은희는 9살입니다. 은희는 오빠보다 5살 더 적습니다. 오빠의 나이를 □로 하여 뺄셈식을 만들고, □의 값을 구해 보세요.

뺄셈식 ....

□의 값 ....

79 연필꽂이에 꽂혀 있던 연필 중에서 9자루를 꺼냈더니 13자루가 남았습니다. 처음에 꽂혀 있던 연필의 수를 □로 하여 뺄셈식을 만들고, □의 값을 구해 보세요.

뺄셈식 ....

□의 값 ....

응용유형 **1**

덧셈과 뺄셈의 활용

과일 가게에 사과가 52상자, 배가 44상자 있었습니다. 오늘 사과는 27상자, 배는 19상자를 팔았습니다. 남은 사과와 배는 모두 몇 상자인지 구해 보세요.

(   )

● 핵심 **NOTE**
- (두 자리 수) + (두 자리 수)에서 받아올림한 수를 빠뜨리지 않고 계산합니다.
- (두 자리 수) − (두 자리 수)에서 받아내림한 수를 빠뜨리지 않고 계산합니다.

1-1 민혜는 동화책을 첫째 날 36쪽, 둘째 날 55쪽 읽었고 준수는 같은 동화책을 첫째 날 70쪽, 둘째 날 18쪽 읽었습니다. 누가 몇 쪽 더 많이 읽었는지 구해 보세요.

(   ), (   )

1-2 화살 두 개를 던져 맞힌 두 수의 합이 점수입니다. 점수가 가장 높은 사람의 이름을 쓰고, 가장 낮은 점수보다 몇 점 더 높은지 구해 보세요.

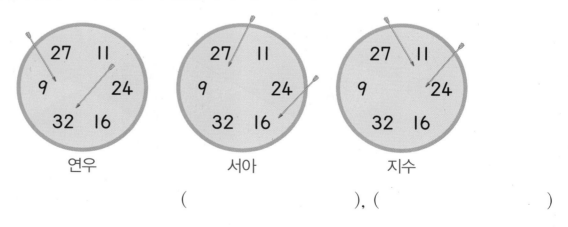

연우   서아   지수

(   ), (   )

응용유형 2 바르게 계산한 값 구하기

어떤 수에 19를 더해야 하는데 잘못하여 뺐더니 35가 되었습니다. 바르게 계산한 값을 구해 보세요.

(   )

● 핵심 NOTE
- 어떤 수를 □라고 하여 잘못 계산한 덧셈식 또는 뺄셈식을 씁니다.
- 덧셈과 뺄셈의 관계를 이용하여 어떤 수를 구합니다.

2-1 어떤 수에서 27을 빼야 하는데 잘못하여 더했더니 91이 되었습니다. 바르게 계산한 값을 구해 보세요.

(   )

2-2 어떤 수에서 16을 빼야 하는데 잘못하여 더했더니 28과 24의 합과 같았습니다. 바르게 계산한 값을 구해 보세요.

(   )

응용유형 3 □ 안에 들어갈 수 있는 수 구하기

□ 안에 들어갈 수 있는 가장 작은 수를 구해 보세요.

$$59 + \square > 75$$

(   )

● 핵심 NOTE   • > 또는 < 를 = 로 바꾼 후 덧셈과 뺄셈의 관계를 이용하여 □의 값을 구합니다.

3-1   □ 안에 들어갈 수 있는 가장 작은 수를 구해 보세요.

$$72 - \square < 25$$

(   )

3-2   □ 안에 들어갈 수 있는 가장 큰 수를 구해 보세요.

$$47 + 15 < 82 - \square$$

(   )

가는 길 표시하기

심화유형 4

세 수의 계산 결과가 30이 되는 길을 찾아 표시해 보세요.

1단계 자전거를 타고 집까지 가는 여러 길을 찾아 식 만들기

....

....

....

2단계 세 수의 계산 결과가 30이 되는 길을 찾아 표시하기

....

....

....

● 핵심 NOTE   1단계 집으로 가는 여러 길을 찾아 식을 만들어 봅니다.

2단계 각각의 식을 계산하여 세 수의 계산 결과가 30이 되는 길을 찾아 표시합니다.

4-1

세 수의 계산 결과가 82가 되는 길을 찾아 표시해 보세요.

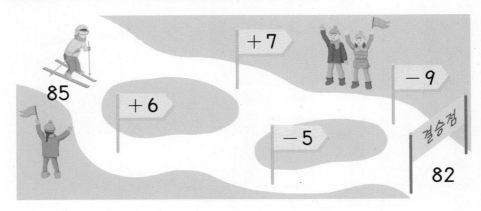

단원 평가 Level ❶

점수

확인

1 그림을 보고 □ 안에 알맞은 수를 써넣으세요.

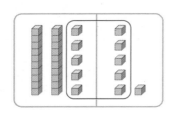

$25 + 6 = \boxed{}$

2 빈칸에 두 수의 차를 써넣으세요.

56	7

3 □ 안에 알맞은 수를 써넣으세요.

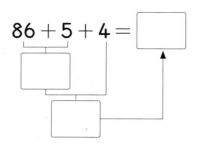

$86 + 5 + 4 = \boxed{}$

4 빈칸에 알맞은 수만큼 ○를 그리고, □ 안에 알맞은 수를 써넣으세요.

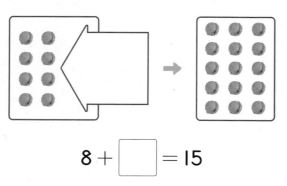

$8 + \boxed{} = 15$

5 덧셈식을 뺄셈식으로 나타내 보세요.

$$47 + 29 = 76$$

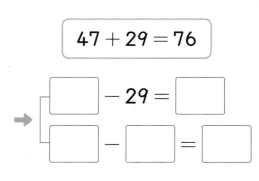

$\boxed{} - 29 = \boxed{}$

$\boxed{} - \boxed{} = \boxed{}$

6 두 수의 합과 차를 각각 구해 보세요.

56	65

합 (   )

차 (   )

7 계산 결과를 비교하여 ○ 안에 >, =, <를 알맞게 써넣으세요.

$81 - 29 \bigcirc 15 + 38$

8 □를 사용하여 그림에 알맞은 덧셈식을 만들고, □의 값을 구해 보세요.

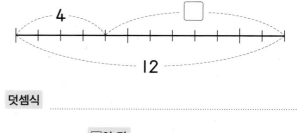

덧셈식 _____

□의 값

9 계산 결과가 더 큰 쪽에 ○표 하세요.

$78 - 5 - 7$	$62 + 3 + 6$

(   )   (   )

10 세 수를 이용하여 덧셈식과 뺄셈식을 각각 2개씩 만들어 보세요.

72   27   45

덧셈식 ....

뺄셈식 ....

11 ☐ 안에 알맞은 수를 써넣으세요.

(1) $54 + 28 = 54 + 20 + \boxed{}$

$ = 74 + \boxed{}$

$ = \boxed{}$

(2) $41 - 13 = \boxed{} + 11 - 10 - 3$

$ = 30 - \boxed{} + 11 - \boxed{}$

$ = \boxed{} + \boxed{}$

$ = \boxed{}$

12 빈칸은 선으로 연결된 두 수의 차입니다. 빈칸에 알맞은 수를 써넣으세요.

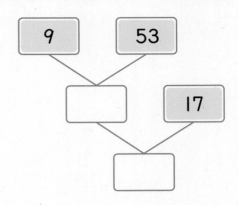

13 딱지를 승우는 59장, 동생은 58장 가지고 있습니다. 승우와 동생이 가지고 있는 딱지는 모두 몇 장일까요?

(   )

14 ☐ 안에 알맞은 수를 써넣으세요.

(1) $13 + \boxed{} = 36$

(2) $\boxed{} + 27 = 43$

15 빨간 구슬이 14개, 파란 구슬이 28개 있습니다. 노란 구슬은 빨간 구슬과 파란 구슬을 더한 것보다 7개 적다면 노란 구슬은 몇 개일까요?

(   )

16 수 카드 중에서 2장을 골라 두 자리 수를 만들어 계산 결과가 가장 크게 되는 덧셈식을 쓰고 계산해 보세요.

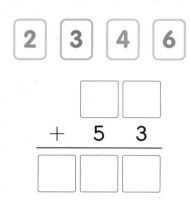

$$
\begin{array}{r}
\square\ \square \\
+\ 5\ \ 3 \\
\hline
\square\ \square\ \square
\end{array}
$$

17 □ 안에 알맞은 수를 써넣으세요.

$$
\begin{array}{r}
\square\ 0 \\
-\ 3\ \ 7 \\
\hline
3\ \square
\end{array}
$$

18 1부터 9까지의 수 중에서 □ 안에 들어갈 수 있는 수를 모두 구해 보세요.

$$
49 - \square < 44
$$

(   )

19 풍선 15개 중에서 몇 개의 풍선이 터져 9개가 되었습니다. 터진 풍선의 수를 □로 하여 뺄셈식을 만들어 □의 값을 구하려고 합니다. 풀이 과정을 쓰고 답을 구해 보세요.

풀이

답

20 26 + 17을 서로 다른 2가지 방법으로 계산해 보세요.

방법 1 17을 10 + 7로 생각하면

방법 2 26 = 20 + 6, 17 = 10 + 7로 생각하면

단원 평가 Level ❷

1 계산해 보세요.

(1)   8 7
    + 4

(2)   2 7
    − 8

2 오른쪽 계산에서 **|** 이 실제로 나타내는 수는 얼마일까요?

```
| |
  5 4
+ 6 7
1 2 1
```

(   )

3 두 상자에 들어 있는 크레파스는 모두 몇 자루인지 구해 보세요.

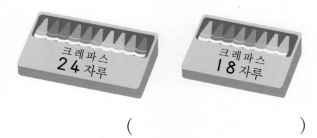

크레파스 2 4 자루

크레파스 1 8 자루

(   )

4 계산 결과를 찾아 이어 보세요.

53 − 9 ·

· 38

· 39

90 − 52 ·

· 44

5 주연이는 색종이를 50장 가지고 있었습니다. 이 중에서 12장을 친구에게 주었다면 남아 있는 색종이는 몇 장일까요?

식 _____

답 _____

6 보기 와 같은 방법으로 계산해 보세요.

보기

$$49 + 26 = 49 + 1 + 25$$
$$= 50 + 25 = 75$$

$57 + 35$ _____

_____

7 □를 사용하여 그림에 알맞은 덧셈식을 만들고, □의 값을 구해 보세요.

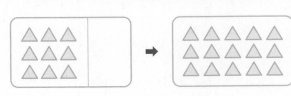

덧셈식 _____

□의 값 _____

3

8 62 − 37을 서로 다른 2가지 방법으로 계산한 것입니다. ☐ 안에 알맞은 수를 써넣으세요.

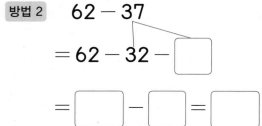

방법 1   62 − 37

= 62 + 3 − ☐

= ☐ − ☐ = ☐

방법 2   62 − 37

= 62 − 32 − ☐

= ☐ − ☐ = ☐

9 뺄셈식을 덧셈식으로 나타내 보세요.

70 − 32 = 38

➡ ☐ + ☐ = ☐

☐ + ☐ = ☐

10 계산 결과가 큰 것부터 차례로 기호를 써 보세요.

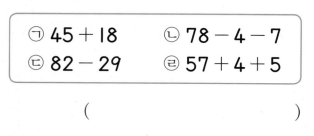

㉠ 45 + 18   ㉡ 78 − 4 − 7
㉢ 82 − 29   ㉣ 57 + 4 + 5

(   )

11 ☐ 안에 알맞은 수를 써넣으세요.

(1) ☐ + 8 = 24

(2) 33 − ☐ = 26

12 빈칸에 알맞은 수를 써넣으세요.

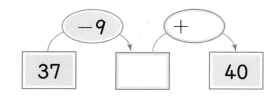

13 ☐ 안에 알맞은 수를 써넣으세요.

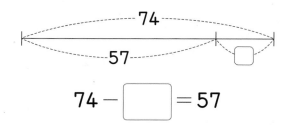

74 − ☐ = 57

14 가장 큰 수와 가장 작은 수의 합에서 나머지 수를 뺀 값은 얼마일까요?

15   46   39

(   )

15 놀이공원에서 남자 어린이 **64**명과 여자 어린이 **49**명이 놀고 있습니다. 그 중에서 **38**명이 안경을 썼다면 안경을 쓰지 않은 어린이는 몇 명일까요?

(   )

16 □ 안에 알맞은 수를 써넣으세요.

$$\begin{array}{r} \boxed{}\ 4 \\ -\ 5\ \boxed{} \\ \hline 3\ \ 6 \end{array}$$

17 □ 안에 들어갈 수 있는 수 중에서 가장 큰 수를 구해 보세요.

$$70 - 27 - 18 > \boxed{}$$

(   )

18 식에 맞도록 ○ 안에 ＋, － 를 알맞게 써넣으세요.

$$55\ \bigcirc\ 36\ \bigcirc\ 19 = 38$$

19 상자에 사과가 **21**개 들어 있고 사과가 배보다 **13**개 더 많습니다. 배의 수를 □로 하여 덧셈식을 만들어 □의 값을 구하려고 합니다. 풀이 과정을 쓰고 답을 구해 보세요.

풀이 _____

_____

_____

답 _____

20 **4**부터 **8**까지의 수를 한 번씩 사용하여 만들 수 있는 두 자리 수 중에서 가장 큰 수와 가장 작은 수의 합은 얼마인지 풀이 과정을 쓰고 답을 구해 보세요.

풀이 _____

_____

_____

답 _____

4 길이 재기

머리핀의 길이와 손톱깎이의 길이를 정확하게 잴 수 있을까?

cm 단위가 적혀 있는 '자'를 이용하면 돼!

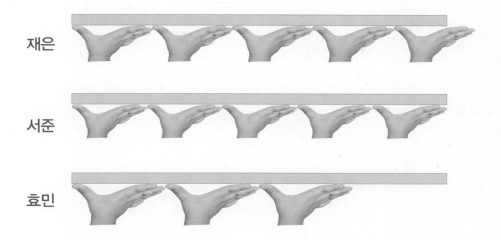

재은

서준

효민

어? 같은 길이인데 재는 사람마다 달라지네?
누가 재도 결과가 같은 약속된 단위가 필요해!

• 1 cm 약속하기

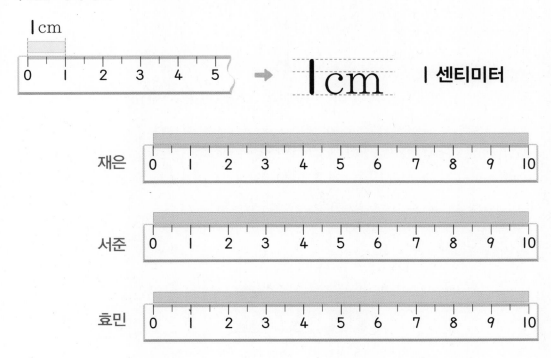

1 센티미터

1 길이를 비교하는 방법을 알아볼까요

● **종이띠를 이용하여 길이 비교하기**

직접 맞대어 길이를 비교하기 어려운 경우에는 종이띠나 털실 등을 이용하여 길이만큼 본뜬 다음 서로 맞대어 길이를 비교합니다.

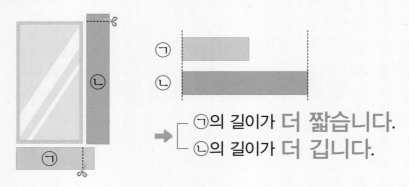

➡ ㉠의 길이가 **더 짧습니다.**
ㄴ의 길이가 **더 깁니다.**

1 ㉠과 ㉡의 길이를 비교하려고 합니다. 물음에 답하세요.

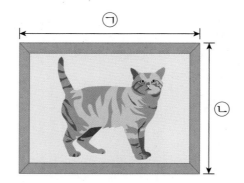

(1) ㉠과 ㉡의 길이를 비교할 수 있는 올바른 방법을 찾아 ○표 하세요.

맞대어 비교하기	

종이띠를 이용하여 비교하기	

(2) ㉠과 ㉡의 길이를 비교해 보세요.

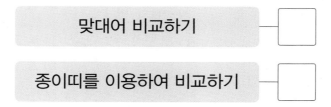

➡ ㉠이 ㉡보다 더 (깁니다 , 짧습니다).

2 ㉠과 ㉡의 길이를 비교해 보세요.

▶ 직접 맞대어 비교하기 어려운 경우에는 종이띠, 털실, 막대 등을 이용합니다.

(1)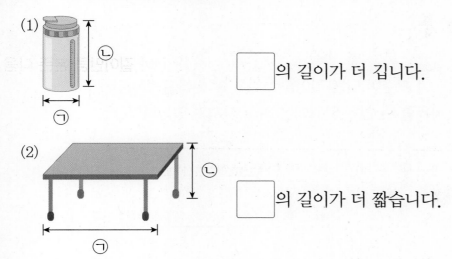

⬜의 길이가 더 깁니다.

(2)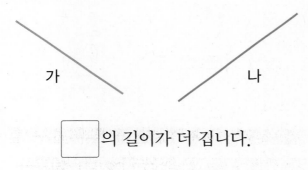

⬜의 길이가 더 짧습니다.

3 길이를 비교해 보세요.

▶ 길이는 상황에 따라 직관적인 방법, 직접 비교, 간접 비교 등 다양하게 비교할 수 있습니다.

4

가   나

⬜의 길이가 더 깁니다.

4 길이가 짧은 것부터 순서대로 기호를 써 보세요.

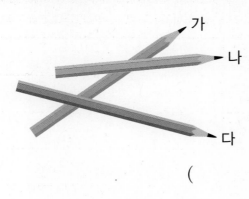

가
나
다

(   )

2 여러 가지 단위로 길이를 재어 볼까요

● 단위길이 알아보기

어떤 길이를 재는 데 기준이 되는 길이를 **단위길이**라고 합니다.
길이를 잴 때 사용할 수 있는 단위에는 여러 가지가 있습니다.

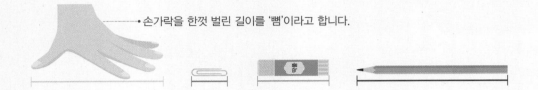

•손가락을 한껏 벌린 길이를 '뼘'이라고 합니다.

● 여러 가지 단위로 길이 재기

각 단위별로 칸 수를 세어 봅니다.

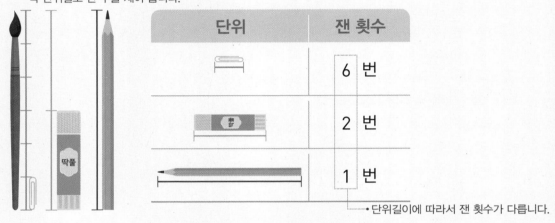

단위	잰 횟수
🪥	6 번
風	2 번
✏️	1 번

•단위길이에 따라서 잰 횟수가 다릅니다.

● 단위길이에 따라서 잰 횟수가 (같습니다 , 다릅니다).

---

1 뼘으로 친구의 몸의 길이를 재었습니다. ☐ 안에 알맞은 수를 써넣으세요.

(1) 친구의 팔 길이는 ☐ 뼘쯤 됩니다.

(2) 친구의 다리 길이는 ☐ 뼘쯤 됩니다.

2 당근의 길이는 못으로 몇 번인지 써 보세요.

당근의 길이는 못으로 ☐ 번입니다.

1학년 때 배웠어요

길이 비교하기

한쪽 끝을 맞추고 다른 쪽 끝을 비교합니다.
• 연필이 크레파스보다 더 깁니다.
• 크레파스가 연필보다 더 짧습니다.

3 지팡이의 길이를 여러 가지 단위로 재어 보세요.

여러 종류의 뼘

①   ②

③   ④

4

단위	잰 횟수
	번쯤
	번쯤

4 밧줄의 길이를 두 가지 물건으로 재어 보고 알맞은 말에 ○표 하세요.

단위길이가 짧을수록 잰 횟수는 많아집니다.
긴 물건을 잴 때에는 긴 단위로 재면 잰 횟수가 적어지므로 편리합니다.

(1) 클립의 길이가 색연필의 길이보다 더 (짧습니다 , 깁니다).

(2) 클립으로 잰 횟수가 색연필로 잰 횟수보다 더 (적습니다 , 많습니다).

3 1cm를 알아볼까요

● **3뼘의 길이를 잘라 비교하기**

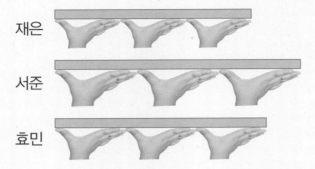

재은

서준

효민

➡ 뼘의 길이는 사람마다 다를 수 있기 때문에 3뼘만큼 자른 색 테이프의 길이가 다릅니다.
　　└─● 길이가 일정한 단위가 필요합니다.

● **1cm 알아보기**

⊢▭⊣의 길이를 **1 cm** 라 쓰고 **1 센티미터**라고 읽습니다.
　　　　　　　　　　　　　　　└─● 1 센치라고 축약해서 읽지 않습니다.

1 cm

| 0　1　2　3　4　5　6　7　8　9　10 |

1 cm

cm는 길이가 일정하므로 누가 재어도 정확한 길이를 말할 수 있습니다.

---

❶
1 cm　**1 cm**

---

1 막대의 길이를 엄지손톱으로 몇 번쯤 재었는지 알아보고, 알맞은 말에 ○표 하세요.

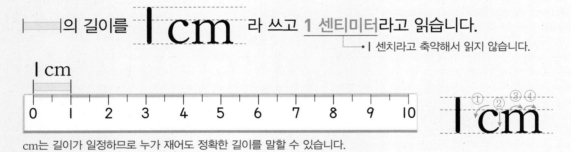

지우

지우의 엄지손톱으로 ☐ 번쯤입니다.

세아

세아의 엄지손톱으로 ☐ 번쯤입니다.

➡ 두 사람의 엄지손톱의 길이가 다르므로

막대의 길이를 정확히 알 수 (있습니다 , 없습니다).

2 ☐ 안에 알맞은 수를 써넣으세요.

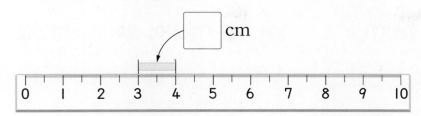

3 주어진 길이를 쓰고 읽어 보세요.

▶ 길이를 읽을 때에는 수를 일, 이, 삼, 사, …와 같이 읽습니다.

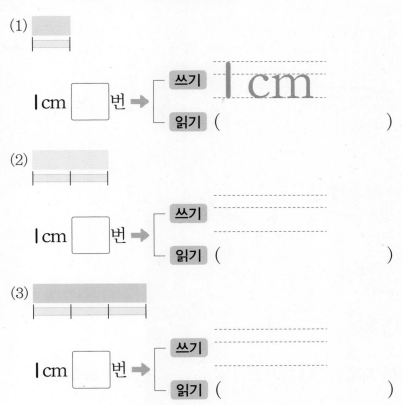

(1)

Ⅰcm ☐ 번 → **쓰기** Ⅰcm
            읽기 (   )

(2)

Ⅰcm ☐ 번 → **쓰기** _____
            읽기 (   )

(3)

Ⅰcm ☐ 번 → **쓰기** _____
            읽기 (   )

4 주어진 길이만큼 점선을 따라 선을 그어 보세요.

▶ 눈금 한 칸의 크기는 Ⅰcm입니다.

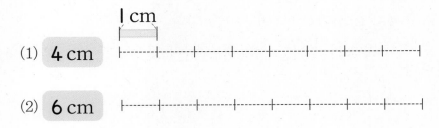

(1) **4 cm**

(2) **6 cm**

4 자로 길이를 재는 방법을 알아볼까요

● **자를 사용하여 길이 재는 방법(1)**
물건의 한쪽 끝이 자의 눈금 0에 놓여 있을 때

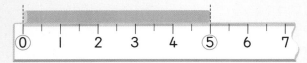

① 분필의 한쪽 끝을 자의 눈금 0에 맞춥니다.
② 분필의 다른 쪽 끝에 있는 자의 눈금을 읽습니다.
➡ 분필의 길이는 5cm입니다.

● **자를 사용하여 길이 재는 방법(2)**
물건의 한쪽 끝이 자의 눈금 0에 놓여 있지 않을 때

① 분필의 한쪽 끝을 자의 한 눈금에 맞춥니다.
② 분필의 한쪽 끝에서 다른 쪽 끝까지 1cm가 몇 번 들어가는지 셉니다.
➡ 분필의 길이는 5cm입니다.

●

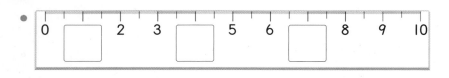

1 붓의 길이를 재어 보세요.

(1)

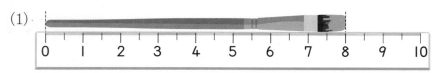

① 붓의 한쪽 끝을 자의 눈금 ☐ 에 맞춥니다.

② 붓의 다른 쪽 끝에 있는 자의 눈금은 ☐ 입니다.

➡ 붓의 길이는 ☐ cm입니다.

(2)

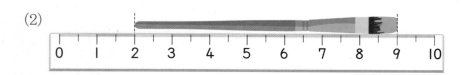

① 붓의 한쪽 끝을 자의 눈금 ☐ 에 맞춥니다.

② 붓의 한쪽 끝에서 다른 쪽 끝까지 1cm가 ☐ 번 들어갑니다.

➡ 붓의 길이는 ☐ cm입니다.

2 세 가지 색 테이프의 길이를 자로 재어 보세요.

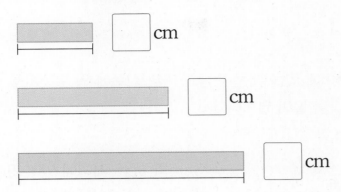

☐ cm

☐ cm

☐ cm

▶ 자로 길이를 잴 때에는 물건을 반듯하게 놓아야 정확하게 잴 수 있습니다.

3 보기 와 같이 주어진 길이만큼 색연필이 완성되도록 색칠해 보세요.

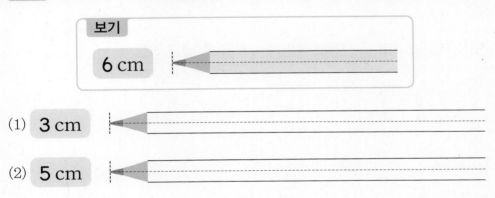

보기

6 cm

(1) **3** cm

(2) **5** cm

▶ 자에 쓰여진 숫자는 1 cm가 반복된 횟수입니다.

4 은희가 길이를 잘못 구한 이유를 설명해 보세요.

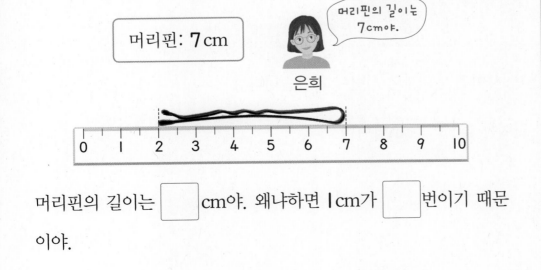

머리핀: 7 cm

머리핀의 길이는 7cm야.

은희

머리핀의 길이는 ☐ cm야. 왜냐하면 1 cm가 ☐ 번이기 때문이야.

▶ 가로, 세로가 각각 1 cm인 모눈 칸을 이용해서 길이를 잴 수도 있습니다.

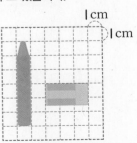

1 cm

1 cm

• 크레파스의 길이는 눈금 6칸을 차지하므로 6 cm입니다.
• 지우개의 긴 쪽의 길이는 눈금 3칸을 차지하므로 3 cm입니다.

5 자로 길이를 재어 볼까요

● **약 몇 cm로 나타내기**

길이가 자의 눈금 사이에 있을 때는 눈금과 가까운 쪽에 있는 숫자를 읽으며, 숫자 앞에 **약**을 붙여 말합니다.

•물건의 한쪽 끝이 눈금 사이에 있을 때 '약 □cm'라고 합니다.

➡ 5cm와 6cm 사이에 있고, 5cm에 가깝기 때문에 **약 5**cm입니다.

1cm가 6번쯤 들어가므로 약 6cm입니다.

➡ 1cm가 5번과 6번 사이에 있고, 6번에 가깝기 때문에 **약 6**cm입니다.

---

1 색 테이프의 길이를 구하려고 합니다. ☐ 안에 알맞은 수를 써넣으세요.

(1)

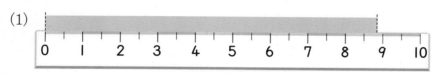

8cm와 **9**cm 사이에 있고, ☐ cm에 가깝습니다.

➡ 색 테이프의 길이는 약 ☐ cm입니다.

(2)

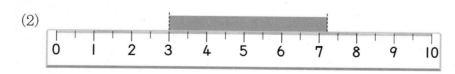

1cm가 **4**번과 **5**번 사이에 있고, ☐ 번에 가깝습니다.

➡ 색 테이프의 길이는 약 ☐ cm입니다.

2 면봉의 길이를 써 보세요.

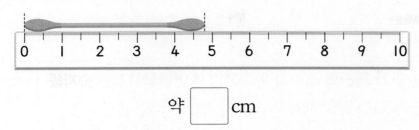

약 ⬚ cm

▶ 면봉의 한쪽 끝이 자의 눈금 0에 맞추어져 있으므로 다른 쪽 눈금과 가까운 쪽에 있는 숫자를 읽습니다.

3 자로 숟가락의 길이를 재어 보세요.

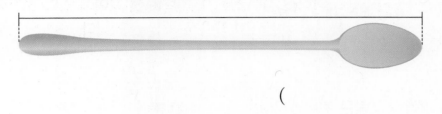

( )

▶ 자로 재어 길이를 어림해 봅니다.

4 길이를 잘못 말한 사람을 찾아 ○표 하세요

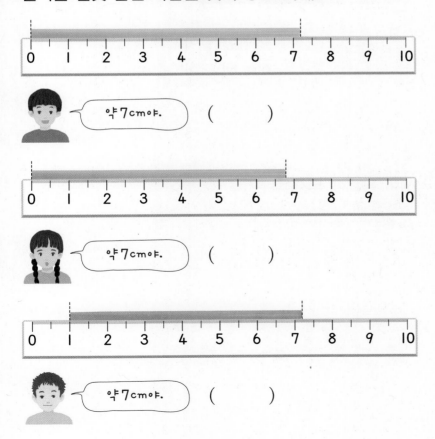

약 7cm야. ( )

약 7cm야. ( )

약 7cm야. ( )

▶ '약' 이라고 나타낸 길이는 정확한 길이가 아니라 자의 센티미터 눈금에 가장 가깝게 나타낸 값입니다.

4

6 길이를 어림하고 어떻게 어림했는지 말해 볼까요

● **길이를 어림하고 자로 재어 확인하기**

> 자를 사용하지 않고 물건의 길이가 얼마쯤인지 어림할 수 있습니다.
> 어림한 길이를 말할 때는 '약 ☐ cm'라고 합니다.

1 cm의 길이를 생각한 다음 크레파스의 길이는 1 cm가 몇 번 들어가는지 어림합니다.

이름	어림한 길이	자로 잰 길이
지우	약 5 cm	5 cm
유미	약 6 cm	5 cm

→ 실제 길이에 더 가깝게 어림한 사람은 지우입니다. ┄┄ • 실제 길이와 어림한 길이의 차가 작을수록 더 가깝게 어림했다고 할 수 있습니다.

1 길이를 어림하고 자로 재어 확인해 보세요.

어림한 길이 (   )
자로 잰 길이 (   )

2 길이를 어림하여 선을 긋고 자로 재어 확인해 보세요.

1 cm ├┄┄┄┄┄┄┄┄┄┄┄┄┄┄┄┄┄┄┄┄┄┄┄┄┄┄┄┄

5 cm ├┄┄┄┄┄┄┄┄┄┄┄┄┄┄┄┄┄┄┄┄┄┄┄┄┄┄┄┄

7 cm ├┄┄┄┄┄┄┄┄┄┄┄┄┄┄┄┄┄┄┄┄┄┄┄┄┄┄┄┄

3 주어진 길이를 어림하고 자로 재어 확인해 보세요.

선	어림한 길이	자로 잰 길이
——————	약 cm	cm
———————————	약 cm	cm
—————————————————	약 cm	cm

▶ 실제 길이와 어림한 길이의 차가 작을수록 더 가깝게 어림한 것입니다.

4 실제 길이에 가장 가까운 것을 찾아 이어 보세요.

공책의 긴 쪽의 길이	•	•	**5** cm
이쑤시개의 길이	•	•	**200** cm
교실 문의 긴 쪽의 길이	•	•	**30** cm

5 봉투의 짧은 쪽의 길이와 긴 쪽의 길이를 어림하고 자로 재어 확인해 보세요.

▶ 정확하지 않은 길이를 말할 때에는 길이 앞에 '약'을 붙입니다.

봉투	어림한 길이	자로 잰 길이
짧은 쪽	약 cm	cm
긴 쪽	약 cm	cm

기본기 다지기

1 길이를 비교하는 방법 알아보기

1 어떻게 비교하면 좋을지 올바른 방법을 찾아 ○표 하세요.

> 식탁의 긴 쪽과 짧은 쪽의 길이를 비교할 때

직접 맞대어 비교하기　　　（　　　）

막대나 끈을 이용하여 비교하기

（　　　）

2 가장 긴 선을 찾아 기호를 써 보세요.

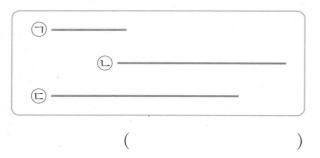

（　　　　　　）

3 안전을 위해 파란색 막대보다 키가 더 큰 사람만 탈 수 있는 놀이 기구가 있습니다. 놀이 기구를 탈 수 있는 사람은 누구일까요?

（　　　　　　）

2 여러 가지 단위로 길이 재기

4 텔레비전의 긴 쪽의 길이는 뼘으로 몇 번쯤인지 써 보세요.

（　　　　　　）

5 다음 물건들의 길이를 잴 때 단위를 어떤 것으로 하면 좋을지 ○표 하세요.

물감		
포크		
야구 방망이		

6 색연필의 길이는 클립으로 몇 번인지 써 보세요.

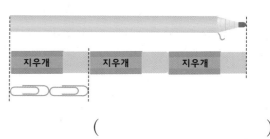

（　　　　　　）

7 옷핀과 크레파스로 우산의 길이를 재려고 합니다. 어느 것으로 잴 때 더 많이 재어야 할까요?

( )

8 지은이의 줄은 리코더로 6번, 민하의 줄은 클립으로 6번, 은수의 줄은 핸드폰으로 6번이었습니다. 가장 짧은 줄을 가지고 있는 사람은 누구일까요?

( )

9 주현, 유리, 준호는 연결 모형으로 모양 만들기를 하였습니다. 가장 길게 연결한 사람에 ○표 하세요.

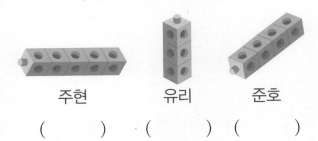

주현　　　유리　　　준호

( )　（ ）　（ ）

10 숟가락으로 식탁과 소파의 긴 쪽의 길이를 재었더니 식탁은 11번, 소파는 14번이었습니다. 식탁과 소파 중에서 긴 쪽의 길이가 더 짧은 것은 무엇일까요?

( )

서술형

11 근영이와 성범이가 뼘으로 칠판의 긴 쪽의 길이를 재어 보았더니 근영이의 뼘으로 25번쯤, 성범이의 뼘으로 23번쯤이었습니다. 두 친구가 잰 길이가 다른 까닭을 써 보세요.

까닭 _____

_____

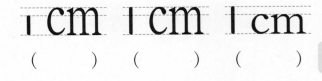

3 　1 cm 알아보기

12 1 센티미터를 바르게 쓴 것에 ○표 하세요.

1cm　1cm　1cm

( )　　( )　　( )

13 빨간색 점으로부터 1 cm 정도 거리에 있는 점을 찾아 선을 그어 보세요.

14 ☐ 안에 알맞은 수를 써넣으세요.

(1) 11 cm는 1 cm가 ☐ 번입니다.

(2) 1 cm가 8번이면 ☐ cm입니다.

15 주어진 길이만큼 점선을 따라 선을 그어 보세요.

(1) 3 cm

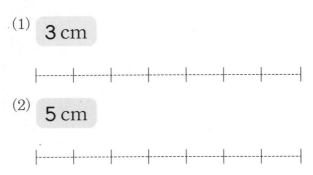

(2) 5 cm

16 더 긴 길이를 찾아 ○표 하세요.

1 cm가 7번	1 cm가 9번
( )	( )

17 손목 시계의 길이는 길이가 1 cm인 옷핀으로 16번입니다. 손목 시계의 길이는 몇 cm일까요?

(   )

18 길이가 가장 긴 막대를 가지고 있는 사람의 이름을 써 보세요.

> 가은: 내 막대의 길이는 1 cm가 24번이야.
> 수호: 내 막대의 길이는 22 cm야.
> 나연: 내 막대의 길이는 23 센티미터야.

(   )

---

4 자로 길이 재는 방법 알아보기

19 □ 안에 알맞은 수를 써넣으세요.

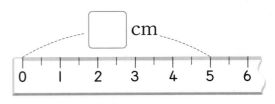

20 바늘의 길이는 몇 cm인지 구해 보세요.

(1)

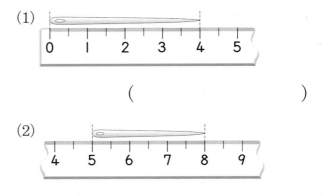

(   )

(2)

(   )

21 길이를 바르게 잰 것을 찾아 기호를 써 보세요.

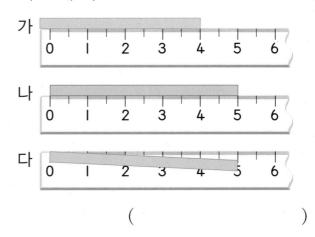

(   )

22 자로 길이를 재어 보세요.

(1)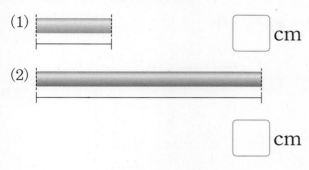

[ ] cm

(2)

[ ] cm

25 지은이와 태윤이가 가지고 있는 지우개의 길이를 재어 같은 길이만큼 선을 그어 보세요.

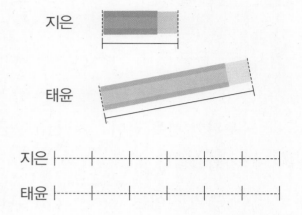

23 같은 길이끼리 이어 보세요.

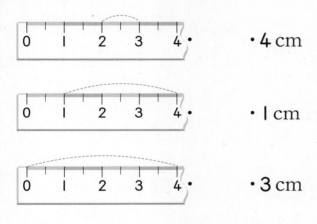

· 4 cm

· 1 cm

· 3 cm

26 색 테이프의 길이를 자로 재어 보고 길이가 같은 것을 찾아 같은 색으로 색칠해 보세요.

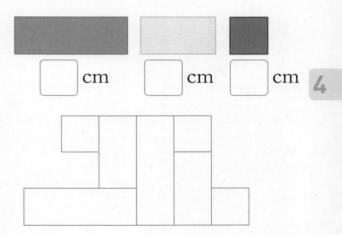

[ ] cm   [ ] cm   [ ] cm

24 크레파스의 길이가 더 짧은 것을 찾아 기호를 써 보세요.

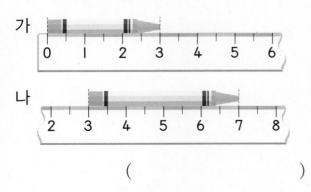

가

나

(   )

27 자로 길이를 재어 가장 긴 선과 가장 짧은 선의 길이는 각각 몇 cm인지 구해 보세요.

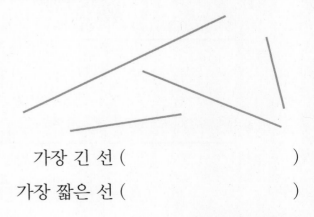

가장 긴 선 (   )

가장 짧은 선 (   )

5 자로 길이 재기

28 □ 안에 알맞은 수를 써넣으세요.

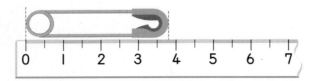

- 옷핀의 한쪽 끝이 □ cm 눈금에 가깝습니다.

- 옷핀의 길이는 약 □ cm입니다.

29 나뭇잎의 길이를 바르게 잰 사람의 이름을 써 보세요.

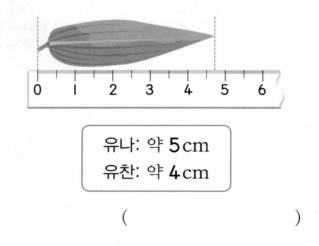

> 유나: 약 5 cm
> 유찬: 약 4 cm

( )

30 자로 길이를 재어 보세요.

(1)
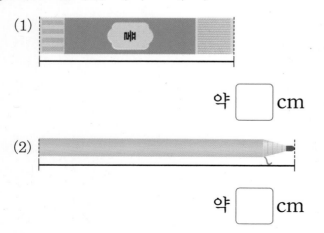

약 □ cm

(2)

약 □ cm

31 삼각형의 세 변의 길이를 자로 재어 보세요.

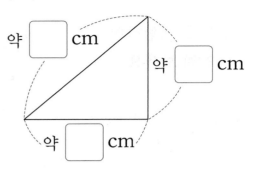

약 □ cm   약 □ cm   약 □ cm

32 색 테이프의 길이는 약 몇 cm일까요?

( )

서술형
33 애벌레 인형의 길이를 재어 보고 민수는 약 5 cm, 세희는 약 6 cm라고 하였습니다. 길이를 바르게 잰 사람의 이름을 쓰고, 길이 재는 방법을 설명해 보세요.

이름 ....

설명 ....

....

....

6 길이를 어림하고 어떻게 어림했는지 말해 보기

34 길이를 어림하여 선을 긋고 자로 재어 확인해 보세요.

2 cm ├--------------------------

5 cm ├- - - - - - - - - - - - - - - - -

35 초록색 연필의 길이가 4 cm일 때 노란색 연필과 빨간색 연필의 길이를 각각 어림해 보세요.

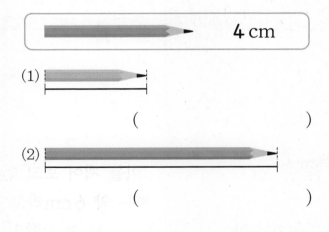

(1)

( )

(2)

( )

36 세 사람이 약 5 cm를 어림하여 종이를 잘랐습니다. 5 cm에 가깝게 어림한 사람부터 차례로 이름을 써 보세요.

은호 ▮▮▮▮▮▮▮▮▮▮▮▮▮▮

영준 ▮▮▮▮▮▮▮

선민 ▮▮▮▮▮▮▮▮▮

( )

37 보기 에서 알맞은 길이를 골라 문장을 완성해 보세요.

보기
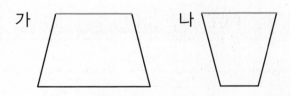

(1) 초등학교 **5**학년인 오빠의 키는 약 ☐ 입니다.

(2) 옷핀의 길이는 약 ☐ 입니다.

38 두 사각형에서 빨간색 선의 길이를 어림하여 비교하고 자로 재어 확인해 보세요.

가   나

(1) 가와 나의 빨간색 선의 길이 중 더 길어 보이는 것의 기호를 써 보세요.

( )

(2) 자로 재어 확인해 보세요.

( )

39 길이가 I cm, 2 cm, 4 cm인 선이 있습니다. 자를 사용하지 않고 7 cm에 가깝게 선을 긋고 자로 재어 확인해 보세요.

I cm ——
2 cm ———
4 cm —————————

1 여러 가지 단위로 길이 재기

응용유형

여러 가지 단위로 칠판의 긴 쪽의 길이를 재었습니다. 잰 횟수가 많은 것부터 차례로 기호를 써 보세요.

( )

● **핵심 NOTE** • 같은 물건의 길이를 잴 때 단위길이가 짧을수록 잰 횟수가 많습니다.

1-1 여러 가지 단위로 책상의 높이를 재었습니다. 잰 횟수가 적은 것부터 차례로 기호를 써 보세요.

( )

1-2 각자의 발걸음으로 교실의 긴 쪽의 길이를 재어 나타낸 것입니다. 한 걸음의 길이가 가장 긴 사람은 누구일까요?

서윤	다현	보미	시혁
14번쯤	16번쯤	15번쯤	12번쯤

( )

2 지나간 길의 거리 구하기

가장 작은 사각형의 변의 길이는 모두 1cm입니다. 지렁이가 나뭇잎을 먹으러 빨간색 선을 따라갈 때 지렁이가 지나간 길은 몇 cm일까요?

( )

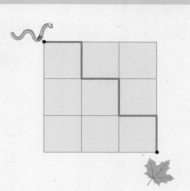

● **핵심 NOTE** • 1cm가 ▲번이면 ▲cm입니다.

2-1 가장 작은 사각형의 변의 길이는 모두 1cm입니다. 개미가 과자를 먹으러 빨간색 선을 따라갈 때 개미가 지나간 길은 몇 cm일까요?

( )

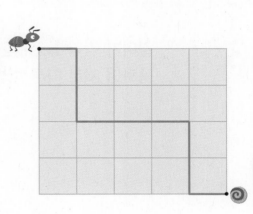

4

2-2 가장 작은 사각형의 변의 길이는 모두 1cm입니다. 모눈종이 위에 오른쪽 그림과 같이 선을 그렸습니다. 빨간색 선은 파란색 선보다 몇 cm 더 길까요?

( )

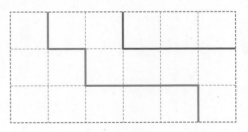

주어진 길이만큼 색칠하기

길이가 각각 2 cm, 3 cm, 4 cm인 색 테이프가 있습니다. 이 색 테이프를 여러 번 사용하여 서로 다른 방법으로 10 cm를 색칠해 보세요.

2 cm   3 cm   4 cm

10 cm

10 cm

● 핵심 NOTE   • 두 색 테이프를 겹치지 않게 이어 붙이면 두 길이의 합만큼의 길이가 됩니다.

3-1 길이가 각각 1 cm, 2 cm, 5 cm인 색 테이프가 있습니다. 이 색 테이프를 여러 번 사용하여 서로 다른 방법으로 7 cm를 색칠해 보세요.

1 cm   2 cm   5 cm

7 cm

7 cm

3-2 길이가 각각 1 cm, 2 cm, 4 cm인 색 테이프가 있습니다. 이 색 테이프를 여러 번 사용하여 세 가지 방법으로 10 cm를 색칠해 보세요.

1 cm   2 cm   4 cm

10 cm

10 cm

10 cm

4 단위길이로 잰 횟수 구하기

심화유형

망치의 긴 쪽의 길이는 길이가 4cm인 못으로 5번 잰 것과 같습니다. 이 길이는 5cm인 지우개로 몇 번 잰 것과 같을까요?

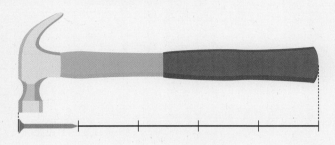

1단계 망치의 긴 쪽의 길이 구하기

_____

_____

2단계 망치의 긴 쪽의 길이는 5cm인 지우개로 몇 번인지 구하기

_____

_____

(   )

● **핵심 NOTE**   **1단계** 망치의 긴 쪽의 길이는 못의 길이를 5번 더한 것과 같습니다.
                      2단계 망치의 긴 쪽의 길이는 지우개의 길이로 몇 번인지 구합니다.

4-1   초록색 테이프의 길이는 길이가 6cm인 노란색 테이프로 4번 잰 것과 같습니다. 이 길이는 8cm인 파란색 테이프로 몇 번 잰 것과 같을까요?

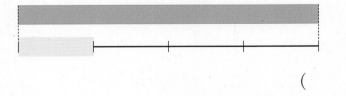

(   )

단원 평가 Level ❶

1 주어진 길이를 쓰고 읽어 보세요.

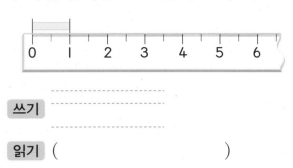

쓰기 _____

읽기 (   )

2 딱풀을 단위로 길이를 잴 수 없는 것을 찾아 기호를 써 보세요.

┌─────────────────────────┐
│ ㉠ 의자의 높이 │
│ ㉡ 텔레비전의 긴 쪽의 길이 │
│ ㉢ 클립의 길이 │
└─────────────────────────┘

(   )

3 여러 가지 단위로 빨대의 길이를 재어 보세요.

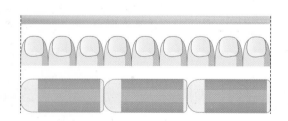

엄지손톱	번
지우개	번

4 못의 길이는 1 cm가 몇 번일까요?

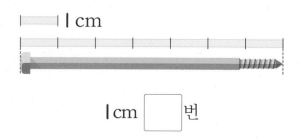

1 cm [   ] 번

5 ☐ 안에 알맞은 수를 써넣으세요.

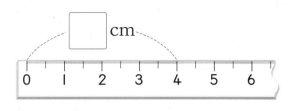

6 면봉의 길이를 써 보세요.

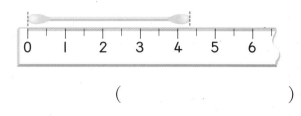

(   )

7 주어진 길이만큼 점선을 따라 선을 그어 보세요.

┌──────────┐
│ 5 cm │
└──────────┘

|---------|---------|---------|---------|---------|---------|

8 자로 길이를 재어 보세요.

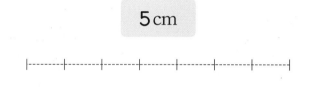

(   )

9 물감의 길이는 약 몇 cm일까요?

(   )

10 밴드의 길이를 어림하고 자로 재어 확인해 보세요.

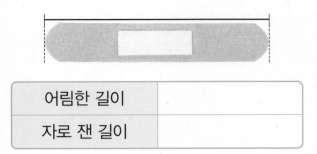

어림한 길이	
자로 잰 길이	

11 색 테이프의 길이를 재어 보고 주희는 약 6 cm, 정원이는 약 5 cm라고 말했습니다. □ 안에 알맞게 써넣으세요.

□ (이)가 길이를 바르게 말했습니다. 왜냐하면 색 테이프의 오른쪽 끝이 자의 눈금 사이에 있으므로 가까이에 있는 쪽의 숫자를 읽으면 □ cm이기 때문입니다.

12 삼각형의 세 변의 길이를 자로 재어 보세요.

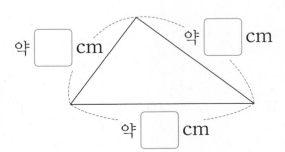

약 □ cm   약 □ cm   약 □ cm

13 보기 에서 알맞은 길이를 골라 문장을 완성해 보세요.

보기

1 cm   8 cm   15 cm   135 cm

(1) 콩 한 알의 길이는 약 □ 입니다.

(2) 초등학교 2학년인 지호의 키는 약 □ 입니다.

14 지원, 민율, 찬주는 연결 모형으로 모양 만들기를 하였습니다. 가장 짧게 연결한 사람은 누구일까요?

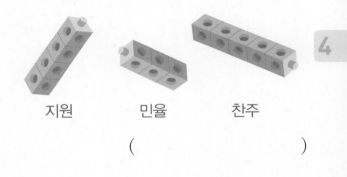

지원   민율   찬주

( )

15 책꽂이에 책을 크기별로 정리하여 세워서 꽂으려고 합니다. 책꽂이의 위쪽 칸에 꽂을 수 있는 책은 무엇일까요?

( )

16 막대의 길이가 더 긴 것의 기호를 써 보세요.

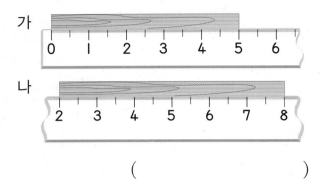

가

나

( )

17 길이가 각각 1 cm, 3 cm인 색 테이프가 있습니다. 이 색 테이프를 여러 번 사용하여 서로 다른 방법으로 7 cm를 색칠해 보세요.

1 cm   3 cm

18 가장 긴 줄을 가지고 있는 사람은 누구일까요?

내 줄의 길이는 14 cm야.

은희

내 줄의 길이는 1 cm로 15번이야.

수원

내 줄의 길이는 1 cm로 13번이야.

진솔

( )

19 윤아와 혜승이가 뼘으로 책상의 짧은 쪽의 길이를 재었습니다. 두 친구가 잰 길이가 다른 까닭을 써 보세요.

윤아의 뼘	혜승이의 뼘
4뼘쯤	3뼘쯤

까닭

20 시우가 과자의 길이를 5 cm라고 말했습니다. 과자의 길이를 잘못 잰 까닭을 써 보세요.

까닭

단원 평가 Level ❷

1 리코더의 길이는 크레파스로 몇 번인지 □ 안에 알맞은 수를 써넣으세요.

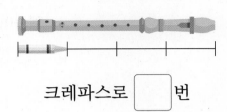

크레파스로 □ 번

2 길이를 비교하는 방법으로 알맞은 것을 보기 에서 골라 기호를 써 보세요.

> **보기**
> ㉠ 종이띠나 털실을 이용하여 비교하기
> ㉡ 직접 맞대어 비교하기

(1) 언니와 나의 발 길이를 비교할 때

( )

(2) 서랍장의 긴 쪽의 길이와 높이를 비교할 때 ( )

3 □ 안에 알맞은 수를 써넣어 자를 완성해 보세요.

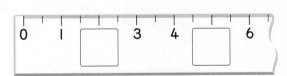

4 윤호가 뼘으로 물건의 길이를 재어 보았습니다. 길이가 가장 긴 것은 무엇일까요?

> 가위: 1뼘쯤
> 공책의 긴 쪽: 2뼘쯤
> 스케치북의 긴 쪽: 5뼘쯤

( )

5 □ 안에 알맞은 수를 써넣으세요.

(1) 1 cm가 3번은 □ cm입니다.

(2) 1 cm가 10번은 □ cm입니다.

6 □ 안에 알맞은 수를 써넣으세요.

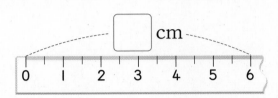

7 주어진 길이만큼 점선을 따라 선을 그어 보세요.

| 6 cm |

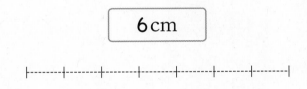

8 네 명의 친구들이 연결 모형으로 모양 만들기를 하였습니다. 가장 길게 연결한 사람은 누구일까요?

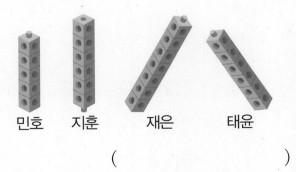

( )

9 더 긴 야구 방망이를 가지고 있는 사람은 누구일까요?

> 승혜: 내 야구 방망이는 풀로 5번이야.
> 다솜: 내 야구 방망이는 필통으로 5번이야.

(   )

10 수수깡의 길이를 재어 같은 길이의 선을 그어 보세요.

11 양초의 길이를 어림하고 자로 재어 보세요.

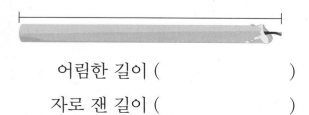

어림한 길이 (   )

자로 잰 길이 (   )

12 도서관에서 가장 가까운 곳은 누구네 집일까요?

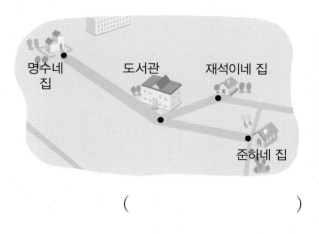

(   )

13 색 테이프의 길이를 써 보세요.

(1)
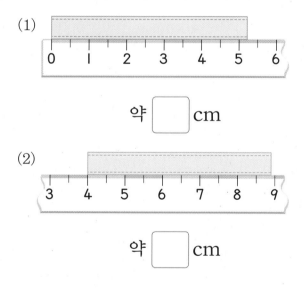

약 ☐ cm

(2)

약 ☐ cm

14 사각형의 변의 길이를 재어 ☐ 안에 알맞은 수를 써넣으세요.

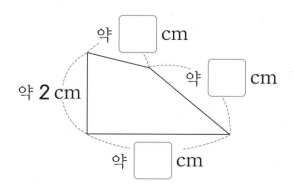

약 ☐ cm

약 ☐ cm

약 2 cm

약 ☐ cm

15 피아노의 긴 쪽의 길이를 뼘으로 재어 나타낸 것입니다. 뼘의 길이가 가장 짧은 사람은 누구일까요?

정은	윤아	여찬
16번쯤	18번쯤	17번쯤

( )

16 가장 작은 타일의 한 변의 길이는 1cm로 모두 같습니다. 붙인 타일의 굵은 빨간색 테두리의 길이는 몇 cm일까요?

( )

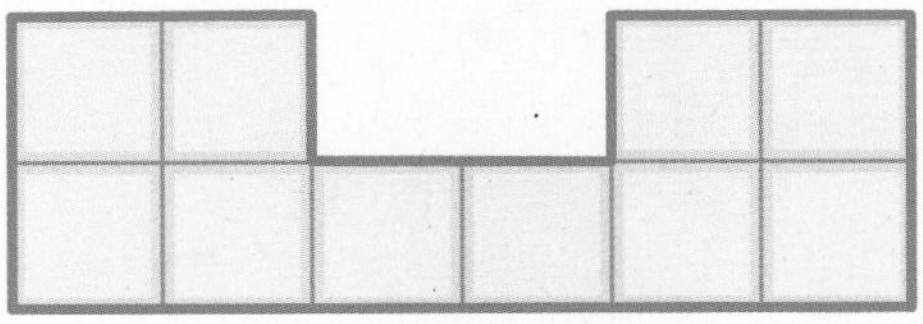

17 길이가 5cm인 지우개를 사용하여 필통의 긴 쪽의 길이를 재었더니 지우개로 6번이었습니다. 필통의 긴 쪽의 길이는 몇 cm일까요?

( )

18 빨대의 길이는 길이가 6cm인 머리핀으로 2번 잰 것과 같습니다. 이 길이는 4cm인 옷핀으로 몇 번 잰 것과 같을까요?

( )

19 자를 사용하여 길이를 잰 것입니다. 잘못 잰 까닭을 쓰고 바르게 재는 방법을 설명해 보세요.

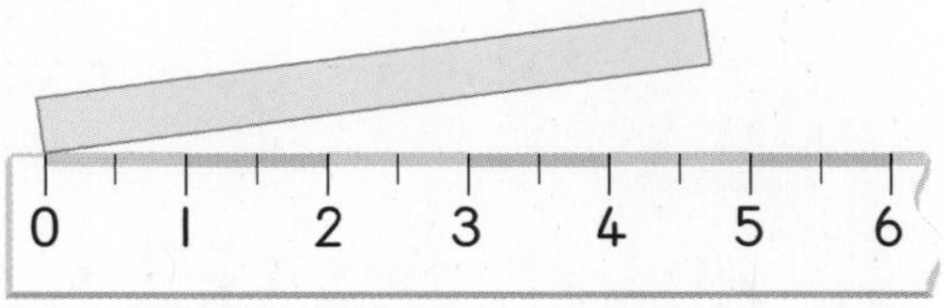

설명

20 세 사람이 길이가 20cm인 필통의 길이를 어림한 것입니다. 실제 길이에 가장 가깝게 어림한 사람은 누구인지 풀이 과정을 쓰고 답을 구해 보세요.

나영	은주	혜림
약 18cm	약 21cm	약 22cm

풀이

답

5 분류하기

예쁜 옷과 안 예쁜 옷으로 옷장을 정리했더니
내가 정리한 것과 동생이 정리한 것이 달라.
분류하려면 기준이 명확해야 해!

누가 나누어도 결과가 같은 분류 기준이 필요해!

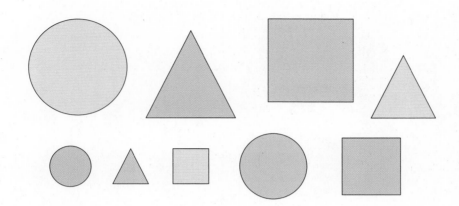

● 분류 기준: 모양

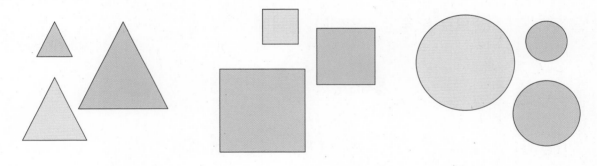

● 분류 기준: 색깔

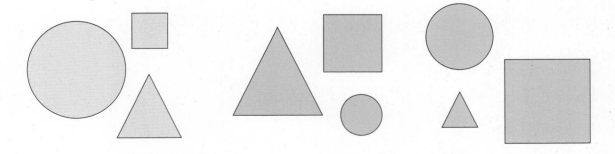

① 분류는 어떻게 할까요

● 기준에 따라 옷을 분류하기

사람에 따라 분류 결과가 다를 수 있습니다.　　　　　　누가 분류하더라도 결과가 같습니다.

➡ 분류는 누가 분류하더라도 결과가 같아지는 **분명한 기준**으로 나누어야 합니다.

1 과일을 두 가지 기준으로 분류한 것입니다. 물음에 답하세요.

(1) 누가 분류하더라도 결과가 같게 분류한 친구의 이름을 써 보세요.

(　　　　　　　　　　)

(2) 과일을 알맞게 분류한 친구의 이름을 써 보세요.

(　　　　　　　　　　)

2 동물을 분류하려고 합니다. 분류 기준을 알맞게 말한 친구의 이름을 써 보세요.

▶ 누가 분류하더라도 결과가 같아지는 분명한 기준을 찾습니다.

민수 : 다리의 수로 분류하는 것이 좋을 것 같아.

유미 : 귀여운 동물과 귀엽지 않은 동물로 분류해 볼래.

(   )

3 분류 기준으로 알맞은 것을 모두 찾아 ○표 하세요.

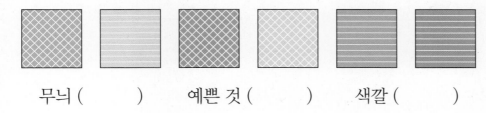

무늬 (   )   예쁜 것 (   )   색깔 (   )

4 분류 기준으로 알맞은 것을 찾아 기호를 써 보세요.

▶ 어떤 종류의 탈것이 있는지 살펴보고 분명한 분류 기준을 찾습니다.

⊙ 편한 것과 불편한 것
ⓒ 하늘을 날 수 있는 것과 날 수 없는 것
ⓒ 타고 싶은 것과 타기 싫은 것

(   )

2 정해진 기준에 따라 분류해 볼까요 / 자신이 정한 기준에 따라 분류해 볼까요

● 정해진 기준에 따라 단추를 분류하기

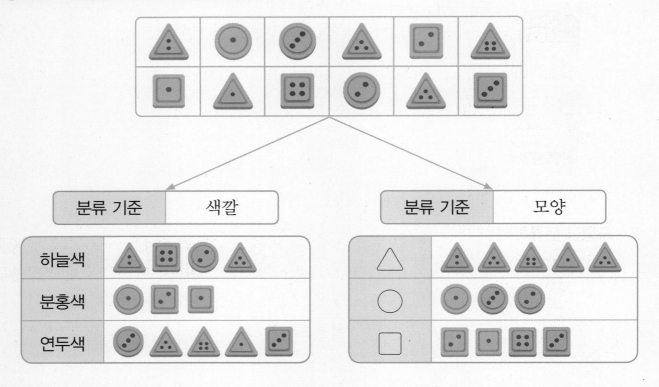

1 바퀴의 수에 따라 분류해 보세요.

바퀴 2개	바퀴 4개

2 기준에 따라 물건을 알맞게 분류하여 가게를 만들려고 합니다. 가게에 알맞은 물건을 찾아 이어 보세요.

▶ 다양한 가게에 알맞은 물건을 찾아 이어 봅니다.

[3~5] 도형을 분류하려고 합니다. 물음에 답하세요.

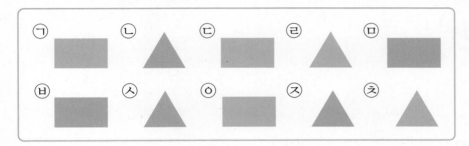

3 도형을 분류할 수 있는 기준을 써 보세요.

▶ 분류 기준은 도형의 특징에 따라 여러 가지로 정할 수 있습니다.

	분류 기준	

4 정해진 기준에 따라 도형을 분류해 보세요.

▶ 정해진 기준에 따라 도형을 분류하기 전에 기준이 분명한지 확인해 봅니다.

분류 기준	색깔

분홍색	하늘색

5 기준을 정하여 도형을 분류해 보세요.

▶ 정한 기준에 맞춰 칸을 나눕니다.

분류 기준	

3 분류하고 세어 볼까요

● **초콜릿을 분류하고 그 수를 세어 보기**

중복하여 세거나 빠뜨리지 않도록 초콜릿의 그림에 ○, ∨, ×, / 등으로 표시를 하면서 분류합니다.

분류 기준	모양

모양	♥	▲	■
세면서 표시하기	∰ ∭	∭ ∭	∰ ∭
초콜릿의 수(개)	4	3	5

• 분류하고 센 전체 개수가 처음 세어 본 개수와 같은지 확인합니다.
➡ 4 + 3 + 5 = 12(개)

---

1 정해진 기준에 따라 공을 분류하고 그 수를 세어 보세요.

분류 기준	종류

종류	축구공	농구공	야구공	배구공
세면서 표시하기	∰ ∭	∰ ∭	∰ ∭	∰ ∭
공의 수(개)				

[2~3] 사탕을 기준에 따라 분류해 보세요.

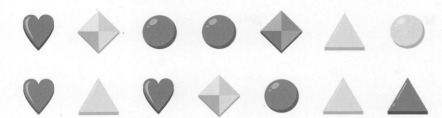

2 정해진 기준에 따라 분류하고 그 수를 세어 보세요.

분류 기준	색깔

색깔	파란색	노란색	빨간색
사탕의 수(개)			

3 기준을 정하여 분류하고 그 수를 세어 보세요.

분류 기준	

사탕의 수(개)	

4 재활용품을 모아 분리배출을 하려고 합니다. 정해진 기준에 따라 재활용품을 분류하고 그 수를 세어 보세요.

분류 기준	종류

종류	종이	플라스틱	캔	비닐
세면서 표시하기	〷〷	〷〷	〷〷	〷〷
재활용품의 수(개)				

▶ 중복하여 세거나 빠뜨리지 않도록 사탕의 그림에 ○, ∨, ×, / 등으로 표시를 하면서 분류합니다.

▶ 분류하고 센 전체 개수가 처음에 세어 본 개수와 같은지 확인해 봅니다.

▶ 세면서 표시할 때 〷〷 대신에 正을 이용할 수도 있습니다.

4 분류한 결과를 말해 볼까요

● **우산을 분류하고 분류한 결과 말해 보기**

분류 기준	우산의 길이

우산의 길이	긴 것	짧은 것
세면서 표시하기	✕✕✕	✕✕✕
우산의 수(개)	5	7

➡ 짧은 우산이 더 많습니다.

➡ 짧은 우산꽂이를 긴 우산꽂이보다 더 많이 준비합니다.

1 어느 가게에서 오늘 팔린 우유입니다. 물음에 답하세요.

(1) 정해진 기준에 따라 분류하고 그 수를 세어 보세요.

분류 기준	맛

맛	초콜릿 맛	딸기 맛	바나나 맛
세면서 표시하기	✕✕✕	✕✕✕	✕✕✕
우유의 수(개)			

(2) ☐ 안에 알맞은 말을 써넣으세요.

가장 많이 팔린 우유는 ☐ 맛이고, 가장 적게 팔린 우유는 ☐ 맛입니다.

2 문방구에서 오늘 팔린 수첩입니다. 물음에 답하세요.

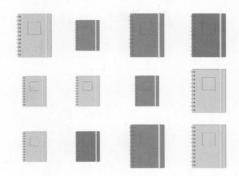

(1) 정해진 기준에 따라 분류하고 수를 세어 보세요.

▶ 각 항목의 개수와 전체 개수를 살펴보고 빠짐없이 잘 세었는지 확인해 봅니다.

분류 기준	크기

크기	큰 수첩	작은 수첩
세면서 표시하기	////// /////	////// /////
수첩의 수(개)		

(2) 기준을 정하여 분류하고 그 수를 세어 보세요.

▶ 정해진 기준(크기)을 제외한 분류 기준으로 정합니다.

분류 기준	

세면서 표시하기	
수첩의 수(개)	

(3) 어떤 색깔의 수첩이 가장 많이 팔렸을까요?

( )

▶ 분류하여 세어 보면 어떤 것이 가장 많은지, 가장 적은지, 전체 개수는 몇 개인지 등을 알 수 있습니다.

(4) 문방구에서 어떤 색깔의 수첩을 더 준비하면 좋을까요?

( )

1 분류하는 방법 알아보기

1 쿠키를 분류하려고 합니다. 분류 기준으로 알맞은 것에 ○표 하세요.

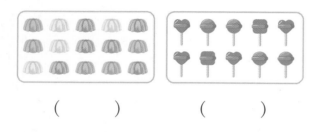

쿠키의 크기   (   )

쿠키의 모양   (   )

맛있는 것과 맛있지 않은 것   (   )

2 색깔을 기준으로 분류할 수 있는 것에 ○표 하세요.

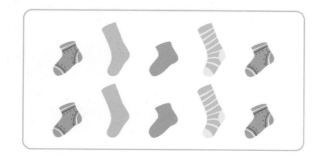

(   )   (   )

3 양말을 분류할 수 있는 기준을 써 보세요.

분류 기준	

4 옷을 분류하려고 합니다. 분류 기준으로 알맞지 않은 까닭을 써 보세요.

분류 기준	예쁜 옷과 예쁘지 않은 옷

까닭

5 장난감을 어떻게 분류하면 좋을지 바르게 설명한 사람의 이름을 써 보세요.

주호: 귀여운 것과 귀엽지 않은 것으로 분류합니다.

재민: 비싼 것과 비싸지 않은 것으로 분류합니다.

민하: 바퀴가 있는 것과 없는 것으로 분류합니다.

(   )

② 기준에 따라 분류하기

6 다리의 수에 따라 동물을 분류해 보세요.

다리의 수(개)	번호
0	
2	
4	

7 도형을 분류할 수 있는 기준을 써 보세요.

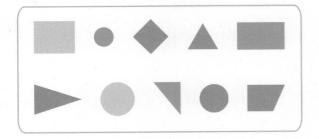

분류 기준 1	
분류 기준 2	

8 잘못 분류된 것을 찾아 번호를 쓰고, □ 안에 알맞은 말을 써넣으세요.

잘못 분류된 것: _____

잘못 분류된 것을 □ 으로 옮겨야 합니다.

9 기준을 정하여 칠판에 붙어 있는 자석을 분류해 보세요.

분류 기준	

자석	

3 분류하고 세어 보기

[10~12] 주스를 분류하려고 합니다. 물음에 답
하세요.

10 정해진 기준에 따라 분류하고 그 수를
세어 보세요.

분류 기준	모양

모양		
세면서 표시하기		
주스의 수(개)		

11 기준을 정하여 분류하고 그 수를 세어
보세요.

분류 기준	

주스의 수(개)	

12 오렌지 맛이면서 🍶 모양인 음료수는
몇 개일까요?

( )

[13~15] 단추를 분류하려고 합니다. 물음에 답
하세요.

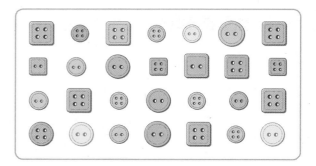

13 정해진 기준에 따라 분류하고 그 수를
세어 보세요.

분류 기준	색깔

색깔	파란색	연두색	빨간색	노란색
단추의 수(개)				

14 기준을 정하여 분류하고 그 수를 세어
보세요.

분류 기준	

단추의 수(개)	

15 분류하여 세어 보면 어떤 점이 좋은지
써 보세요.

4 분류한 결과 말해 보기

[16~18] 컵을 분류하려고 합니다. 물음에 답하세요.

16 정해진 기준에 따라 분류하고 그 수를 세어 보세요.

분류 기준	모양

모양	🍺	🥛	☕
세면서 표시하기	/////	/////	/////
컵의 수(개)			

17 기준을 정하여 분류하고 그 수를 세어 보세요.

분류 기준	

컵의 수(개)	

18 알맞은 말에 ○표 하세요.

가장 많은 컵의 모양은 (🍺 , 🥛 , ☕)
이고 가장 많은 컵의 색깔은
(노란색 , 파란색 , 빨간색)입니다.

[19~20] 책을 분류하려고 합니다. 물음에 답하세요.

19 기준을 정하여 분류하고 그 수를 세어 보세요.

분류 기준	

책의 수(권)	

20 분류 결과를 보고 책을 어떻게 정리하면 좋을지 써 보세요.

....

....

서술형
21 가게에 있는 주스를 종류별로 센 것입니다. 종류별 주스의 수를 비슷하게 준비하려고 할 때 어떤 종류의 주스를 더 준비하면 좋을지 쓰고, 그 까닭을 써 보세요.

종류	사과	오렌지	딸기	토마토	망고
수(개)	10	11	15	3	13

답 ....

까닭 ....

....

....

5

응용유형 1 분류 기준 알아보기

다음과 같이 음료수를 분류하였습니다. 분류 기준을 써 보세요.

(   )

● **핵심 NOTE**   • 분류된 물건들의 공통점과 차이점을 살펴보고 분류 기준을 찾아봅니다.

1-1 다음과 같이 젤리를 분류하였습니다. 분류 기준을 써 보세요.

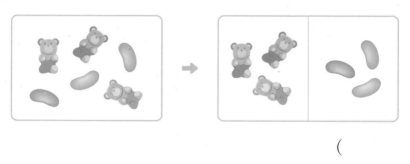

(   )

1-2 다음과 같이 블록을 분류하였습니다. 분류 기준을 써 보세요.

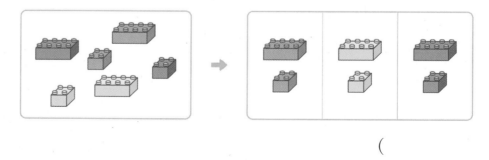

(   )

분류하여 세어 보고 예상하기

응용유형 **2**

과일 가게에서 하루 동안 팔린 과일입니다. 다음 날 과일 가게 주인이 어떤 과일을 가장 많이 준비하면 좋을지 써 보세요.

(   )

● 핵심 NOTE   • 종류에 따라 분류하여 그 수를 세어 보고 가장 많이 팔린 과일을 찾아봅니다.

2-1 편의점에서 하루 동안 팔린 사탕입니다. 다음 날 편의점 주인이 어떤 맛 사탕을 가장 많이 준비하면 좋을지 써 보세요.

(   )

분류 놀이 깃발 만들기

분류 놀이를 하기 위해 깃발을 만들었습니다. 보기 와 같은 모양의 분류 놀이 깃발을 새로 만들려고 합니다. 색칠하고 점을 그려 놀이에 필요한 깃발을 만들어 보세요.

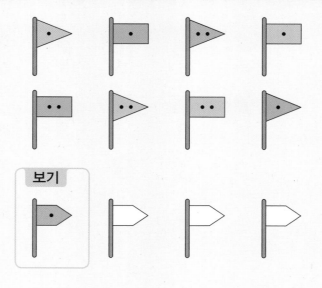

보기

● 핵심 NOTE • 깃발을 분류할 수 있는 여러 가지 기준을 생각해 봅니다.

3-1 분류 놀이를 하기 위해 블록을 만들었습니다. 보기 와 같은 도형의 분류 놀이 블록을 새로 만들려고 합니다. 색칠하고 무늬를 그려 놀이에 필요한 블록을 만들어 보세요.

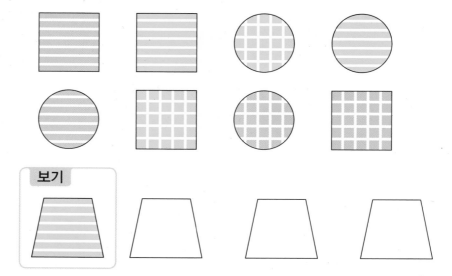

보기

심화유형4 두 가지 기준으로 분류하기

두 가지 기준을 만족하는 우유를 찾아 번호를 써 보세요.

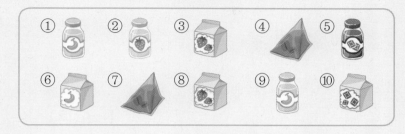

> | 분류 기준 1 | 바나나 맛입니다. |
> | 분류 기준 2 | 🥛 모양입니다. |

1단계 | 분류 기준 1 |을 만족하는 우유 찾아보기

....

....

2단계 | 분류 기준 1 |을 만족하는 우유 중 | 분류 기준 2 |를 만족하는 우유 찾아보기

....

....

....

(   )

● **핵심 NOTE**   **1단계** 한 가지 기준에 따라 분류합니다.

              2단계 그 결과를 다시 다른 기준에 따라 분류합니다.

4-1 두 가지 기준을 만족하는 붙임딱지를 찾아 번호를 써 보세요.

> | 분류 기준 1 | 노란색입니다. |
> | 분류 기준 2 | △ 모양입니다. |

(   )

단원 평가 Level ❶

1 붙임딱지를 분류할 수 있는 기준을 써 보세요.

분류 기준 1	
분류 기준 2	

[2~3] 나영이가 색종이로 접은 모양입니다. 물음에 답하세요.

2 종류에 따라 분류하고 그 수를 세어 보세요.

종류	비행기	배	학
수(개)			

3 색깔에 따라 분류하고 그 수를 세어 보세요.

색깔	노란색	빨간색	연두색
수(개)			

[4~6] 어느 해 6월의 날씨입니다. 물음에 답하세요.

일	월	화	수	목	금	토
	1 ☀	2 ☀	3 ☁	4 ☁	5 ☂	6 ☀
7 ☀	8 ☁	9 ☀	10 ☁	11 ☀	12 ☂	13 ☁
14 ☂	15 ☀	16 ☁	17 ☁	18 ☂	19 ☀	20 ☀
21 ☀	22 ☀	23 ☂	24 ☂	25 ☁	26 ☀	27 ☀
28 ☂	29 ☁	30 ☀				

☀ 맑은 날   ☁ 흐린 날   ☂ 비 온 날

4 6월의 날씨에 따라 분류하고 그 수를 세어 보세요.

날씨	맑은 날	흐린 날	비 온 날
날수(일)	14		

5 6월에는 어떤 날이 가장 많았을까요?

( )

6 6월에는 어떤 날이 가장 적었을까요?

( )

7 정해진 기준에 따라 분류하였습니다. 잘못 분류된 것을 찾아 ○표 하세요.

[8~9] 혜수 친구들이 좋아하는 동물입니다. 물음에 답하세요.

강아지	고양이	앵무새	강아지	강아지
앵무새	고양이	강아지	고양이	강아지

8 동물을 분류할 수 있는 기준을 써 보세요.

분류 기준	

9 위 **8**에서 정한 기준에 따라 동물을 분류하고 그 수를 세어 보세요.

세면서 표시하기	
학생 수(명)	

10 승재네 집에 있는 책을 종류에 따라 분류하여 세었습니다. 책의 수가 종류에 따라 비슷하려면 어떤 종류의 책을 더 사는 것이 좋을지 써 보세요.

종류	역사	인물	동화
책의 수(권)	18	18	7

( )

[11~12] 여러 나라의 화폐를 기준에 따라 분류하였습니다. 물음에 답하세요.

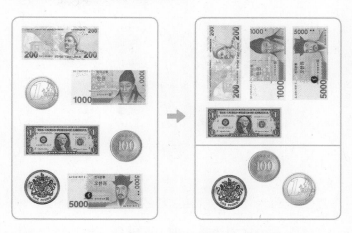

11 어떤 기준에 따라 분류한 것일까요?

분류 기준	

12 화폐를 분류할 수 있는 또 다른 분류 기준을 써 보세요.

분류 기준	

[13~14] 지민이네 모둠 학생 12명이 좋아하는 색깔입니다. 물음에 답하세요.

빨간색	노란색	연두색	노란색
빨간색	빨간색	노란색	연두색
연두색	빨간색	노란색	빨간색

13 노란색을 좋아하는 학생은 몇 명일까요?

( )

14 가장 많은 학생들이 좋아하는 색깔은 무엇일까요?

( )

[15~18] 재형이가 가지고 있는 단추입니다. 물음에 답하세요.

15 단추를 분류하는 기준이 될 수 없는 것을 찾아 기호를 써 보세요.

> ㉠ 구멍의 수   ㉡ 두께
> ㉢ 색깔   ㉣ 모양

(   )

16 분홍색이면서 □ 모양인 단추는 몇 개일까요?

(   )

17 구멍이 2개이면서 ○ 모양인 단추는 몇 개일까요?

(   )

18 모양에 따라 분류한 단추를 색깔에 따라 다시 분류하고 그 수를 세어 보세요.

모양 색깔	△	□	○
분홍색			
하늘색			
노란색			

19 새를 어떻게 분류하면 좋을지 분류 기준을 써 보세요.

오리 백조 닭 독수리 타조 참새

분류 기준
_____
_____
_____

20 냉장고에서 잘못 분류된 것을 찾아 ○표 하고, 그렇게 생각한 까닭을 써 보세요.

과일 칸
채소 칸
김치 칸

까닭
_____
_____
_____

단원 평가 Level ❷

1 다음과 같이 바둑돌을 분류하였습니다. 분류 기준을 써 보세요.

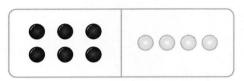

분류 기준	

2 모양에 따라 분류해 보세요.

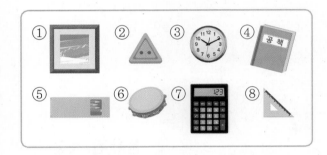

□	
△	
○	

3 재활용품을 모아 분리배출을 하려고 합니다. 어떻게 분류하면 좋을지 써 보세요.

[4~6] 여러 가지 탈것을 보고 물음에 답하세요.

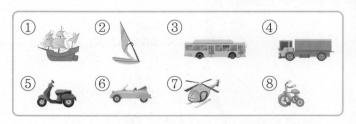

4 바퀴로 움직이는 것과 바퀴로 움직이지 않는 것으로 분류해 보세요.

바퀴로 움직이는 것	
바퀴로 움직이지 않는 것	

5 바퀴로 움직이는 것은 몇 대일까요?

( )

6 움직이는 장소에 따라 분류해 보세요.

하늘	
물	
땅	

7 오른쪽 칠교 조각을 모양에 따라 분류해 보세요.

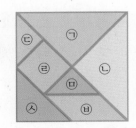

모양	삼각형	사각형
기호		

[8~11] 어느 가게에서 6월 한 달 동안 팔린 우산 입니다. 물음에 답하세요.

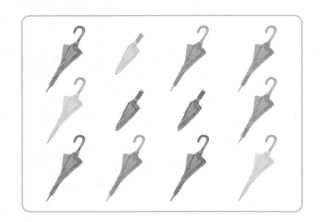

8 색깔에 따라 분류하고 그 수를 세어 보세요.

색깔			
세면서 표시하기	///// /////	///// /////	///// /////
우산 수(개)			

9 길이에 따라 분류하고 그 수를 세어 보세요.

길이		
세면서 표시하기	///// /////	///// /////
우산 수(개)		

10 긴 우산과 짧은 우산 중 더 적게 팔린 우산은 어느 것일까요?

( )

11 7월에 우산을 많이 팔기 위해 우산 가게에서 더 준비해야 할 우산은 어떤 색일까요?

( )

[12~14] 석기네 반 학생들이 방학 동안 가고 싶어 하는 곳입니다. 물음에 답하세요.

동물원	놀이공원	동물원	바다	바다
놀이공원	산	놀이공원	동물원	바다
놀이공원	바다	동물원	놀이공원	산

12 가고 싶어 하는 곳을 장소에 따라 분류하고 그 수를 세어 보세요.

장소				
학생 수(명)				

13 동물원에 가고 싶어 하는 학생 수와 같은 수의 학생들이 가고 싶어하는 곳은 어디일까요?

( )

14 가장 많은 학생들이 가고 싶어 하는 곳과 가장 적은 학생들이 가고 싶어 하는 곳의 학생 수의 차는 몇 명일까요?

( )

[15~18] 그림 카드를 보고 물음에 답하세요.

15 그림 카드를 분류하는 기준이 될 수 있는 것을 모두 찾아 기호를 써 보세요.

┌─────────────────────────────┐
│ ㉠ 크기   ㉡ 색깔   │
│ ㉢ 모양   ㉣ 구멍의 수   │
└─────────────────────────────┘

(   )

16 그림 카드를 구멍의 수에 따라 분류하고 그 수를 세어 보세요.

구멍의 수(개)	1	2
카드 수(장)		

17 구멍이 2개이면서 털이 있는 그림 카드는 몇 장일까요?

(   )

18 파란색이면서 구멍이 1개인 그림 카드는 몇 장일까요?

(   )

19 다음과 같이 근영이는 집 안의 물건을 분류하였습니다. 어떤 기준에 따라 분류한 것인지 설명해 보세요.

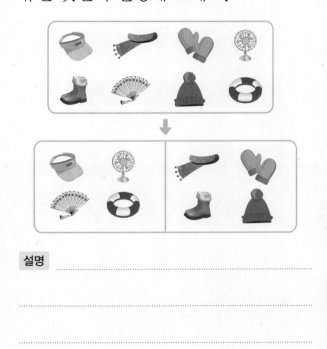

설명
_____
_____
_____

20 지은이는 단추를 다음과 같이 분류하였습니다. 잘못 분류된 것을 찾아 ○표하고, 그렇게 생각한 까닭을 써 보세요.

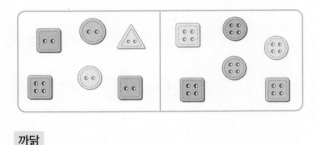

까닭
_____
_____
_____

6 곱셈

같은 수를 여러 번 더할 때 간단하게 나타낼 수 있을까?

바로 곱하기를 하면 돼!

곱셈은 결국 덧셈을 간단히 한 거였어!

1, 2, 3, ...으로 하나씩 세어 보면 모두 15개입니다.

3씩 5묶음이므로 3, 6, 9, ...로 뛰어 세면 모두 15개입니다.

$$3 + 3 + 3 + 3 + 3 = 3 \times 5 = 15$$

3씩

5번

① 여러 가지 방법으로 세어 볼까요

● 케이크의 수를 여러 가지 방법으로 세기

방법 1 하나씩 세기 ┈┈┈• 시간이 가장 오래 걸립니다.

1	2	3	4	5	6	7	8	9	10

방법 2 뛰어 세기

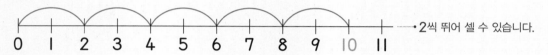

┈┈┈• 2씩 뛰어 셀 수 있습니다.

방법 3 묶어 세기

3개씩 3묶음에 낱개 1개를 더해서 세어 보면 모두 **10**개입니다.

5개씩 2묶음으로 세어 보면 모두 **10**개입니다.

1 조개는 모두 몇 개인지 여러 가지 방법으로 세어 보세요.

(1) 하나씩 세어 보세요.

Ⅰ	2	3	4	5						

(2) **3**씩 뛰어 세어 보세요.

(3) 조개는 모두 몇 개일까요?

(   )

2 장난감은 모두 몇 개인지 세어 보세요.

(   )

▶ 손가락으로 짚으며 하나씩 세어 보거나 연필 등으로 표시하며 하나씩 세는 등 여러 가지 전략으로 하나씩 세어 봅니다.

3 사과는 모두 몇 개인지 5씩 뛰어 세어 보세요.

5씩 뛰어 세면 5, ☐ , ☐ 이므로 사과는 모두 ☐ 개 입니다.

▶ 똑같은 수를 더해 가며 뛰어 세어야 합니다.

6

4 ☐ 안에 알맞은 수를 써넣으세요.

3마리씩 ☐ 묶음, 7마리씩 ☐ 묶음 ➡ ☐ 마리

1학년 때 배웠어요

수가 많은 것은 몇씩 묶어 세면 편리합니다.

➡ 60

10개씩 묶어 세어 보면 10개씩 6묶음이므로 수 모형은 모두 60개입니다.

2 묶어 세어 볼까요

• **딸기의 수를 묶어 세기**

방법 1 3씩 묶어 세기

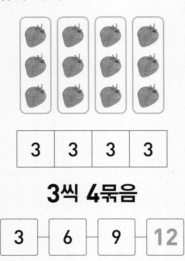

3	3	3	3

3씩 4묶음

| 3 |—| 6 |—| 9 |—| 12 |

방법 2 4씩 묶어 세기

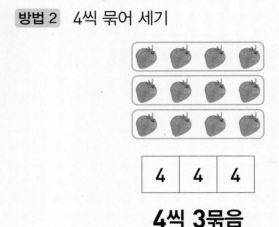

4	4	4

4씩 3묶음

| 4 |—| 8 |—| 12 |

1 강아지는 모두 몇 마리인지 묶어 세어 보세요.

(1) 3씩 몇 묶음일까요?

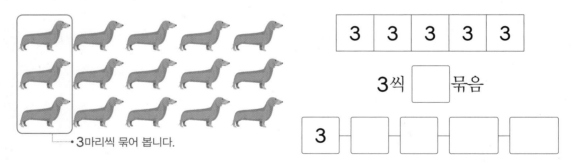

•3마리씩 묶어 봅니다.

3	3	3	3	3

3씩 ☐ 묶음

| 3 |—| ☐ |—| ☐ |—| ☐ |—| ☐ |

(2) 5씩 몇 묶음일까요?

•5마리씩 묶어 봅니다.

5	5	5

5씩 ☐ 묶음

| 5 |—| ☐ |—| ☐ |

(3) 강아지는 모두 몇 마리일까요?

(   )

2 반지는 모두 몇 개인지 묶어 세어 보세요.

(1) **2**씩 몇 묶음일까요?

(2) 반지는 모두 몇 개일까요?

(   )

묶어 세는 것이 하나씩 세는 것보다 빠르고 편리하게 셀 수 있습니다.

3 귤은 모두 몇 개인지 묶어 세어 보세요.

(1) **4**씩 몇 묶음일까요?

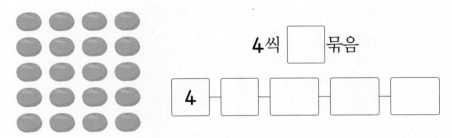

(2) 다른 방법으로 묶으면 몇씩 몇 묶음일까요?

(3) 귤은 모두 몇 개일까요?

(   )

• 2씩 4묶음

2	4	6	8

• 4씩 2묶음

4	8

➡ 같은 수라도 몇씩 묶어 세 는지에 따라 묶음의 수가 달라집니다.

6

3 몇의 몇 배를 알아볼까요 / 몇의 몇 배로 나타내 볼까요

• 몇의 몇 배 알아보기

2씩 2묶음	2씩 3묶음	2씩 4묶음
↓	↓	↓
2의 2배	2의 3배	2의 4배

• 몇의 몇 배로 나타내기

10은 **2씩 5묶음**입니다.
➡ 10은 **2의 5배**입니다.

1 멜론의 수는 3의 몇 배인지 알아보려고 합니다. ☐ 안에 알맞은 수를 써넣으세요.

3씩 ☐ 묶음은 3의 ☐ 배입니다.

2 ☐ 안에 알맞은 수를 써넣으세요.

5씩 ☐ 묶음이므로 ☐ 의 ☐ 배입니다.

3 민석이가 가진 연결 모형의 수는 다현이가 가진 연결 모형의 수의
몇 배인지 구해 보세요.

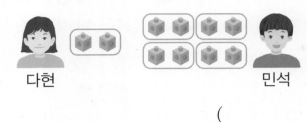

다현   민석

(   )

▶ 다현이가 가진 연결 모형의
수로 민석이가 가진 연결 모
형을 묶어 봅니다.

4 호두의 수를 몇의 몇 배로 나타내 보세요.

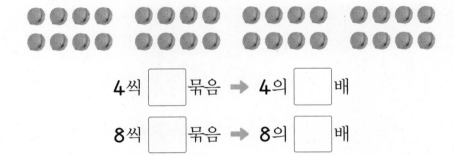

4씩 ⬜ 묶음 ➡ 4의 ⬜ 배

8씩 ⬜ 묶음 ➡ 8의 ⬜ 배

▶ 묶는 수를 다르게 하면 묶음
의 수가 변합니다.

5 친구들이 쌓은 연결 모형의 수는 은영이가 쌓은 연결 모형의 수의
몇 배인지 알아보세요.

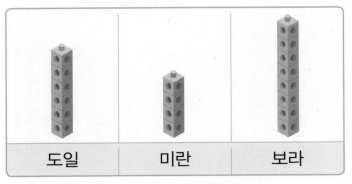

은영

도일   미란   보라

도일: ⬜ 배, 미란: ⬜ 배, 보라: ⬜ 배

▶ 연결 모형이 2씩 몇 묶음인지
묶어 봅니다.

기본기 다지기

1 여러 가지 방법으로 세기

[1~2] 컵은 모두 몇 개인지 여러 가지 방법으로 세어 보세요.

1 하나씩 세어 보면 모두 몇 개일까요?

( )

2 3씩 뛰어 세어 보면 모두 몇 개일까요?

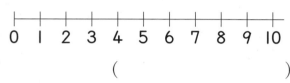

( )

[3~4] 양은 모두 몇 마리인지 세어 보고 어떤 방법으로 세었는지 설명해 보세요.

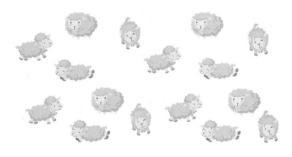

3 양은 모두 몇 마리일까요?

( )

4 어떤 방법으로 세었는지 설명해 보세요.

_____

_____

5 딸기가 12개 있습니다. 잘못 말한 사람의 이름을 써 보세요.

> 지현: 딸기를 하나씩 세어 보면 1, 2, 3, ..., 12이므로 모두 12개야.
> 윤아: 딸기의 수는 3, 6, 9, 12로 세어 볼 수 있어.
> 주환: 딸기를 5개씩 묶으면 3묶음이 돼.

( )

2 묶어 세기

6 ☐ 안에 알맞은 수를 써넣으세요.

(1) 5씩 ☐ 묶음입니다.

5 — ☐ — ☐ — ☐

(2) 크레파스는 모두 ☐ 자루입니다.

7 케이크는 모두 몇 개인지 6씩 묶어 세어 보세요.

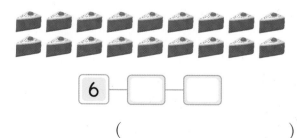

6 — ☐ — ☐

( )

8 밤은 모두 몇 개인지 묶어 세어 보세요.

(1) 3씩 묶어 세어 보세요.

(2) 7씩 묶어 세어 보세요.

(3) 밤은 모두 몇 개일까요?

( )

9 파인애플은 모두 몇 개인지 묶어 세어 보세요.

(1) 4씩 몇 묶음일까요?

( )

(2) 6씩 몇 묶음일까요?

( )

(3) 파인애플은 모두 몇 개일까요?

( )

10 나비는 모두 몇 마리인지 묶어 세어 보세요.

(1) 5씩 몇 묶음일까요?

( )

(2) 다른 방법으로 묶으면 몇씩 몇 묶음 일까요?

( )

(3) 나비는 모두 몇 마리일까요?

( )

11 연결 모형이 16개 있습니다. 바르게 말한 사람의 이름을 모두 써 보세요.

건우: 연결 모형을 2개씩 묶으면 8 묶음이 돼.

현희: 연결 모형의 수는 3씩 6묶음 이야.

시아: 연결 모형의 수는 4, 8, 12, 16으로 세어 볼 수 있어.

( )

12 물건을 묶어 세면 어떤 점이 좋은지 설명해 보세요.

6

13 □ 안에 알맞은 수를 써넣으세요.

2씩 4묶음은 4씩 □ 묶음과 같습니다.

14 □ 안에 들어갈 수 있는 수를 모두 골라 ○표 하세요.

 나는 사과를 □개씩 묶어 세었어. 그래서 모두 18개라는 것을 알았어.

(2 , 3 , 4 , 5 , 6)

15 ● 모양 15개를 몇씩 몇 줄로 묶어 보고, □ 안에 알맞은 수를 써넣으세요.

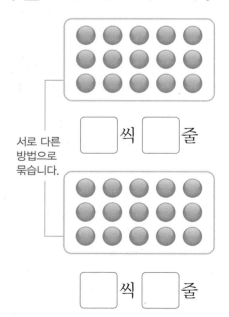

서로 다른 방법으로 묶습니다.

□씩 □줄

□씩 □줄

3 몇의 몇 배 알아보기

16 불가사리의 수는 6의 몇 배인지 알아보려고 합니다. □ 안에 알맞은 수를 써넣으세요.

6씩 □ 묶음은 6의 □ 배입니다.

17 □ 안에 알맞은 수를 써넣으세요.

□씩 □묶음이므로 □의 □ 배입니다.

18 못의 수는 몇의 몇 배인지 알아보세요.

(1) 2씩 □묶음이므로 □의 □ 배입니다.

(2) 3씩 □묶음이므로 □의 □ 배입니다.

19 □안에 알맞은 수를 써넣고 이어 보세요.

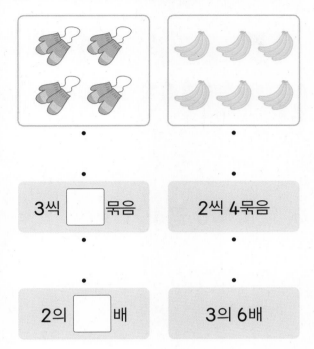

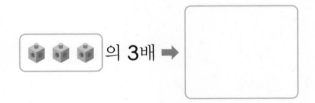

22 □ 안에 알맞은 수를 써넣으세요.

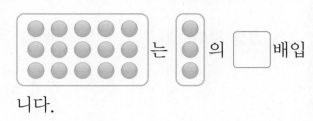

니다.

4 **몇의 몇 배로 나타내기**

20 연결 모형 수의 **3**배만큼 □를 그려 보세요.

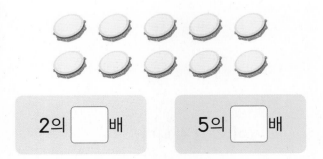

21 탬버린의 수를 몇의 몇 배로 나타내 보세요.

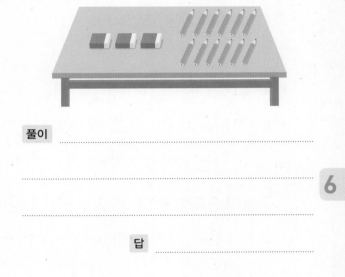

서술형
23 연필의 수는 지우개 수의 몇 배인지 풀이 과정을 쓰고 답을 구해 보세요.

풀이

답

24 정민이는 **8**살이고 삼촌은 **24**살입니다. 삼촌의 나이는 정민이 나이의 몇 배일까요?

(   )

6

4 곱셈을 알아볼까요

● **곱셈 알아보기**

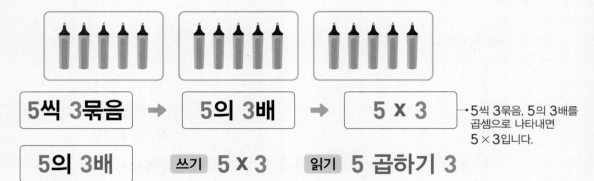

| 5씩 3묶음 | → | 5의 3배 | → | 5 × 3 |

5씩 3묶음, 5의 3배를 곱셈으로 나타내면 5×3입니다.

| 5의 3배 | | **쓰기** 5 × 3 | | **읽기** 5 곱하기 3 |

● **곱셈식 알아보기**

- 5 + 5 + 5는 5 × 3과 같습니다.
- 5 × 3 = 15
- 5 × 3 = 15는 5 곱하기 3은 15와 같습니다라고 읽습니다.
- 5와 3의 곱은 15입니다.

- 4의 7배를 4 ☐ 7이라고 씁니다.
- 4 × 7은 4 ☐ 7이라고 읽습니다.

1 구슬이 3개씩 꿰어져 있습니다. 물음에 답하세요.

(1) 구슬의 수는 3씩 몇 묶음일까요?

( )

(2) 구슬의 수는 3의 몇 배일까요?

( )

(3) ☐ 안에 알맞은 수를 써넣으세요.

➡ 3의 ☐ 배는 ☐ × ☐ (이)라고 씁니다.

2 ☐ 안에 알맞은 수를 써넣으세요.

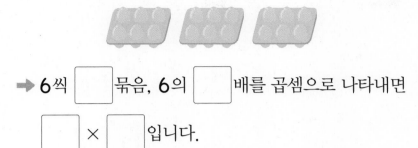

➡️ ■씩 ●묶음
➡️ ■의 ●배
➡️ ■ × ●

➡ 6씩 ☐ 묶음, 6의 ☐ 배를 곱셈으로 나타내면

☐ × ☐ 입니다.

3 ☐ 안에 알맞은 수를 써넣으세요.

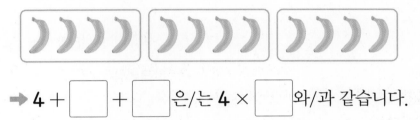

➤ 같은 수를 여러 번 더한 것을 곱셈식으로 나타낼 수 있습니다.
2＋2＋2＝2×3

➡ 4＋☐＋☐은/는 4 × ☐와/과 같습니다.

4 키위의 수를 곱셈식으로 바르게 설명하지 못한 사람의 이름을 써 보세요.

➤ 3 × 4 ＝ 12 알아보기
· 3＋3＋3＋3은 3 × 4와 같습니다.
· 3 곱하기 4는 12와 같습니다.
· 3과 4의 곱은 12입니다.

민희: 5 × 4 ＝ 20이야.
건우: 5＋5＋5＋5는 5 × 4와 같아.
서아: 5와 4의 곱은 20이야.
현우: "5 × 4 ＝ 20은 4 곱하기 5는 20과 같습니다."라고 읽어.

( )

5 곱셈식으로 나타내 볼까요

● 곱셈식으로 나타내기

3의 6배

덧셈식 3 + 3 + 3 + 3 + 3 + 3 = 18
                    └─── 6번 ───┘

곱셈식 3 × 6 = 18

6의 3배

덧셈식 6 + 6 + 6 = 18
              └─ 3번 ─┘

곱셈식 6 × 3 = 18

4씩 3묶음 ➡ 4의 ☐ 배 ➡

덧셈식 4 + 4 + 4 = ☐

곱셈식 4 × ☐ = ☐

1 4상자에 들어 있는 화분은 모두 몇 개인지 알아보세요.

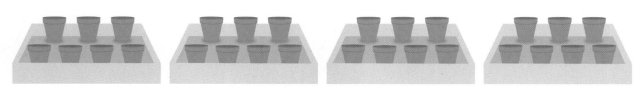

(1) 화분의 수는 7의 몇 배일까요?

(   )

(2) 덧셈식으로 나타내 보세요.

7 + ☐ + ☐ + ☐ = ☐

(3) 곱셈식으로 나타내 보세요.

7 × ☐ = ☐

2 **4**상자에 들어 있는 사탕은 모두 몇 개인지 알아보세요.

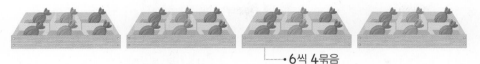

└•6씩 4묶음

(1) 덧셈식으로 나타내 보세요.

$$\boxed{} + \boxed{} + \boxed{} + \boxed{} = \boxed{}$$

(2) 곱셈식으로 나타내 보세요.

$$\boxed{} \times \boxed{} = \boxed{}$$

2씩 3묶음
한 묶음의 수 묶음의 개수
↓
2의 3배
↓
2를 3번 더한 수
↓
$2 \times 3 = 6$

3 바퀴가 **2**개인 자전거가 있습니다. 바퀴는 모두 몇 개인지 알아보세요.

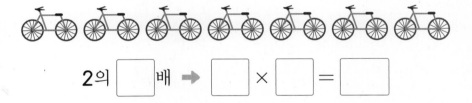

$$2의 \boxed{} 배 \;\Rightarrow\; \boxed{} \times \boxed{} = \boxed{}$$

▶ 같은 수의 물건이 몇 묶음 있을 때 곱셈식을 이용하여 물건의 수를 알 수 있습니다.

6

4 과자는 모두 몇 개인지 알아보세요.

(1) 곱셈식으로 나타내 보세요.

곱셈식 _____

(2) 다른 곱셈식으로 나타내 보세요.

곱셈식 _____

▶ 묶는 방법에 따라 다양한 곱셈식이 나올 수 있습니다.

2씩 4묶음: $2 \times 4 = 8$
4씩 2묶음: $4 \times 2 = 8$

기본기 다지기

5 곱셈 알아보기

25 □ 안에 알맞은 수를 써넣으세요.

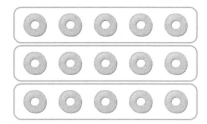

(1) 5씩 □ 묶음은 5의 □ 배입니다.

(2) 5의 □ 배는 5 × □ (이)라고 씁니다.

26 곱셈식으로 나타내 보세요.

(1) | 5 곱하기 7은 35와 같습니다. |

곱셈식 ⋯⋯⋯⋯⋯⋯⋯⋯⋯⋯⋯⋯

(2) | 6 곱하기 8은 48과 같습니다. |

곱셈식 ⋯⋯⋯⋯⋯⋯⋯⋯⋯⋯⋯⋯

27 다음 중 나타내는 수가 다른 것은 어느 것일까요? ( )

① 8의 4배
② 8씩 4묶음
③ 8 × 4
④ 8 + 8 + 8 + 8
⑤ 8 + 4

28 알맞은 것끼리 이어 보세요.

| 5의 5배 | • | | • | 4 × 9 |

| 6씩 5묶음 | • | | • | 6 × 5 |

| 4 곱하기 9 | • | | • | 5 × 5 |

29 빈칸에 알맞은 덧셈과 곱셈을 써넣으세요.

✿	✿✿	✿✿✿
4	4 + 4	
4 × 1	4 × 2	

30 □ 안에 알맞은 수를 써넣으세요.

7씩 □ 묶음, 7의 □ 배를 곱셈으로 나타내면 □ × □ 입니다.

31 그림을 보고 설명이 옳은 것을 모두 찾아 기호를 써 보세요.

ㄱ 딸기의 수는 **4**씩 **5**묶음입니다.

ㄴ 딸기를 **3**개씩 묶으면 **8**묶음이 됩니다.

ㄷ 딸기의 수는 $5+5+5+5+5$ 와 같습니다.

ㄹ 딸기의 수를 곱셈으로 나타내면 5×5입니다.

(   )

6 곱셈식으로 나타내기

32 다음 구슬의 **3**배만큼을 사용하여 목걸이를 만들려고 합니다. 모두 몇 개의 구슬이 필요한지 알아보세요.

(1) 수직선에 뛰어 세어 나타내 보세요.

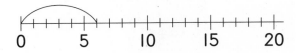

(2) 곱셈식으로 나타내 보세요.

곱셈식 _____

(3) 필요한 구슬은 모두 몇 개일까요?

(   )

33 한 상자에 화분이 **7**개씩 들어 있습니다. **3**상자에 들어 있는 화분의 수를 덧셈식과 곱셈식으로 나타내 보세요.

덧셈식 _____

곱셈식 _____

34 지우네 교실 게시판에 종이 **1**장을 붙이는 데 누름못이 **4**개 필요합니다. 종이 **3**장을 붙일 때 필요한 누름못의 수를 곱셈식으로 나타낼 때, ☐ 안에 알맞은 수를 써넣으세요.

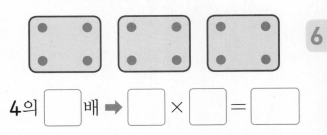

4의 ☐ 배 ➡ ☐ × ☐ = ☐

35 오른쪽 쌓기나무 수의 **5**배만큼 쌓기나무를 쌓으려고 합니다. 필요한 쌓기나무의 수를 곱셈식으로 나타내 보세요.

곱셈식 _____

36 재우가 실천한 것을 곱셈식으로 나타내 보세요.

계획 \ 요일	월	화	수	목	금
하루에 그림 2장 그리기	○	○	×	○	○
하루에 동시 3편 읽기	×	×	○	○	○

(1) 그린 그림의 수

곱셈식

(2) 읽은 동시의 수

곱셈식

37 한 묶음에 색종이가 **6**장씩 있습니다. 민아가 **8**묶음을 사용했습니다. 민아가 사용한 색종이는 모두 몇 장인지 곱셈식을 세워 구해 보세요.

곱셈식

답

38 별 모양이 규칙적으로 그려진 방석 위에 물감을 쏟았습니다. 방석에 그려진 별 모양은 모두 몇 개일까요?

(   )

서술형
39 구슬이 **3**개씩 **6**묶음과 **5**개씩 **5**묶음이 있습니다. 구슬은 모두 몇 개인지 풀이 과정을 쓰고 답을 구해 보세요.

풀이

답

40 통조림의 수를 여러 가지 곱셈식으로 나타내 보세요.

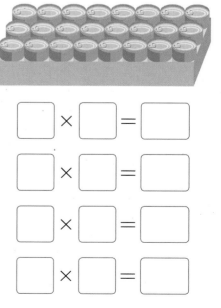

☐ × ☐ = ☐

☐ × ☐ = ☐

☐ × ☐ = ☐

☐ × ☐ = ☐

응용력 기르기

응용유형 1

곱의 크기 비교하기

○ 안에 >, =, <를 알맞게 써넣으세요.

$$3 \times 2 \bigcirc 6$$

$$5 \times 2 \bigcirc 6$$

$$2 \times 2 \bigcirc 6$$

● **핵심 NOTE** ㆍ ■ × 2에서 ■의 값이 커지면 그 결과도 커집니다.

1-1 ○ 안에 >, =, <를 알맞게 써넣으세요.

$$5 \times 4 \bigcirc 20$$

$$5 \times 2 \bigcirc 20$$

$$5 \times 7 \bigcirc 20$$

6

1-2 나타내는 수가 가장 큰 것을 찾아 기호를 써 보세요.

| ㉠ 7의 8배 | ㉡ 6 × 8 |
| ㉢ 56 | ㉣ 8씩 8묶음 |

( )

곱셈의 활용

지우개가 한 상자에 4개씩 2줄 들어 있습니다. 5상자에 들어 있는 지우개는 모두 몇 개일까요?

(   )

● 핵심 NOTE   • ■개씩 ▲줄은 ■ × ▲입니다.

2-1 자전거 공장에 세발자전거가 3대씩 7줄 있습니다. 세발자전거의 바퀴는 모두 몇 개일까요?

(   )

2-2 공장에서 기계 한 대가 한 시간에 인형을 2개 만들 수 있습니다. 이 공장에는 기계가 4대 있습니다. 이 공장에서 3시간 동안 만들 수 있는 인형은 모두 몇 개일까요?

(   )

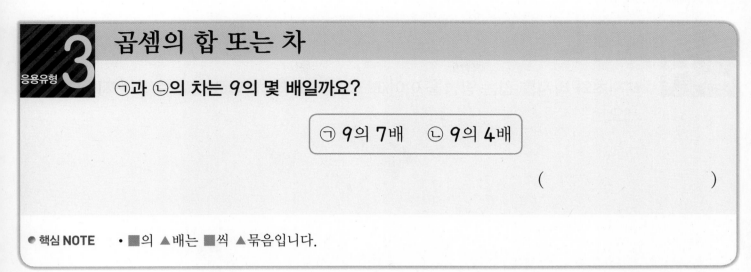

3 곱셈의 합 또는 차

응용유형 3

㉠과 ㉡의 차는 9의 몇 배일까요?

6. 곱셈

> ㉠ 9의 7배   ㉡ 9의 4배

(   )

● 핵심 **NOTE**   • ■의 ▲배는 ■씩 ▲묶음입니다.

3-1 ㉠과 ㉡의 합은 7의 몇 배일까요?

> ㉠ 7의 2배   ㉡ 7의 6배

(   )

3-2 ㉠과 ㉡의 차는 8의 몇 배일까요?

> ㉠ 8의 3배와 8의 5배의 합
> ㉡ 8의 2배와 8의 4배의 차

(   )

선택할 수 있는 가짓수 구하기

심화유형 **4**

티셔츠와 바지를 입는 방법을 이어 보고, 몇 가지 방법으로 입을 수 있는지 구해 보세요.

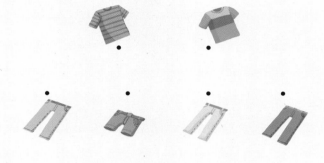

1단계 티셔츠 하나를 바지와 함께 입을 수 있는 가짓수 구하기

2단계 티셔츠 **2**개를 바지와 함께 입을 수 있는 모든 가짓수 구하기

(   )

● **핵심 NOTE** **1단계** 티셔츠 하나를 바지와 함께 입을 수 있는 가짓수를 구합니다.
 2단계 티셔츠 **2**개를 바지와 함께 입을 수 있는 모든 가짓수를 구합니다.

4-1 모자와 신발을 맞추어 꾸미는 방법을 이어 보고, 몇 가지 방법으로 맞추어 꾸밀 수 있는지 구해 보세요.

(   )

단원 평가 Level ❶

1 딸기는 모두 몇 개인지 2씩 뛰어 세어 보세요.

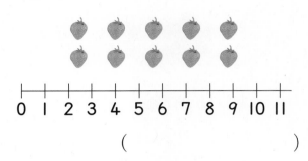

( )

2 파인애플은 모두 몇 개인지 3씩 묶어 세어 보세요.

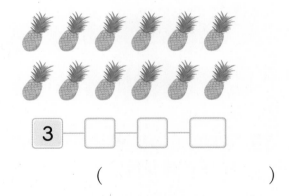

3 ─ ☐ ─ ☐ ─ ☐

( )

[3~4] 모두 몇 개인지 묶어 세어 보세요.

3 5씩 몇 묶음일까요?

( )

4 모두 몇 개일까요?

( )

5 모두 몇 개인지 묶어 세어 보세요.

(1) 4씩 몇 묶음일까요?

( )

(2) 6씩 몇 묶음일까요?

( )

(3) 모두 몇 개일까요?

( )

6 9의 2배가 아닌 것을 찾아 기호를 써 보세요.

┌─────────────────────────────┐
│ ㉠ 9씩 2묶음 ㉡ 9+2 ㉢ 9+9 │
└─────────────────────────────┘

( )

6

7 ☐ 안에 알맞은 수를 써넣으세요.

┌──────────────────────────────┐
│ 3씩 6묶음은 3의 ☐ 배이고,   │
│   │
│ 3 × ☐ = ☐ 입니다.   │
└──────────────────────────────┘

8 □ 안에 알맞은 수를 써넣으세요.

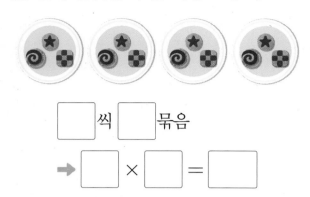

□씩 □묶음

→ □ × □ = □

9 테니스공은 모두 몇 개인지 덧셈식과 곱셈식으로 나타내 보세요.

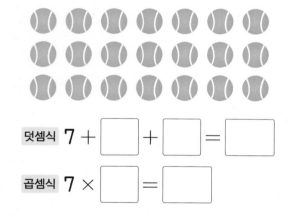

덧셈식 7 + □ + □ = □

곱셈식 7 × □ = □

10 잠자리 5마리의 날개는 모두 몇 장인지 덧셈식과 곱셈식으로 나타내 보세요.

덧셈식 _____

곱셈식 _____

11 꽃잎이 5장인 꽃이 있습니다. 꽃잎의 수는 모두 몇 장인지 곱셈식으로 나타내 보세요.

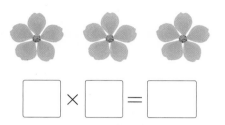

□ × □ = □

12 그림을 보고 곱셈식으로 나타내 보세요.

| 5 × 2 = 10 | |

13 종민이가 가진 연결 모형의 수는 지우가 가진 연결 모형의 수의 몇 배일까요?

지우   종민

( )

14 울타리 하나에 기둥이 8개 있습니다. 울타리 7개로 마당을 둘러쌌습니다. 기둥은 모두 몇 개일까요?

( )

15 오른쪽 쌓기나무 수의 **4**배만큼 쌓으려면 쌓기나무가 모두 몇 개 필요할까요?

(   )

16 4의 6배는 4의 5배보다 몇만큼 더 큰 수인지 구해 보세요.

(   )

17 조개는 모두 몇 개인지 두 가지 곱셈식으로 나타내 보세요.

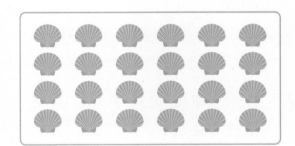

방법 **1**	방법 **2**

18 ㉠에 알맞은 수를 구해 보세요.

$$㉠ \times 4 = 12$$

(   )

19 건호가 쌓은 연결 모형의 수의 **3**배만큼 쌓은 사람은 누구인지 알아보려고 합니다. 풀이 과정을 쓰고 답을 구해 보세요.

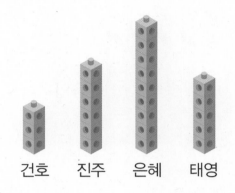

건호   진주   은혜   태영

풀이

답

20 두발자전거 **4**대와 바퀴가 **6**개인 트럭 **4**대가 있습니다. 두발자전거와 트럭의 바퀴는 모두 몇 개인지 풀이 과정을 쓰고 답을 구해 보세요.

풀이

답

6

단원 평가 Level ②

1 그림을 보고 □ 안에 알맞은 수를 써넣으세요.

(1) □ 씩 □ 묶음입니다.

(2) [8]—□—□

(3) 빵은 모두 □ 개입니다.

2 구슬은 모두 몇 개인지 5씩 뛰어 세어 보세요.

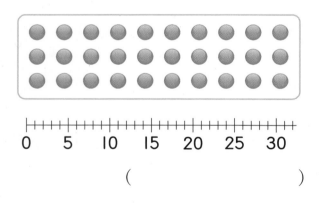

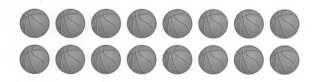

( )

3 □ 안에 알맞은 수를 써넣으세요.

(1) 2씩 □ 묶음은 2의 □ 배입니다.

(2) 4씩 □ 묶음은 4의 □ 배입니다.

4 □ 안에 알맞은 수를 써넣으세요.

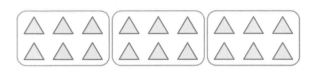

6씩 3묶음은 6의 □ 배이고,

□ + □ + □ = □

입니다.

5 곱셈식으로 나타내 보세요.

7의 4배 ➡ 7 + 7 + 7 + 7 = 28

곱셈식 _____

6 6의 5배를 바르게 나타낸 것을 모두 고르세요. ( )

① 6 + 5   ② 5 + 6

③ 6 − 5   ④ 6 × 5

⑤ 6 + 6 + 6 + 6 + 6

7 쌓기나무 한 개의 높이는 3cm입니다. 쌓기나무 5개의 높이는 얼마일까요?

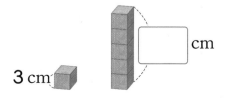

□ cm

3 cm

8 ㉠과 ㉡에 알맞은 수의 합을 구해 보세요.

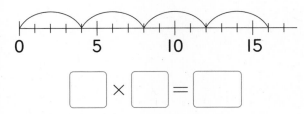

$$9 \times ㉠ = 9 + 9 + 9 + 9 + 9 + 9$$
$$3 \times 4 = ㉡ + ㉡ + ㉡ + ㉡$$

(   )

9 ☐ 안에 알맞은 수를 써넣으세요.

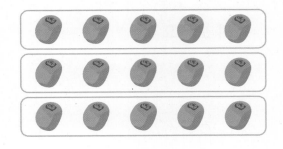

0   5   10   15

☐ × ☐ = ☐

10 키위는 모두 몇 개인지 덧셈식과 곱셈식으로 나타내 보세요.

덧셈식 _____

곱셈식 _____

11 구슬은 모두 몇 개인지 곱셈식으로 나타내 보세요.

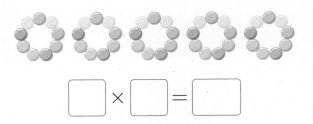

☐ × ☐ = ☐

12 문어는 다리가 8개입니다. 문어 4마리의 다리는 모두 몇 개일까요?

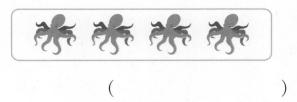

(   )

13 세 명의 친구가 가위바위보를 하였습니다. 모두 가위를 내었을 때 펼친 손가락은 모두 몇 개인지 곱셈식으로 나타내고 답을 구해 보세요.

곱셈식 _____

답 _____

14 ☐ 안에 알맞은 수를 써넣으세요.

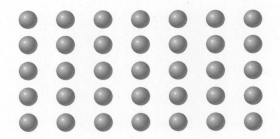

5씩 7묶음은 7씩 ☐ 묶음과 같습니다.

15 ☐ 안에 알맞은 수를 구해 보세요.

$$2 \times ☐ = 14$$

(   )

16 다음 중 가장 큰 수를 나타내는 것을 찾아 기호를 써 보세요.

> ㉠ 4의 6배
> ㉡ 8을 2번 더한 수
> ㉢ 5+5+5+5+5
> ㉣ 5×8

(   )

17 영재의 어머니는 한 상자에 7개씩 들어 있는 오렌지를 7상자 산 후 그중에서 9개를 주스로 만드셨습니다. 남은 오렌지는 몇 개일까요?

(   )

18 지아네 반 남학생들이 6명씩 모이면 3모둠이 만들어지고 여학생들이 3명씩 모이면 5모둠이 만들어집니다. 지아네 반 학생은 모두 몇 명일까요?

(   )

19 6의 2배는 4의 몇 배와 같은지 풀이 과정을 쓰고 답을 구해 보세요.

풀이 _____

_____

_____

답 _____

20 책을 은지는 하루에 3쪽씩 읽고, 현성이는 하루에 9쪽씩 읽습니다. 6일 동안 읽으면 현성이는 은지보다 몇 쪽을 더 읽게 되는지 풀이 과정을 쓰고 답을 구해 보세요.

풀이 _____

_____

_____

_____

답 _____

칠교판

● 가위로 오려 2단원 학습에 사용하세요.

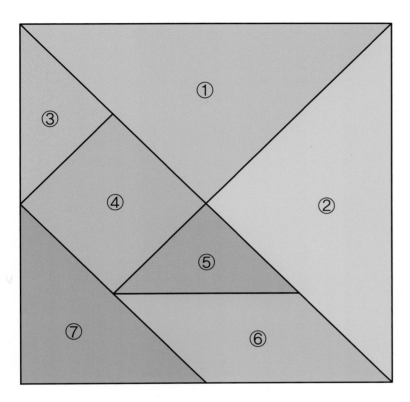

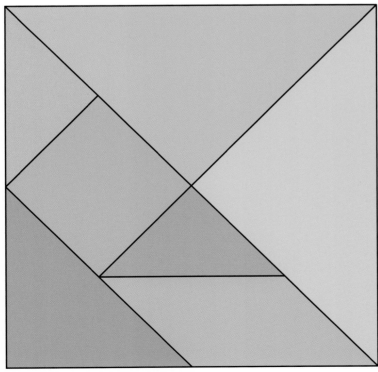

계산이 아닌

개념을 깨우치는

수학을 품은 연산

디딤돌
연산은
수학이다.

1~6학년(학기용)

수학 공부의 새로운 패러다임

상위권의 기준

상위권의 기준

최상위
사고력

수학 좀 한다면

디딤돌

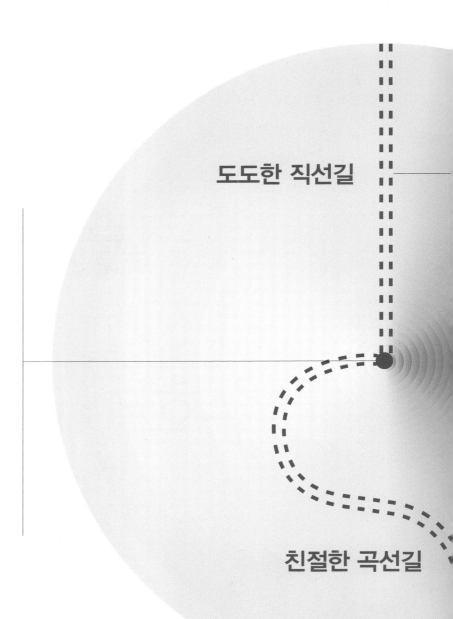

도도한 직선길

친절한 곡선길

수학 좀 한다면

실력 보강
자료집

2
1

수학 좀 한다면

초등수학

실력 보강 자료집

2
1

- **서술형 문제** | 서술형 문제를 집중 연습해 보세요.
- **단원 평가** | 시험에 잘 나오는 문제를 한번 더 풀어 단원을 확실하게 마무리해요.

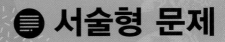
1 민호는 구슬을 97개 모았습니다. 몇 개를 더 모으면 100개가 되는지 풀이 과정을 쓰고 답을 구해 보세요.

풀이 예 100은 97보다 3만큼 더 큰 수입니다.

따라서 3개를 더 모으면 100개가 됩니다.

답 3개

1⁺ 유미는 붙임딱지를 80장 모았습니다. 몇 장을 더 모으면 100장이 되는지 풀이 과정을 쓰고 답을 구해 보세요.

풀이

답

2 줄넘기를 은우는 254번, 지호는 302번 했습니다. 줄넘기를 더 많이 한 사람은 누구인지 풀이 과정을 쓰고 답을 구해 보세요.

풀이 예 254와 302의 백의 자리 수를 비교하면 $2 < 3$이므로 $254 < 302$입니다.

따라서 줄넘기를 더 많이 한 사람은 지호입니다.

답 지호

2⁺ 색종이를 연우는 384장, 민수는 369장 가지고 있습니다. 색종이를 더 많이 가지고 있는 사람은 누구인지 풀이 과정을 쓰고 답을 구해 보세요.

풀이

답

3 달걀이 한 상자에 10개씩 들어 있습니다. 10상자에 들어 있는 달걀은 모두 몇 개인지 풀이 과정을 쓰고 답을 구해 보세요.

▶ 10이 10개인 수를 알아봅니다.

풀이 ....

....

....

답 ....

4 동전은 모두 얼마인지 풀이 과정을 쓰고 답을 구해 보세요.

▶ 100원이 되도록 묶어 봅니다.

풀이 ....

....

....

답 ....

5 ㉠과 ㉡ 중 나타내는 수가 더 큰 것을 찾아 기호를 쓰려고 합니다. 풀이 과정을 쓰고 답을 구해 보세요.

▶ ㉠과 ㉡의 숫자 7이 각각 어느 자리 숫자인지 알아봅니다.

$$578 \qquad 713$$
$$㉠ \qquad\quad ㉡$$

풀이 ....

....

....

답 ....

6 929에서 10씩 거꾸로 4번 뛰어 센 수는 얼마인지 풀이 과정을 쓰고 답을 구해 보세요.

▶ 10씩 거꾸로 뛰어 세면 십의 자리 수가 1씩 작아집니다.

풀이 ....

....

....

답 ....

7 397과 402 사이에 있는 수는 모두 몇 개인지 풀이 과정을 쓰고 답을 구해 보세요.

▶ ■와 ▲ 사이에 있는 수에 ■와 ▲는 포함되지 않습니다.

풀이 ....

....

....

답 ....

8 3장의 수 카드를 한 번씩만 사용하여 만들 수 있는 세 자리 수 중에서 가장 작은 수는 얼마인지 풀이 과정을 쓰고 답을 구해 보세요.

▶ 백의 자리 수가 작을수록 작은 수입니다.

| 5 | 2 | 7 |

풀이 ....

....

....

답 ....

9 백의 자리 수가 **8**, 일의 자리 수가 **4**인 세 자리 수 중에서 가장 큰 수는 얼마인지 풀이 과정을 쓰고 답을 구해 보세요.

▶ 십의 자리 수를 □로 놓고 세 자리 수로 나타내 봅니다.

풀이

답

10 다음이 나타내는 수는 얼마인지 풀이 과정을 쓰고 답을 구해 보세요.

> 100이 **4**개, 10이 **12**개, **1**이 **6**개인 수

▶ 10이 ■▲개인 수는 100이 ■개, 10이 ▲개인 수와 같습니다.

1

풀이

답

11 어떤 수보다 **10**만큼 더 큰 수는 **480**입니다. 어떤 수보다 **1**만큼 더 작은 수는 얼마인지 풀이 과정을 쓰고 답을 구해 보세요.

▶ 어떤 수를 먼저 구해 봅니다.

풀이

답

단원 평가 Level ❶

1 □ 안에 알맞은 수를 써넣으세요.

(1) 100은 99보다 □ 만큼 더 큰 수입니다.

(2) 100은 70보다 □ 만큼 더 큰 수입니다.

2 빈칸에 알맞은 수를 써넣으세요.

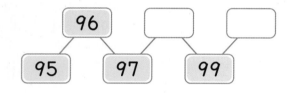

3 □ 안에 알맞은 수를 써넣으세요.

(1) 100이 5개이면 □ 입니다.

(2) 100이 □ 개이면 700입니다.

4 바르게 설명한 것을 찾아 기호를 써 보세요.

ㄱ 900은 10이 9개인 수입니다.
ㄴ 800은 팔십영이라고 읽습니다.
ㄷ 삼백을 수로 쓰면 300입니다.

( )

5 같은 것끼리 이어 보세요.

501	•	•	오백
10이 50개인 수	•	•	오백일
510	•	•	오백십

6 다음을 보고 빈칸에 알맞은 수를 써넣으세요.

칠백육

백의 자리 숫자	십의 자리 숫자	일의 자리 숫자

7 저울에서 숫자 5가 50을 나타내는 것을 찾아 ○표 하세요.

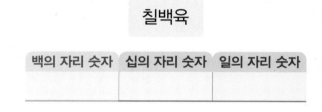

( )　( )　( )

8 빈칸에 알맞은 수를 써넣으세요.

9 은호는 다음과 같은 방법으로 뛰어 세었습니다. 빈칸에 알맞은 수를 써넣으세요.

은호

900에서 출발해서 100씩 거꾸로 뛰어 세었어.

| 900 | | | | |

10 뛰어 센 것입니다. ㉠에 알맞은 수는 얼마일까요?

470 — 480 — 490 — ㉠ — 510

( )

11 감자가 100개씩 8상자와 10개씩 5봉지가 있습니다. 감자는 모두 몇 개일까요?

( )

12 가게에서 귤 100개를 바구니 한 개에 10개씩 담으려고 합니다. 바구니가 6개 있을 때 귤을 모두 담으려면 바구니가 몇 개 더 필요할까요?

( )

13 가장 큰 수를 찾아 기호를 써 보세요.

㉠ 369
㉡ 삼백육십
㉢ 100이 3개, 10이 5개인 수
㉣ 275보다 100만큼 더 큰 수

( )

14 수 모형 4개 중 3개를 사용하여 나타낼 수 있는 세 자리 수를 모두 찾아 ○표 하세요.

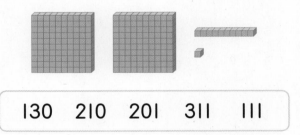

130   210   201   311   111

15 동전은 모두 얼마일까요?

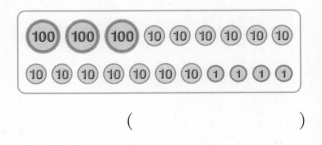

( )

16 498보다 크고 503보다 작은 세 자리 수는 모두 몇 개일까요?

(   )

17 어떤 수보다 100만큼 더 큰 수는 819 입니다. 어떤 수보다 10만큼 더 작은 수는 얼마일까요?

(   )

18 다음에서 설명하는 세 자리 수를 구해 보세요.

> • 백의 자리 수는 400을 나타냅니다.
> • 410보다 작습니다.
> • 일의 자리 숫자는 백의 자리 숫자보다 1만큼 더 작습니다.

(   )

19 숫자 3이 나타내는 수가 가장 큰 수를 찾아 기호를 쓰려고 합니다. 풀이 과정을 쓰고 답을 구해 보세요.

> ㉠ 183   ㉡ 939
> ㉢ 301   ㉣ 630

풀이 ....

....

....

....

답 ....

20 싱싱과수원에서 올해 수확한 사과는 485개, 배는 503개, 감은 477개입니다. 많이 수확한 과일부터 차례로 쓰려고 합니다. 풀이 과정을 쓰고 답을 구해 보세요.

풀이 ....

....

....

....

....

답 ....

단원 평가 Level ❷

1 □ 안에 알맞은 수를 써넣으세요.

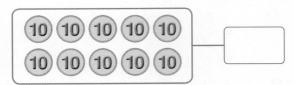

2 □ 안에 알맞은 수나 말을 써넣으세요.

100이 6개인 수는 □ 이고

□ (이)라고 읽습니다.

3 □ 안에 알맞은 수를 써넣으세요.

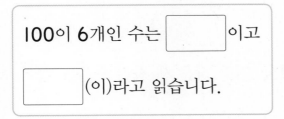

80보다 □ 만큼 더 큰 수는 □ 입니다.

4 같은 것끼리 이어 보세요.

300 ·   · 팔백

700 ·   · 삼백

800 ·   · 칠백

5 빈칸에 알맞은 말이나 수를 써넣으세요.

(1) 235

(2)   칠백십

(3) 107

6 두 수의 크기를 비교하여 ○ 안에 > 또는 < 중 알맞은 것을 써넣으세요.

(1) 290 ◯ 219

(2) 653 ◯ 657

7 십의 자리 숫자가 2인 번호표를 걸고 있는 동물에 ○표 하세요.

(   ) (   )

8 다음 중 나머지와 다른 하나는 어느 것 일까요? (   )

① 490
② 사백구십
③ 10이 49개인 수
④ 100이 4개, 1이 9개인 수
⑤ 390보다 100만큼 더 큰 수

9 밑줄 친 숫자 8이 나타내는 수를 써 보세요.

(1) $\boxed{8}54$ ➡ (   )

(2) $60\underline{8}$ ➡ (   )

10 빈칸에 알맞은 수를 써넣으세요.

➡ $\boxed{}$ 씩 뛰어 세었습니다.

11 다음 수를 보고 빈칸에 알맞은 수를 써넣으세요.

$\boxed{720}$

1만큼 더 작은 수	10만큼 더 작은 수	100만큼 더 큰 수

[12~13] 수 카드 4장 중에서 3장을 골라 한 번씩만 사용하여 세 자리 수를 만들려고 합니다. 물음에 답하세요.

$\boxed{3}$ $\boxed{5}$ $\boxed{1}$ $\boxed{0}$

12 가장 큰 세 자리 수를 만들어 보세요.

(   )

13 가장 작은 세 자리 수를 만들어 보세요.

(   )

14 사과는 350개 있고, 귤은 100개씩 3 상자와 낱개 38개가 있습니다. 사과와 귤 중에서 어느 것이 더 많을까요?

(   )

15 891에서 5씩 4번 뛰어 센 수를 구해 보세요.

(   )

16 0부터 9까지의 수 중에서 □ 안에 들어갈 수 있는 수를 모두 써 보세요.

675 < 6□1

(   )

17 180보다 크고 210보다 작은 세 자리 수 중에서 십의 자리 숫자와 일의 자리 숫자가 같은 수를 모두 써 보세요.

(   )

18 ㉠에 알맞은 수를 구해 보세요.

100이 6개, 10이 ㉠개, 1이 34개인 수는 694입니다.

(   )

19 한 줄에 10개씩 들어 있는 달걀이 있습니다. 달걀이 30줄보다 5줄 더 많다면 달걀은 모두 몇 개인지 풀이 과정을 쓰고 답을 구해 보세요.

풀이

답

20 백의 자리 수가 5, 십의 자리 수가 3인 세 자리 수 중에서 534보다 작은 수는 모두 몇 개인지 풀이 과정을 쓰고 답을 구해 보세요.

풀이

답

서술형 문제

1 도형이 삼각형인지 아닌지 쓰고, 그 까닭을 설명해 보세요.

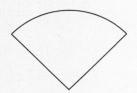

답   삼각형이 아닙니다.

까닭 ㉔ 삼각형은 곧은 선 **3**개로 둘러싸여 있어야 하는데 굽은 선이 있기 때문입니다.

1⁺ 도형이 사각형인지 아닌지 쓰고, 그 까닭을 설명해 보세요.

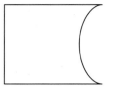

답 _____

까닭 _____

2 윤서는 쌓기나무 10개를 가지고 있습니다. 윤서가 쌓기나무로 다음과 같은 모양을 만든다면 남는 쌓기나무는 몇 개인지 풀이 과정을 쓰고 답을 구해 보세요.

풀이 ㉔ 모양을 만드는 데 필요한 쌓기나무는 5개입니다.

따라서 남는 쌓기나무는 $10-5=5$(개)입니다.

답   5개

2⁺ 승호는 쌓기나무 15개를 가지고 있습니다. 승호가 쌓기나무로 다음과 같은 모양을 만든다면 남는 쌓기나무는 몇 개인지 풀이 과정을 쓰고 답을 구해 보세요.

풀이 _____

답 _____

3 원 안에 적힌 수들의 합은 얼마인지 풀이 과정을 쓰고 답을 구해 보세요.

▶ 굽은 선으로 이어져 있다고 해서 모두 원인 것은 아닙니다.

| 4 | 7 | 8 | 9 | 5 | 6 |

풀이 ....

....

....

답 ....

4 두 도형의 변은 모두 몇 개인지 풀이 과정을 쓰고 답을 구해 보세요.

▶ 삼각형과 사각형의 곧은 선을 변이라고 합니다.

풀이 ....

....

....

답 ....

5 꼭짓점이 많은 도형부터 차례로 기호를 쓰려고 합니다. 풀이 과정을 쓰고 답을 구해 보세요.

▶ 곧은 선 2개가 만나서 생기는 점을 꼭짓점이라고 합니다.

| ㉠ 삼각형 | ㉡ 원 | ㉢ 사각형 |

풀이 ....

....

....

답 ....

2

6 칠교 조각을 이용하여 만든 모양입니다. 이용한 삼각형 조각은 사각형 조각보다 몇 개 더 많은지 풀이 과정을 쓰고 답을 구해 보세요.

▶ 칠교 조각에는 삼각형 조각이 **5**개, 사각형 조각이 **2**개 있습니다.

풀이 ....

....

....

답 ....

7 서아의 설명을 듣고 쌓기나무를 쌓은 것입니다. 잘못 쌓은 까닭을 써 보세요.

▶ 빨간색 쌓기나무를 중심으로 쌓은 쌓기나무의 위치와 방향, 수를 알아봅니다.

서아: 빨간색 쌓기나무가 1개 있고 그 위에 쌓기나무가 1개 있어. 그리고 빨간색 쌓기나무의 오른쪽으로 나란히 쌓기나무가 2개 있어.

오른쪽

앞

까닭 ....

....

8 종이를 점선을 따라 자르면 어떤 도형이 몇 개 생기는지 풀이 과정을 쓰고 답을 구해 보세요.

▶ 점선을 따라 잘랐을 때 생기는 도형은 곧은 선으로 둘러싸여 있습니다.

풀이 ....

....

....

답 ....

9 사용한 쌓기나무의 수가 다른 하나를 찾아 기호를 쓰려고 합니다. 풀이 과정을 쓰고 답을 구해 보세요.

▶ 사용한 쌓기나무는 각각 몇 개인지 구해 봅니다.

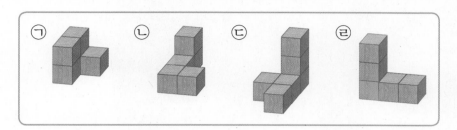

풀이

답

10 쌓기나무로 오른쪽과 같은 모양을 만들었습니다. 만든 모양을 설명해 보세요.

▶ 앞, 위, 오른쪽, 왼쪽 등 쌓기나무를 쌓은 위치와 방향, 수를 이용하여 쌓은 모양을 설명해 봅니다.

설명

11 그림에서 찾을 수 있는 크고 작은 삼각형은 모두 몇 개인지 풀이 과정을 쓰고 답을 구해 보세요.

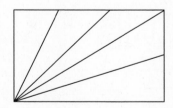

▶ 작은 도형 1개, 2개, ...로 된 삼각형이 각각 몇 개인지 구해 봅니다.

풀이

답

단원 평가 Level ❶

점수

확인

1 다음 물건에서 찾을 수 있는 도형의 이름을 써 보세요.

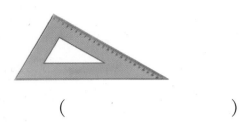

(   )

2 ☐ 안에 알맞은 말을 써넣으세요.

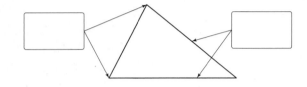

3 원을 본뜰 수 있는 물건을 찾아 기호를 써 보세요.

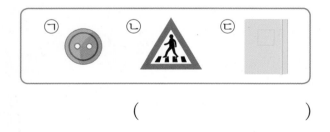

(   )

4 사각형은 모두 몇 개일까요?

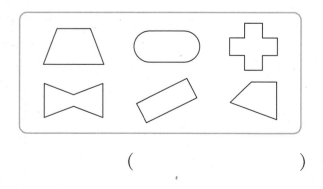

(   )

5 빨간색 쌓기나무의 왼쪽에 있는 쌓기나무를 찾아 ◯표 하세요.

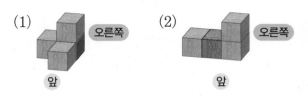

(1)   오른쪽   (2)   오른쪽
앞   앞

6 원에 대한 설명으로 옳은 것을 모두 고르세요. (   )

① 꼭짓점이 1개입니다.
② 곧은 선으로 되어 있습니다.
③ 동전을 본떠서 그릴 수 있습니다.
④ 변이 3개입니다.
⑤ 크기는 다를 수 있지만 모양은 모두 같습니다.

7 쌓기나무 5개로 만든 모양을 찾아 기호를 써 보세요.

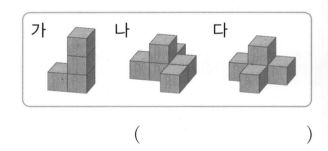

가   나   다

(   )

8 삼각형에 대하여 잘못 말한 사람을 찾아 이름을 써 보세요.

꼭짓점이 3개야.   사각형보다 변이 적어.   둥근 부분이 있어.

선우   은희   지우

(   )

[9~11] 오른쪽 칠교판을 보고 물음에 답하세요.

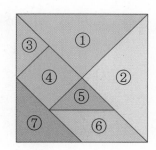

9 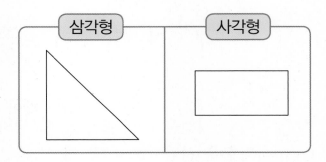 ④ 조각은 ③ 조각 몇 개와 크기가 같을까요?

( )

10 ③, ⑤, ⑥ 세 조각을 모두 이용하여 다음 도형을 만들어 보세요.

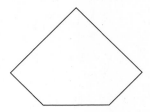

11 ④, ⑤, ⑥, ⑦ 네 조각을 모두 이용하여 다음 모양을 만들어 보세요.

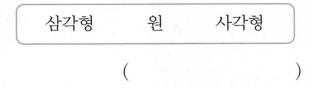

12 세 도형의 변은 모두 몇 개일까요?

| 삼각형 | 원 | 사각형 |

( )

13 원은 삼각형보다 몇 개 더 많을까요?

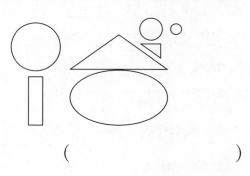

( )

14 왼쪽 모양에서 쌓기나무 1개를 빼어 오른쪽과 똑같은 모양을 만들려고 합니다. 빼야 할 쌓기나무는 어느 것일까요? ( )

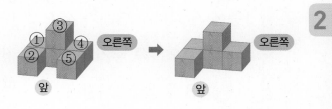

15 쌓기나무로 쌓은 모양에 대한 설명입니다. 쌓은 모양을 찾아 ○표 하세요.

- 쌓기나무 5개로 만들었습니다.
- 1층에 4개, 2층에 1개를 쌓았습니다.

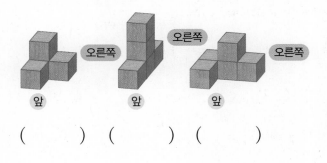

( ) ( ) ( )

16 도형의 안쪽에 점이 **5**개 있도록 사각형을 그려 보세요.

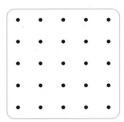

17 오른쪽 쌓기나무로 쌓은 모양에 대한 설명입니다. 틀린 부분을 모두 찾아 바르게 고쳐 보세요.

오른쪽

앞

> |층에 쌓기나무 ~~3개~~ 가 옆으로 나란 2개 히 있고, 오른쪽 쌓기나무 위로 쌓기 나무를 **3**개 쌓았습니다.

18 다음은 쌓기나무로 쌓은 모양을 앞에서 본 그림입니다. 어떤 모양을 본 것인지 찾아 ○표 하세요.

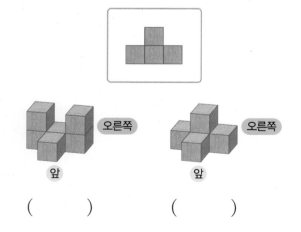

오른쪽   오른쪽

앞   앞

(   )   (   )

19 은서와 서준이가 쌓기나무로 쌓은 모양입니다. 쌓기나무를 더 적게 사용한 사람은 누구인지 풀이 과정을 쓰고 답을 구해 보세요.

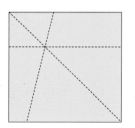

은서   서준

풀이

답

20 종이를 점선을 따라 잘랐을 때 생기는 삼각형은 사각형보다 몇 개 더 많은지 풀이 과정을 쓰고 답을 구해 보세요.

풀이

답

단원 평가 Level ❷

1 삼각형을 찾을 수 있는 것은 어느 것일까요? (   )

①   ②   ③

④   ⑤

[2~4] 도형을 보고 물음에 답하세요.

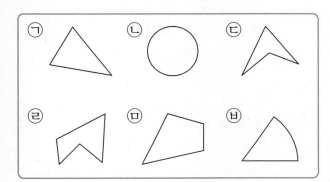

2 변이 3개인 도형을 찾아 기호를 써 보세요.

(   )

3 원을 찾아 기호를 써 보세요.

(   )

4 도형 ㉢의 이름을 써 보세요.

(   )

5 삼각형의 변과 꼭짓점은 각각 몇 개일까요?

변 (   )

꼭짓점 (   )

6 빨간색 쌓기나무의 위에 있는 쌓기나무를 찾아 ○표 하세요.

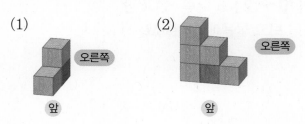

7 오른쪽 도형에 대한 설명으로 틀린 것은 어느 것일까요? (   )

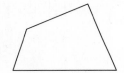

① 사각형입니다.
② 변이 4개입니다.
③ 꼭짓점이 4개입니다.
④ 굽은 선으로 둘러싸여 있습니다.
⑤ 삼각형보다 꼭짓점이 더 많습니다.

8 원은 모두 몇 개일까요?

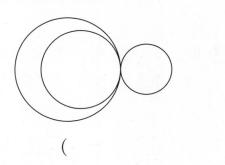

(   )

9 삼각형과 사각형을 그려 보세요.

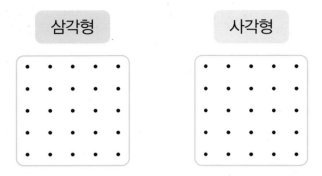

삼각형   사각형

[10~12] 오른쪽 칠교판을 보고 물음에 답하세요.

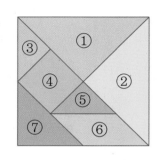

10 칠교 조각 중에서 삼각형과 사각형 조각은 각각 몇 개인지 써 보세요.

삼각형	사각형

11 ③, ④, ⑤ 세 조각을 모두 이용하여 삼각형을 만들어 보세요.

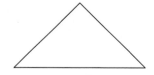

12 ③, ⑤, ⑦ 세 조각을 모두 이용하여 사각형을 만들어 보세요.

13 사각형 모양의 종이를 1번 잘랐을 때 삼각형과 사각형이 1개씩 생기도록 자르는 선분을 그어 보세요.

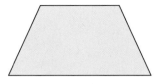

14 쌓은 모양을 바르게 나타내도록 알맞은 말에 ○표 하세요.

빨간색 쌓기나무가 1개 있고 그 (위 , 앞)에 쌓기나무가 2개 있습니다. 그리고 빨간색 쌓기나무의 (오른쪽 , 왼쪽)에 쌓기나무가 1개 있습니다.

15 왼쪽 모양에서 쌓기나무 1개를 옮겨 오른쪽과 똑같은 모양을 만들려고 합니다. 옮겨야 할 쌓기나무는 어느 것인지 왼쪽 모양에 ○표 하세요.

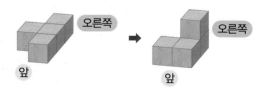

16 가 모양과 나 모양을 만들기 위해 필요한 쌓기나무는 모두 몇 개일까요?

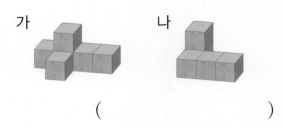

(   )

17 다음 모양을 주어진 조건에 맞게 색칠해 보세요.

> • 빨간색 쌓기나무의 앞에는 파란색 쌓기나무입니다.
> • 빨간색 쌓기나무의 오른쪽에는 노란색 쌓기나무입니다.
> • 노란색 쌓기나무의 위에는 초록색 쌓기나무입니다.
> • 파란색 쌓기나무의 왼쪽에는 보라색 쌓기나무입니다.

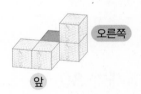

18 그림에서 찾을 수 있는 크고 작은 사각형은 모두 몇 개일까요?

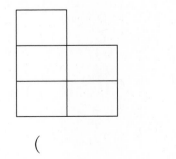

(   )

19 쌓기나무로 쌓은 모양을 설명해 보세요.

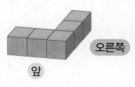

설명 _____

_____

_____

20 계산 결과가 가장 큰 것을 찾아 기호를 쓰려고 합니다. 풀이 과정을 쓰고 답을 구해 보세요.

> ㉠ 원과 사각형의 꼭짓점의 수의 차
> ㉡ (삼각형의 꼭짓점의 수) + **3**
> ㉢ (사각형의 변의 수) + **1**

풀이 _____

_____

_____

_____

답 _____

📋 서술형 문제

1 계산이 잘못된 까닭을 쓰고 바르게 계산해 보세요.

까닭 📝 일의 자리에서 받아올림한 수를 십의 자리에 더하지 않아 계산이 틀렸습니다.

1⁺ 계산이 잘못된 까닭을 쓰고 바르게 계산해 보세요.

$$\begin{array}{r} 8\ 2 \\ -\ \ \ 4 \\ \hline 8\ 8 \end{array}$$ ➡

까닭

---

2 운동장에 학생이 42명 있었습니다. 잠시 후 17명이 교실로 들어갔다면 운동장에 남아 있는 학생은 몇 명인지 풀이 과정을 쓰고 답을 구해 보세요.

풀이 📝 (운동장에 남아 있는 학생 수)

= (처음 운동장에 있던 학생 수)

— (교실로 들어간 학생 수)

= 42 − 17 = 25(명)

답   25명

2⁺ 공원에 참새가 30마리 있었습니다. 잠시 후 14마리가 날아갔다면 공원에 남아 있는 참새는 몇 마리인지 풀이 과정을 쓰고 답을 구해 보세요.

풀이

답

3 박물관에 관람객이 **78**명 있었는데 **6**명이 더 들어왔습니다. 박물관에 있는 관람객은 모두 몇 명인지 풀이 과정을 쓰고 답을 구해 보세요.

▶ 관람객이 더 들어왔으므로 덧셈식으로 구합니다.

풀이

답

4 가장 큰 수와 가장 작은 수의 합은 얼마인지 풀이 과정을 쓰고 답을 구해 보세요.

▶ 십의 자리 수가 클수록 큰 수입니다.

| 74 | 86 | 27 |

풀이

답

5 계산 결과가 큰 것부터 차례로 기호를 쓰려고 합니다. 풀이 과정을 쓰고 답을 구해 보세요.

▶ 주어진 식을 각각 계산하여 결과를 비교해 봅니다.

㉠ 62 − 29   ㉡ 43 − 15   ㉢ 70 − 41

풀이

답

6 파란색 공이 **57**개, 빨간색 공이 **36**개 있습니다. 흰색 공은 파란색 공과 빨간색 공을 더한 것보다 **28**개 더 적다면 흰색 공은 몇 개인지 풀이 과정을 쓰고 답을 구해 보세요.

▶ '더 많다'는 덧셈식으로, '더 적다'는 뺄셈식으로 나타냅니다.

풀이 ....

....

....

답 ....

7 덧셈식을 뺄셈식으로 나타낸 것입니다. ㉠과 ㉡에 알맞은 수의 합은 얼마인지 풀이 과정을 쓰고 답을 구해 보세요.

▶ 덧셈식을 뺄셈식 2개로 바꿔 나타낼 수 있습니다.
■ + ▲ = ●
● ─ ■ = ▲,
■ + ▲ = ●
● ─ ▲ = ■

$$16 + 45 = 61 \Rightarrow \begin{array}{c} 61 - \boxed{㉠} = 16 \\ \boxed{㉡} - 16 = \boxed{㉠} \end{array}$$

풀이 ....

....

....

답 ....

8 지우는 가지고 있던 사탕 중에서 **14**개를 친구에게 주었더니 **17**개가 남았습니다. 지우가 처음에 가지고 있던 사탕은 몇 개인지 풀이 과정을 쓰고 답을 구해 보세요.

▶ 지우가 처음에 가지고 있던 사탕의 수를 □로 하여 식을 만들어 봅니다.

풀이 ....

....

....

답 ....

9 수 카드 **4**장 중에서 **2**장을 골라 한 번씩만 사용하여 두 자리 수를 만들려고 합니다. 만들 수 있는 수 중에서 가장 큰 수와 둘째로 작은 수의 합은 얼마인지 풀이 과정을 쓰고 답을 구해 보세요.

▶ 높은 자리 수가 클수록 큰 수입니다.

$$\boxed{3} \quad \boxed{6} \quad \boxed{8} \quad \boxed{2}$$

풀이 ....

....

....

답 ....

10 **I**부터 **9**까지의 수 중에서 □ 안에 들어갈 수 있는 수를 모두 구하려고 합니다. 풀이 과정을 쓰고 답을 구해 보세요.

▶ $42-\square=37$일 때 □의 값을 먼저 알아봅니다.

$$\boxed{42-\square>37}$$

풀이 ....

....

....

답 ....

3

11 어떤 수에서 **38**을 빼야 하는데 잘못하여 더했더니 **95**가 되었습니다. 바르게 계산한 값은 얼마인지 풀이 과정을 쓰고 답을 구해 보세요.

▶ 어떤 수를 □라고 하여 잘못 계산한 식을 세워 봅니다.

풀이 ....

....

....

답 ....

단원 평가 Level ❶

점수

확인

1 계산해 보세요.

(1) $15 + 39$ (2) $84 - 35$

2 ☐ 안에 알맞은 수를 써넣으세요.

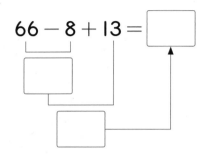

$$66 - 8 + 13 = \boxed{}$$

3 ☐ 안에 알맞은 수를 써넣으세요.

$$74 + 9 = 74 + \boxed{} + 3$$

$$= \boxed{} + 3 = \boxed{}$$

4 계산에서 잘못된 곳을 찾아 바르게 계산해 보세요.

$$51 - 18 - 5$$
$$= 51 - 13$$
$$= 38$$

➡

5 계산 결과가 53인 것을 모두 고르세요. (   )

① $91 - 38$ ② $27 + 36$

③ $44 + 8$ ④ $80 - 25$

⑤ $19 + 34$

6 그림을 보고 덧셈식을 완성하고 뺄셈식으로 나타내 보세요.

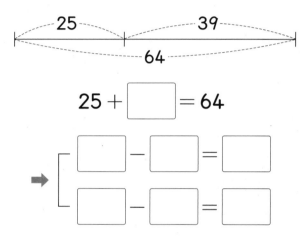

$$25 + \boxed{} = 64$$

➡ $\boxed{} - \boxed{} = \boxed{}$

$\boxed{} - \boxed{} = \boxed{}$

7 두 수의 합이 더 작은 쪽에 ○표 하세요.

$36 + 37$	$49 + 22$
( )	( )

8 가장 큰 수에서 나머지 두 수를 뺀 값은 얼마일까요?

28	14	61

(   )

9 세 수를 이용하여 덧셈식과 뺄셈식을 각각 **2**개씩 만들어 보세요.

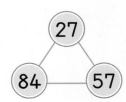

덧셈식 _____ ,

뺄셈식 _____ ,

10 24 + 17을 연우가 말한 방법으로 계산해 보세요.

17을 20−3으로 생각하여 24에 20을 더한 후 3을 빼.

연우

$24 + 17 = 24 + \boxed{} - \boxed{}$

$= \boxed{} - \boxed{} = \boxed{}$

11 희영이는 구슬을 **14**개 가지고 있었습니다. 몇 개를 동생에게 주었더니 **8**개가 남았습니다. 동생에게 준 구슬의 수를 □로 하여 **뺄셈식**을 만들고, □의 값을 구해 보세요.

뺄셈식 _____

□의 값 _____

12 줄넘기를 민호는 **74**번 했고, 윤서는 **55**번 했습니다. 누가 줄넘기를 몇 번 더 많이 했는지 구해 보세요.

( ), ( )

13 두 수의 합이 가운데 수가 되는 두 수를 찾아 ○표 하세요.

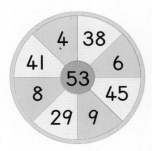

14 ㉠과 ㉡이 나타내는 수의 합을 구해 보세요.

㉠ 10이 4개, 1이 9개인 수
㉡ 10이 6개, 1이 3개인 수

( )

15 □ 안에 알맞은 수를 써넣으세요.

$51 - 24 = 20 + \boxed{}$

16 수 카드 6장 중에서 2장씩 골라 차가 57이 되는 식을 만들어 보세요.

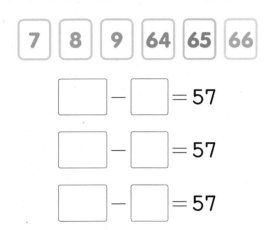

$$\boxed{} - \boxed{} = 57$$

$$\boxed{} - \boxed{} = 57$$

$$\boxed{} - \boxed{} = 57$$

17 1부터 9까지의 수 중에서 □ 안에 들어갈 수 있는 수를 모두 구해 보세요.

$$75 - \boxed{}6 > 30$$

(   )

18 세호와 태정이는 수 카드를 2장씩 가지고 있습니다. 세호가 가진 카드에 적힌 두 수의 합은 태정이가 가진 카드에 적힌 두 수의 합과 같습니다. ? 에 알맞은 수를 구해 보세요.

세호	태정
33 59	24 ?

(   )

19 어떤 수와 16의 합은 30입니다. 어떤 수는 얼마인지 풀이 과정을 쓰고 답을 구해 보세요.

풀이

답

20 윤하와 민준이는 다음과 같이 색종이를 가지고 있습니다. 윤하와 민준이가 가지고 있는 색종이는 모두 몇 장인지 풀이 과정을 쓰고 답을 구해 보세요.

> 윤하: 나는 색종이를 48장 가지고 있어.
> 민준: 나는 너보다 9장 더 적게 가지고 있어.

풀이

답

단원 평가 Level ❷

점수

확인

1 계산해 보세요.

(1)
```
   3 4
 +   7
```

(2)
```
   6 0
 - 1 5
```

2 빈칸에 알맞은 수를 써넣으세요.

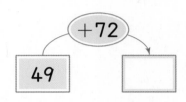

3 두 수의 차를 구해 보세요.

| 35   82 |

(   )

4 덧셈식을 뺄셈식으로 나타내 보세요.

| 38 + 56 = 94 |

➡
```
[  ] - [  ] = [  ]
[  ] - [  ] = [  ]
```

5 계산해 보세요.

(1) $51 - 8 + 17$

(2) $34 + 39 - 25$

6 두 수의 차가 같은 것끼리 같은 색으로 칠해 보세요.

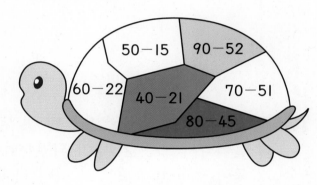

7 보기 와 같은 방법으로 계산해 보세요.

보기
$$41 - 28 = 41 - 30 + 2$$
$$= 11 + 2 = 13$$

$75 - 19$ _____

_____

8 계산 결과를 비교하여 ○ 안에 >, =, < 중 알맞은 것을 써넣으세요.

(1) $44 + 18$ ◯ $90 - 24$

(2) $74 - 35$ ◯ $17 + 16$

9 □ 안에 알맞은 수를 써넣으세요.

(1) ☐ + 26 = 61

➡ 61 − ☐ = 35

(2) 83 − ☐ = 58

➡ 25 + ☐ = 83

10 교실에 학생이 18명 있었는데 몇 명이 더 들어와서 모두 26명이 되었습니다. 더 들어온 학생 수를 □로 하여 덧셈식을 만들고, □의 값을 구해 보세요.

덧셈식 ....

□의 값 ....

11 □ 안에 알맞은 수가 가장 작은 것을 찾아 기호를 써 보세요.

┌─────────────────────┐
│ ㉠ 41 − □ = 25   │
│ ㉡ □ − 4 = 17   │
│ ㉢ 13 + □ = 30   │
└─────────────────────┘

(   )

12 □ 안에 알맞은 수를 써넣어 예현이의 일기를 완성해 보세요.

┌──────────────────────────────────┐
│ ○월 ○일 ○요일   ◎ ☁ ☂ ☃ ✻ │
├──────────────────────────────────┤
│ 매일 달리기를 하기로 계획을 세웠다. │
│ 그런데 이번 달은 31일 중 19일을 실천 │
│ 하였고 ☐ 일은 실천하지 못하였다.   │
└──────────────────────────────────┘

13 □ 안에 알맞은 수를 써넣으세요.

(1)
```
    5 ☐
  +   6
  ─────
  1 0 3
```

(2)
```
  ☐   2
  - 1 7
  ─────
    5 ☐
```

14 □ 안에 들어갈 수 있는 수 중에서 가장 큰 수를 구해 보세요.

┌─────────────────────┐
│ 53 − 25 + 19 > □   │
└─────────────────────┘

(   )

15 두 수의 차가 가장 크게 되도록 두 수를 골라 ☐ 안에 써넣고 계산해 보세요.

| 57 | 37 | 48 | 62 |

☐ − ☐ = ☐

16 채은이네 집에는 동화책이 **32**권, 위인전이 **59**권 있습니다. 채은이는 이 중에서 **47**권을 읽었습니다. 채은이가 읽지 않은 책은 몇 권일까요?

(   )

17 어떤 수에서 **18**을 빼야 할 것을 잘못하여 더했더니 **55**가 되었습니다. 바르게 계산한 값을 구해 보세요.

(   )

18 같은 모양은 같은 수를 나타냅니다. ● = **16**일 때 ★의 값을 구해 보세요.

- ● + ● = ▲
- 29 + ▲ − 14 = ★

(   )

19 수 카드 **4**장 중에서 **2**장을 골라 한 번씩만 사용하여 두 자리 수를 만들려고 합니다. 만들 수 있는 수 중에서 가장 큰 수와 가장 작은 수의 합은 얼마인지 풀이 과정을 쓰고 답을 구해 보세요.

| 3 | 8 | 5 | 7 |

풀이 _____

_____

_____

_____

답 _____

20 수아네 학교에는 농구공이 **9**개, 축구공이 **17**개, 야구공이 몇 개 있습니다. 농구공, 축구공, 야구공이 모두 **50**개라면 야구공은 농구공보다 몇 개 더 많은지 풀이 과정을 쓰고 답을 구해 보세요.

풀이 _____

_____

_____

_____

답 _____

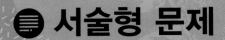
1 민주와 현우가 뼘으로 책상의 긴 쪽의 길이를 재었더니 민주의 뼘으로는 **6**번쯤, 현우의 뼘으로는 **5**번쯤이었습니다. 두 친구가 잰 길이가 다른 까닭을 써 보세요.

까닭 ⑩ 민주의 뼘과 현우의 뼘의 길이가 다르기 때문입니다.

1⁺ 선우가 막대로 화단의 긴 쪽의 길이를 재었더니 빨간색 막대로는 **13**번쯤, 초록색 막대로는 **16**번쯤이었습니다. 두 막대로 잰 길이가 다른 까닭을 써 보세요.

까닭

2 클립의 길이는 몇 cm인지 풀이 과정을 쓰고 답을 구해 보세요.

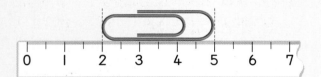

풀이 ⑩ 눈금 **2**에서 시작하여 **5**까지 **1** cm가 **3**번이므로 **3** cm입니다.

따라서 클립의 길이는 **3** cm입니다.

답   **3 cm**

2⁺ 못의 길이는 몇 cm인지 풀이 과정을 쓰고 답을 구해 보세요.

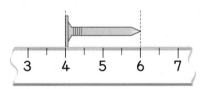

풀이

답

3 연필로 책장과 서랍장의 긴 쪽의 길이를 재었더니 책장은 13번쯤, 서랍장은 12번쯤이었습니다. 책장과 서랍장 중에서 긴 쪽의 길이가 더 긴 것은 무엇인지 풀이 과정을 쓰고 답을 구해 보세요.

▶ 단위길이가 같으므로 잰 횟수를 비교해 봅니다.

풀이 ....
....
....

답 ....

4 바지의 길이를 재었더니 민준이의 바지는 필통으로 4번쯤, 지혜의 바지는 크레파스로 4번쯤이었습니다. 누구의 바지의 길이가 더 긴지 풀이 과정을 쓰고 답을 구해 보세요.

▶ 잰 횟수가 같으므로 단위길이를 비교해 봅니다.

풀이 ....
....
....

답 ....

4

5 볼펜의 길이를 재었더니 길이가 1 cm인 공깃돌로 14번이었습니다. 볼펜의 길이는 몇 cm인지 풀이 과정을 쓰고 답을 구해 보세요.

▶ 1 cm가 ■번이면 ■ cm입니다.

풀이 ....
....
....

답 ....

6 길이가 가장 짧은 우산을 가지고 있는 사람은 누구인지 풀이 과정을 쓰고 답을 구해 보세요.

▶ Ⅰcm가 ■번
  = ■ cm
  = ■ 센티미터

> 현수: 내 우산의 길이는 Ⅰcm가 **59**번이야.
> 승우: 내 우산의 길이는 **61** cm야.
> 정호: 내 우산의 길이는 **57** 센티미터야.

풀이 ....

....

....

답

7 두 리본의 길이를 자로 재어 보고 두 길이의 합은 몇 cm인지 풀이 과정을 쓰고 답을 구해 보세요.

▶ 두 리본의 길이를 각각 자로 재어 봅니다.

풀이 ....

....

....

답

8 풀의 길이를 자로 재어 보고 다혜는 약 **7** cm, 수호는 약 **8** cm라고 하였습니다. 풀의 길이를 바르게 잰 사람은 누구인지 쓰고, 그 까닭을 써 보세요.

▶ 길이가 자의 눈금 사이에 있을 때, 어느 쪽의 숫자를 읽어야 하는지 생각해 봅니다.

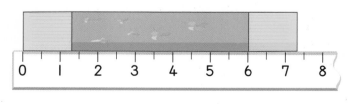

답

까닭 ....

....

9 색 테이프의 길이는 약 몇 cm인지 풀이 과정을 쓰고 답을 구해 보세요.

▶ ■ cm보다 조금 더 긴 길이는 약 ■ cm로 나타냅니다.

풀이 _____

_____

_____

답 _____

10 길이가 12 cm인 수첩의 긴 쪽의 길이를 영우는 약 11 cm, 재희는 약 14 cm라고 어림하였습니다. 누가 더 가깝게 어림하였는지 풀이 과정을 쓰고 답을 구해 보세요.

▶ 실제 길이와 어림한 길이의 차가 작을수록 더 가깝게 어림한 것입니다.

풀이 _____

_____

_____

답 _____

11 게임기의 긴 쪽의 길이는 길이가 4 cm인 면봉으로 3번 잰 것과 같습니다. 이 길이는 길이가 6 cm인 막대 사탕으로 몇 번 잰 것과 같은지 풀이 과정을 쓰고 답을 구해 보세요.

▶ ■ cm가 ▲번인 길이는 ■ cm를 ▲번 더한 길이와 같습니다.

풀이 _____

_____

_____

답 _____

4. 길이 재기 **35**

단원 평가 Level ❶

1 책상의 긴 쪽과 짧은 쪽의 길이를 비교하는 방법을 바르게 설명한 사람의 이름을 써 보세요.

> 지민: 끈을 이용하여 비교해.
> 준우: 직접 맞대어 비교해.

( )

2 길이를 바르게 잰 것을 찾아 기호를 써 보세요.

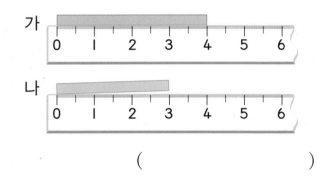

( )

3 엄지손톱을 단위로 길이를 재기에 알맞은 것은 어느 것일까요? ( )

① 아버지의 키
② 우산의 길이
③ 숟가락의 길이
④ 창문의 긴 쪽의 길이
⑤ 칠판의 짧은 쪽의 길이

4 자로 길이를 재어 보세요.

약 ☐ cm

5 석희, 준규, 시영이는 연결 모형으로 모양 만들기를 하였습니다. 가장 짧게 연결한 사람에 ○표 하세요.

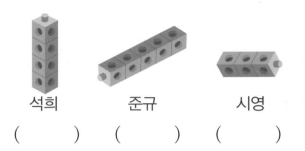

석희   준규   시영

( )   ( )   ( )

6 주어진 길이만큼 점선을 따라 선을 그어 보세요.

5 cm

╎- - - - - - - - - - - - - - - - - - - ╎

7 못의 길이는 몇 cm일까요?

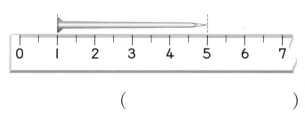

( )

8 길이가 가장 긴 것을 찾아 기호를 써 보세요.

> ㉠ 1 cm가 7번
> ㉡ 9 센티미터
> ㉢ 8 cm

( )

9 색연필의 길이를 어림하여 보고 자로 재어 확인해 보세요.

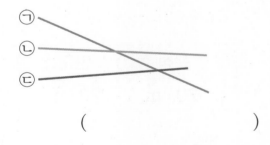

어림한 길이 (   )

자로 잰 길이 (   )

10 더 긴 끈을 가지고 있는 사람은 누구일까요?

> 지우: 내 끈은 클립으로 **9**번쯤이야.
> 현민: 내 끈은 빨대로 **9**번쯤이야.

(   )

11 가장 짧은 선을 찾아 기호를 써 보세요.

ㄱ
ㄴ
ㄷ

(   )

12 리본의 길이를 클립으로 재면 몇 번일까요?

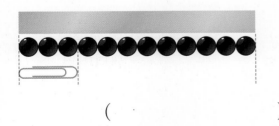

(   )

13 보기 에서 알맞은 길이를 골라 문장을 완성해 보세요.

> **보기**
>
> 5 cm   15 cm   30 cm

(1) 수학책의 긴 쪽의 길이는 약 [   ] 입니다.

(2) 칫솔의 길이는 약 [   ] 입니다.

14 지팡이의 길이를 연필로 잰 것입니다. 연필의 길이가 10 cm라면 지팡이의 길이는 몇 cm일까요?

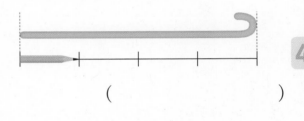

(   )

15 가와 나 중 어느 연필의 길이가 몇 cm 더 긴지 구해 보세요.

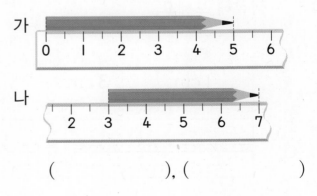

(   ), (   )

16 유미와 태하가 신발장의 긴 쪽의 길이를 재었습니다. 누구의 뼘의 길이가 더 짧을까요?

내 뼘으로 15번쯤이야.

내 뼘으로 17번쯤이야.

유미   태하

(   )

17 색 테이프의 길이는 몇 cm일까요?

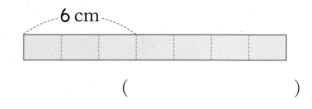

6 cm

(   )

18 길이가 각각 1 cm, 3 cm인 색 테이프가 있습니다. 이 색 테이프를 여러 번 사용하여 서로 다른 방법으로 7 cm를 색칠해 보세요.

1 cm   3 cm

19 못의 길이는 약 몇 cm인지 풀이 과정을 쓰고 답을 구해 보세요.

0 1 2 3 4 5 6 7

풀이

답

20 길이가 21 cm인 붓의 길이를 어림하였습니다. 가장 가깝게 어림한 사람은 누구인지 풀이 과정을 쓰고 답을 구해 보세요.

은성	민규	서준
20 cm	23 cm	19 cm

풀이

답

단원 평가 Level ❷

1 길이를 직접 맞대어 비교할 수 없는 것에 ○표 하세요.

• 나와 동생의 운동화의 길이 (   )

• 전자렌지의 짧은 쪽의 길이와 높이
(   )

• 소파 긴 쪽의 길이와 침대 긴 쪽의 길이
(   )

2 나무 막대의 길이는 뼘으로 몇 번 잰 길이일까요?

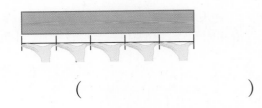

(   )

3 □ 안에 알맞은 수를 써넣으세요.

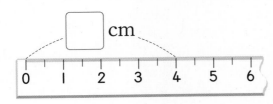

4 컴퓨터 모니터의 긴 쪽의 길이를 재려고 합니다. 클립과 딱풀 중에서 어느 것으로 재는 것이 더 편리할까요?

(   )

5 색연필의 길이를 클립과 지우개로 잰 것입니다. 색연필의 길이는 클립과 지우개로 각각 몇 번일까요?

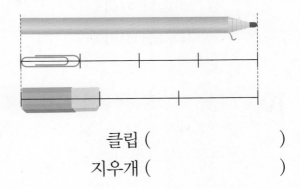

클립 (   )

지우개 (   )

6 분필의 길이는 몇 cm일까요?

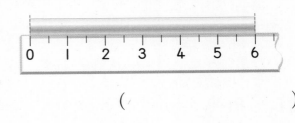

(   )

7 주어진 길이만큼 점선을 따라 선을 그어 보세요.

(1) 2 cm

├------+------+------+------+------+------+------┤

(2) 4 cm

├------+------+------+------+------+------+------┤

8 □ 안에 알맞은 수를 써넣으세요.

(1) 1 cm가 8번이면 □ cm입니다.

(2) 1 cm가 □ 번이면 11 cm입니다.

9 양초의 길이를 어림하여 보고 자로 재어 보세요.

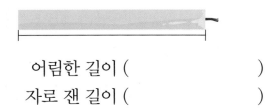

어림한 길이 (   )

자로 잰 길이 (   )

10 지호는 뼘으로 책상과 식탁의 긴 쪽의 길이를 재었습니다. 긴 쪽의 길이가 더 긴 것은 어느 것일까요?

책상: 뼘으로 **7**번쯤

식탁: 뼘으로 **9**번쯤

(   )

11 길이가 **3** cm인 선을 찾아 기호를 써 보세요.

(   )

12 물감의 길이를 바르게 잰 사람은 누구일까요?

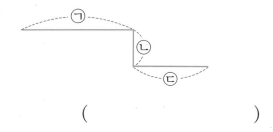

샛별: 약 **5** cm   미라: 약 **6** cm

(   )

13 삼각형의 세 변의 길이를 자로 재어 보세요.

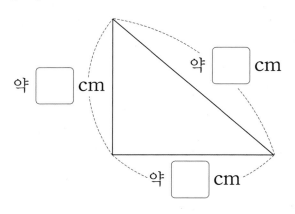

14 막대의 길이는 약 몇 cm일까요?

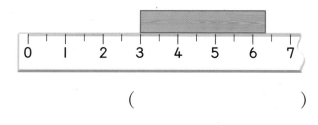

(   )

15 빨대의 길이는 길이가 **4** cm인 지우개 **4**개의 길이와 같습니다. 빨대의 길이는 몇 cm일까요?

(   )

16 두 색 테이프의 길이의 합은 몇 cm일까요?

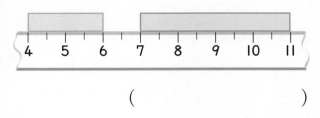

( )

17 길이가 17 cm인 가위의 길이를 어림한 것입니다. 가깝게 어림한 사람부터 차례로 이름을 써 보세요.

현수: 약 14 cm야.
영규: 16 cm보다 2 cm쯤 더 길어.
은하: 20 cm보다 1 cm쯤 더 짧아.

( )

18 도마의 긴 쪽의 길이는 길이가 10 cm인 숟가락으로 4번 잰 것과 같습니다. 이 길이는 길이가 8 cm인 포크로 몇 번 잰 것과 같을까요?

( )

19 가장 작은 사각형의 한 변의 길이는 모두 1 cm입니다. 초록색 선의 길이는 모두 몇 cm인지 풀이 과정을 쓰고 답을 구해 보세요.

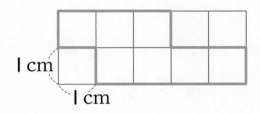

1 cm
1 cm

풀이

답

20 각자 가지고 있는 지우개로 같은 막대의 길이를 재었습니다. 가장 긴 지우개를 가지고 있는 사람은 누구인지 풀이 과정을 쓰고 답을 구해 보세요.

하늘	유빈	세은
5번쯤	3번쯤	4번쯤

풀이

답

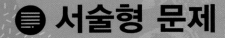

1 물건을 비싼 것과 비싸지 않은 것으로 분류하려고 합니다. 분류 기준으로 알맞지 않은 까닭을 써 보세요.

까닭 예 비싼 것과 비싸지 않은 것은 분류 기준이 분명하지 않으므로 분류한 결과가 사람마다 다를 수 있습니다.

1⁺ 사탕을 색깔에 따라 분류하려고 합니다. 분류 기준으로 알맞지 않은 까닭을 써 보세요.

까닭

2 주스 가게에서 오전에 판 주스입니다. 가장 많이 팔린 주스는 무엇인지 풀이 과정을 쓰고 답을 구해 보세요.

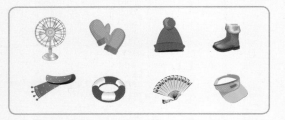

풀이 예 주스를 맛에 따라 분류하여 세어 보면 사과주스는 **5**잔, 오렌지주스는 **4**잔, 포도주스는 **3**잔입니다.

따라서 가장 많이 팔린 주스는 사과주스입니다.

답   사과주스

2⁺ 신발 가게에서 오늘 판 신발입니다. 가장 많이 팔린 신발은 무엇인지 풀이 과정을 쓰고 답을 구해 보세요.

풀이

답

3 모양을 기준으로 분류할 수 있는 것을 찾아 기호를 쓰려고 합니다. 풀이 과정을 쓰고 답을 구해 보세요.

▶ 모양이 같은 물건들은 모양을 기준으로 분류할 수 없습니다.

풀이 _____

_____

_____

답 _____

4 여러 가지 탈것을 분류한 것입니다. 분류 기준은 무엇인지 풀이 과정을 쓰고 답을 구해 보세요.

▶ 같은 칸에 분류되어 있는 것끼리 공통점을 찾아봅니다.

풀이 _____

_____

답 _____

5 유하는 엄마가 장을 봐 오신 것을 분류하여 냉장고에 정리했습니다. 잘못 분류된 칸을 찾아 쓰고, 바르게 옮겨 보세요.

음료수 칸
채소 칸
과일 칸

▶ 각각의 칸에서 그 칸에 해당되지 않는 것이 있는지 찾아봅니다.

답 _____

바르게 옮기기 _____

6 분홍색이면서 사각형 모양인 블록을 모두 찾아 번호를 쓰려고 합니다. 풀이 과정을 쓰고 답을 구해 보세요.

▶ 먼저 분홍색인 블록을 찾아봅니다.

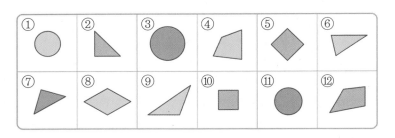

풀이

답

7 책을 종류별로 분류하여 책꽂이에 꽂으려고 합니다. 동화책과 위인전 중 어느 책을 더 넓은 칸에 꽂으면 좋을지 풀이 과정을 쓰고 답을 구해 보세요. (단, 책의 두께는 모두 같습니다.)

▶ 책을 동화책과 위인전으로 분류하여 세어 봅니다.

이순신 콩쥐팥쥐 김구 해님달님 장영실 세종대왕 인어공주 신사임당 유관순

풀이

답

8 문구점에서 지난주에 팔린 볼펜입니다. 문구점 주인은 볼펜을 많이 팔기 위해 어떤 색깔의 볼펜을 가장 많이 준비하면 좋을지 풀이 과정을 쓰고 답을 구해 보세요.

▶ 어떤 색깔의 볼펜이 가장 많이 팔렸는지 알아봅니다.

• 초록색 볼펜

빨간색 볼펜 •
파란색 볼펜 •

풀이

답

[9~10] 머리핀을 분류하려고 합니다. 물음에 답하세요.

9 머리핀을 모양에 따라 분류하려고 합니다. 하트 모양은 별 모양보다 몇 개 더 많은지 풀이 과정을 쓰고 답을 구해 보세요.

▶ 머리핀을 모양에 따라 분류 하면 하트 모양과 별 모양으로 분류할 수 있습니다.

풀이 ......

답 ....

10 머리핀을 색깔에 따라 분류하려고 합니다. 가장 많은 색깔은 가장 적은 색깔보다 몇 개 더 많은지 풀이 과정을 쓰고 답을 구해 보세요.

▶ 머리핀을 색깔에 따라 분류 하면 하늘색, 분홍색, 노란색으로 분류할 수 있습니다.

풀이 ......

답 ....

5

11 자석을 종류에 따라 분류하여 세었습니다. ㉠에 알맞은 자석의 종류와 ㉡에 알맞은 수는 각각 무엇인지 풀이 과정을 쓰고 답을 구해 보세요.

▶ 주어진 한글 자석과 숫자 자석의 수와 표의 자석 수를 비교해 봅니다.

ㄱ	1	ㅎ	7	8	ㅅ
6	㉠	3	ㄷ	ㅁ	5

종류	한글	숫자
자석 수 (개)	㉡	7

풀이 ......

답 ㉠ .... , ㉡ ....

단원 평가 Level ❶

1 모양을 기준으로 분류할 수 있는 것에 ○표 하세요.

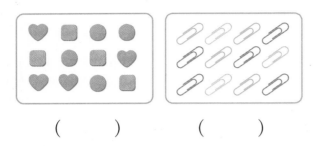

(   )   (   )

2 블록을 다음과 같이 분류하였습니다. 분류 기준을 써 보세요.

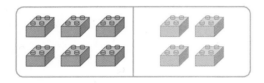

분류 기준	

3 동물을 다리 수에 따라 분류해 보세요.

0개	2개	4개

[4~7] 선우네 반 학생들의 혈액형입니다. 물음에 답하세요.

선우	B형	지민	O형	동수	A형
인호	A형	선학	O형	지원	B형
지영	O형	우진	AB형	수현	A형
민경	AB형	채영	B형	은비	O형

4 혈액형의 종류는 모두 몇 가지일까요?

(   )

5 혈액형의 종류에 따라 선우네 반 학생들을 분류해 보세요.

A형	인호,
B형	선우,
O형	
AB형	

6 혈액형의 종류에 따라 분류한 학생 수를 세어 보세요.

혈액형	A형	B형	O형	AB형
학생 수(명)				

7 학생 수가 같은 혈액형은 무엇과 무엇일까요?

(   ), (   )

[8~10] 사탕을 분류하려고 합니다. 물음에 답하세요.

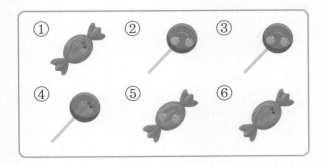

8 사탕을 모양에 따라 분류해 보세요.

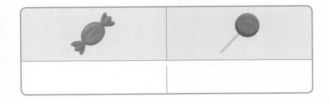	

9 사탕을 맛에 따라 분류해 보세요.

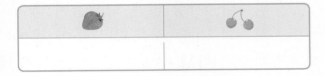	

10 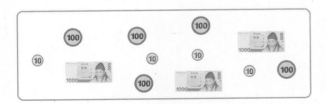 모양이면서 🍓 맛인 사탕은 몇 개일까요?

(   )

11 돈을 종류에 따라 분류하고 그 수를 세어 보세요.

종류	1000원	100	10
돈의 수(개)			

[12~13] 젤리를 분류하려고 합니다. 물음에 답하세요.

12 정해진 기준에 따라 분류하고 그 수를 세어 보세요.

분류 기준	색깔		

색깔	빨간색	연두색	파란색
젤리 수(개)			

13 기준을 정하여 분류하고 그 수를 세어 보세요.

분류 기준	

젤리 수(개)	

14 가게에 있는 아이스크림을 종류에 따라 분류하여 센 것입니다. 종류별 아이스크림의 수를 비슷하게 준비하려고 할 때 어떤 종류의 아이스크림을 더 준비하면 좋을지 써 보세요.

종류	딸기	바닐라	녹차	망고
아이스크림 수(개)	14	12	13	5

(   )

[15~18] 양말을 분류하려고 합니다. 물음에 답하세요.

15 분류 기준으로 알맞지 않은 것을 모두 찾아 기호를 써 보세요.

> ㉠ 무게 ㉡ 길이 ㉢ 색깔 ㉣ 두께

(   )

16 긴 양말은 몇 개일까요?

(   )

17 초록색 양말은 보라색 양말보다 몇 개 더 많을까요?

(   )

18 길이에 따라 분류한 양말을 색깔에 따라 다시 분류하고 그 수를 세어 보세요.

길이 색깔	짧은 양말	중간 양말	긴 양말
초록색			
빨간색			
보라색			

19 서준이가 재활용품을 다음과 같이 분류하였습니다. 잘못 분류한 것을 찾아 ○표 하고, 그렇게 생각한 까닭을 써 보세요.

까닭 ....

....

....

20 다영이네 반 학생들이 좋아하는 채소입니다. 가장 많은 학생들이 좋아하는 채소와 가장 적은 학생들이 좋아하는 채소의 학생 수의 차는 몇 명인지 풀이 과정을 쓰고 답을 구해 보세요.

풀이 ....

....

....

....

답

단원 평가 Level ❷

1 도형을 분류할 수 있는 기준을 2가지 써 보세요.

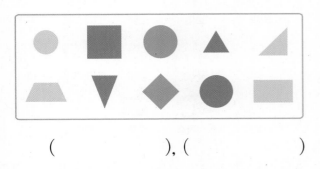

(   ), (   )

[2~3] 재호네 집에 있는 물건들입니다. 물음에 답하세요.

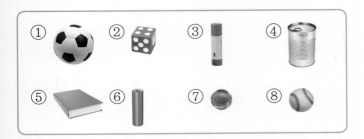

2 분류 기준으로 알맞은 것을 찾아 기호를 써 보세요.

┌─────────────────┐
│ ㉠ 색깔   ㉡ 모양 │
└─────────────────┘

(   )

3 모양에 따라 분류해 보세요.

[4~7] 혜수의 옷입니다. 물음에 답하세요.

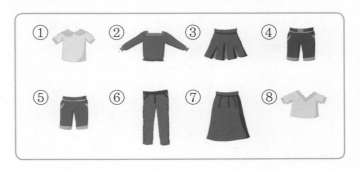

4 옷의 종류에 따라 분류해 보세요.

윗옷	
아래옷	

5 옷의 색깔에 따라 분류해 보세요.

노란색	
파란색	
빨간색	

6 윗옷은 몇 개일까요?

(   )

7 가장 적은 색깔은 무엇일까요?

(   )

8 땅에 살면서 다리가 없는 동물은 모두 몇 마리일까요?

(　　　　　)

[9~11] 어느 가게에서 하루 동안 팔린 주스입니다. 물음에 답하세요.

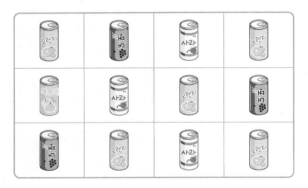

9 어떻게 분류하면 좋을지 ○표 하세요.

(종류 , 크기)에 따라 분류합니다.

10 종류에 따라 분류하고 그 수를 세어 보세요.

종류				
주스의 수(개)				

11 다음 날 주스를 많이 팔기 위해 가게 주인이 가장 많이 준비해야 할 주스는 무엇인지 써 보세요.

(　　　　　)

[12~14] 진우네 모둠 학생들이 받고 싶은 선물입니다. 물음에 답하세요.

크레파스	로봇	로봇	크레파스	공책
팽이	공책	팽이	크레파스	크레파스
로봇	크레파스	크레파스	팽이	팽이

12 받고 싶은 선물을 종류에 따라 분류하고 그 수를 세어 보세요.

종류				
학생 수(명)				

13 4명보다 적은 학생이 받고 싶은 선물을 모두 써 보세요.

(　　　　　)

14 학용품을 받고 싶은 학생은 장난감을 받고 싶은 학생보다 몇 명 더 많을까요?

(　　　　　)

[15~18] 예은이가 모은 단추입니다. 물음에 답하세요.

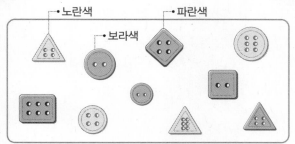

15 모양에 따라 분류하고 그 수를 세어 보세요.

모양			
단추 수(개)			

16 색깔에 따라 분류하고 그 수를 세어 보세요.

색깔			
단추 수(개)			

17 구멍의 수에 따라 분류하고 그 수를 세어 보세요.

구멍의 수			
단추 수(개)			

18 단추 구멍이 4개이면서 삼각형 모양인 단추는 모두 몇 개일까요?

( )

19 민영이는 운동을 다음과 같이 분류하였습니다. 어떤 기준에 따라 분류한 것인지 설명해 보세요.

수영, 축구, 태권도, 스케이트, 농구

↓

축구, 농구	수영, 태권도, 스케이트

설명 ....

....

....

20 편의점에서 하루 동안 팔린 우유입니다. 다음 날 편의점 주인이 어떤 맛 우유를 가장 많이 준비하면 좋을지 쓰고 그 까닭을 써 보세요.

답 ....

까닭 ....

....

....

....

≡ 서술형 문제

1 핫도그의 수는 **6**의 몇 배인지 풀이 과정을 쓰고 답을 구해 보세요.

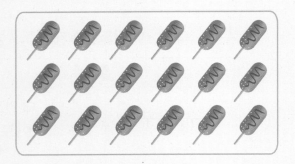

풀이 <u>예</u> 핫도그를 **6**씩 묶으면 **3**묶음입니다.

따라서 핫도그의 수는 **6**씩 **3**묶음이므로 **6**의 **3** 배입니다.

답   3배

1⁺ 나비의 수는 **3**의 몇 배인지 풀이 과정을 쓰고 답을 구해 보세요.

풀이

답

2 병아리 **4**마리의 다리는 모두 몇 개인지 풀이 과정을 쓰고 답을 구해 보세요.

풀이 <u>예</u> 병아리 한 마리의 다리는 **2**개이므로 병아리 **4**마리의 다리 수는 **2**의 **4**배입니다.

따라서 병아리 **4**마리의 다리는 모두

$2 \times 4 = 8$(개)입니다.

답   8개

2⁺ 토끼 **5**마리의 다리는 모두 몇 개인지 풀이 과정을 쓰고 답을 구해 보세요.

풀이

답

3 자동차는 모두 몇 대인지 바르게 말한 사람을 찾아 이름을 쓰려고 합니다. 풀이 과정을 쓰고 답을 구해 보세요.

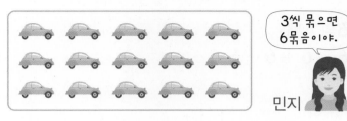

> 3씩 묶으면 6묶음이야.

> 5, 10, 15로 세어 볼 수 있어.

민지   은호

▶ 자동차를 민지는 3씩 묶어 세었고 은호는 5씩 묶어 세었습니다.

풀이 _____

_____

답 _____

4 가지의 수는 당근의 수의 몇 배인지 풀이 과정을 쓰고 답을 구해 보세요.

• 가지   • 당근

▶ 가지를 당근의 수로 묶어 세면 몇 묶음인지 알아봅니다.

풀이 _____

_____

답 _____

6

5 초록색 막대의 길이는 주황색 막대의 길이의 몇 배인지 풀이 과정을 쓰고 답을 구해 보세요.

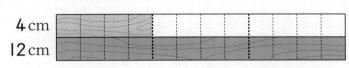

4 cm
12 cm

▶ 초록색 막대의 길이는 주황색 막대 몇 개의 길이와 같은지 알아봅니다.

풀이 _____

_____

답 _____

6 나타내는 수가 다른 하나를 찾아 기호를 쓰려고 합니다. 풀이 과정을 쓰고 답을 구해 보세요.

▶ 나타내는 수를 각각 알아봅니다.

> ㉠ 6씩 4묶음　　㉡ 6의 4배
> ㉢ 6 × 3　　㉣ 6 + 6 + 6 + 6

풀이 _____

_____

_____

답 _____

7 ㉠과 ㉡의 합은 얼마인지 풀이 과정을 쓰고 답을 구해 보세요.

▶ ■의 ▲배
➡ ■ × ▲

> ㉠ 8의 3배　　㉡ 6의 5배

풀이 _____

_____

_____

답 _____

8 지우는 면봉으로 오른쪽과 같은 배 모양을 6개 만들었습니다. 지우가 사용한 면봉은 모두 몇 개인지 풀이 과정을 쓰고 답을 구해 보세요.

▶ 먼저 배 모양 한 개를 만드는 데 사용한 면봉의 수를 알아봅니다.

풀이 _____

_____

_____

답 _____

9 막대 한 개의 길이는 **7** cm입니다. 막대 **5**개를 이어 놓은 전체의 길이는 몇 cm인지 풀이 과정을 쓰고 답을 구해 보세요.

7 cm

▶ ■ cm인 막대 ▲개를 이어 놓은 전체의 길이는 ■ cm의 ▲배입니다.

풀이 ....

....

....

답 ....

10 빵이 한 상자에 **3**개씩 **3**줄 들어 있습니다. **5**상자에 들어 있는 빵은 모두 몇 개인지 풀이 과정을 쓰고 답을 구해 보세요.

▶ 먼저 한 상자에 들어 있는 빵의 수를 구해 봅니다.

풀이 ....

....

....

답 ....

11 동화책을 지은이는 하루에 **9**쪽씩 **4**일 동안 읽었고, 윤성이는 하루에 **7**쪽씩 **6**일 동안 읽었습니다. 동화책을 누가 몇 쪽 더 많이 읽었는지 풀이 과정을 쓰고 답을 구해 보세요.

▶ 지은이와 윤성이가 읽은 동화책 쪽수를 각각 구해 봅니다.

풀이 ....

....

....

답 .... ,

단원 평가 Level ❶

1 곰 인형은 모두 몇 개인지 2씩 뛰어 세어 보세요.

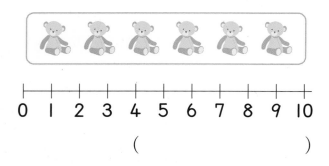

(   )

2 귤은 모두 몇 개인지 3씩 묶어 세어 보세요.

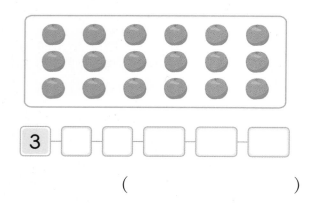

(   )

3 단추는 모두 몇 개인지 구하려고 합니다. 물음에 답하세요.

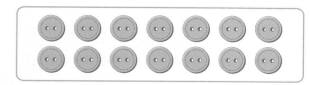

(1) 2씩 몇 묶음일까요?
(   )

(2) 7씩 몇 묶음일까요?
(   )

(3) 단추는 모두 몇 개일까요?
(   )

4 ☐ 안에 알맞은 수를 써넣으세요.

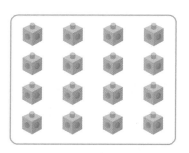

4씩 ☐ 묶음이므로 ☐ 의 ☐ 배입니다.

5 그림을 보고 2가지 방법으로 묶어 세어 보세요.

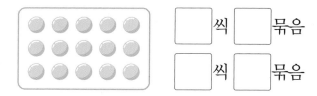

☐ 씩 ☐ 묶음

☐ 씩 ☐ 묶음

6 그림을 보고 ☐ 안에 알맞은 수를 써넣으세요.

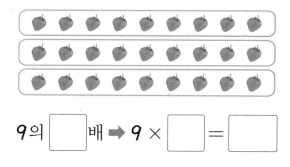

9의 ☐ 배 ➡ 9 × ☐ = ☐

7 덧셈식을 곱셈식으로 나타내 보세요.

(1) 4 + 4 = 8

➡ ☐ × ☐ = ☐

(2) 3 + 3 + 3 + 3 + 3 = 15

➡ ☐ × ☐ = ☐

8 빈칸에 알맞은 덧셈식과 곱셈식을 써 보세요.

5	5 + 5	
5 × 1	5 × 2	

9 꽃병 한 개에 꽃이 8송이씩 꽂혀 있습니다. 꽃병 3개에 꽂혀 있는 꽃은 모두 몇 송이인지 덧셈식과 곱셈식으로 나타내 보세요.

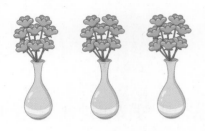

덧셈식 ....

곱셈식 ....

10 노란색 막대의 길이는 분홍색 막대의 길이의 몇 배일까요?

2 cm
8 cm

(   )

11 오른쪽 쌓기나무 수의 6배만큼 쌓기나무를 쌓으려고 합니다. 필요한 쌓기나무는 모두 몇 개인지 곱셈식으로 나타내 보세요.

곱셈식 ....

12 울타리 하나에 기둥이 7개 있습니다. 울타리 9개로 집을 둘러쌌습니다. 기둥은 모두 몇 개일까요?

(   )

13 ☐ 안에 알맞은 수를 써넣으세요.

(1) 25는 5의 ☐ 배입니다.

(2) 56은 ☐ 의 8배입니다.

14 현수의 나이는 8살입니다. 형의 나이는 현수의 나이의 3배보다 7살 더 적습니다. 현수의 형의 나이는 몇 살일까요?

(   )

15 이서와 지우가 말한 수의 합을 구해 보세요.

이서: 9의 4배   지우: 5씩 4묶음

(   )

16 색 도화지 4장을 겹쳐서 오렸을 때 별 모양과 달 모양은 모두 몇 개일까요?

(   )

17 하트 모양이 규칙적으로 그려진 이불 위에 옷을 놓았습니다. 이불에 그려진 하트 모양은 모두 몇 개일까요?

(   )

18 한 봉지에 3개씩 들어 있는 귤이 8봉지 있습니다. 이 귤을 모두 꺼내어 한 봉지에 4개씩 다시 담으려면 봉지는 몇 개 필요할까요?

(   )

19 나타내는 수가 작은 것부터 차례로 기호를 쓰려고 합니다. 풀이 과정을 쓰고 답을 구해 보세요.

> ㉠ 2의 9배   ㉡ 7 + 7 + 7 + 7
> ㉢ 6 곱하기 4   ㉣ 5 × 5

풀이

답

20 농장에 양 4마리와 닭 5마리가 있습니다. 농장에 있는 양과 닭의 다리는 모두 몇 개인지 풀이 과정을 쓰고 답을 구해 보세요.

풀이

답

단원 평가 Level ❷

1 컵케이크는 모두 몇 개인지 2씩 묶어 세어 보세요.

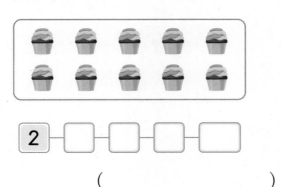

2 – ☐ – ☐ – ☐ – ☐

(   )

[2~3] 그림을 보고 물음에 답하세요.

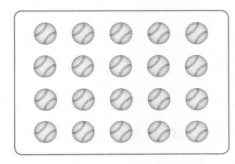

2 야구공은 5씩 몇 묶음일까요?

(   )

3 야구공은 모두 몇 개일까요?

(   )

4 ☐ 안에 알맞은 수를 써넣으세요.

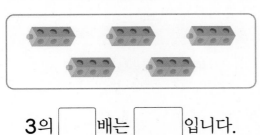

3의 ☐ 배는 ☐ 입니다.

5 알맞은 것끼리 이어 보세요.

3씩 6묶음	•		•	3×4
4의 6배	•		•	3×6
3 곱하기 4	•		•	4×6

6 나타내는 수가 다른 것은 어느 것일까요? (   )

① 9의 4배
② 9×4
③ $9 + 4$
④ 9씩 4묶음
⑤ $9 + 9 + 9 + 9$

7 ☐ 안에 알맞은 수를 써넣으세요.

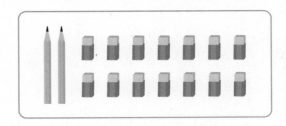

지우개 수는 연필 수의 ☐ 배입니다.

8 딸기는 모두 몇 개인지 덧셈식과 곱셈식으로 나타내 보세요.

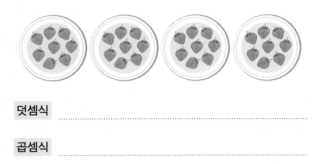

덧셈식 ....

곱셈식 ....

9 그림을 보고 곱셈식으로 나타내 보세요.

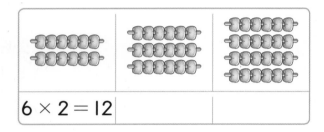

$6 \times 2 = 12$

10 쌓기나무 한 개의 높이는 3cm입니다. 쌓기나무 7개의 높이는 얼마일까요?

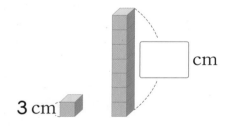

3 cm 　　　 cm

11 □ 안에 공통으로 들어갈 수를 구해 보세요.

• $5 \times \square = 30$

• $\square \times 4 = 24$

(　　　　　　　)

12 그림을 보고 □ 안에 알맞은 수를 써넣으세요.

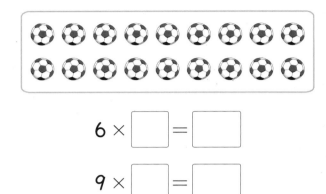

$6 \times \square = \square$

$9 \times \square = \square$

13 □ 안에 알맞은 수를 써넣으세요.

7의 □ 배는 35입니다.

14 잠자리 한 마리의 날개는 4장입니다. 잠자리 6마리의 날개는 모두 몇 장일까요?

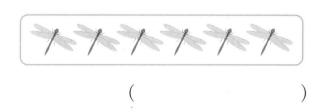

(　　　　　　　)

15 나타내는 수가 가장 큰 것을 찾아 기호를 써 보세요.

| ㉠ 4×8 ㉡ 6의 5배 ㉢ 9씩 3묶음 |

(　　　　　　　)

16 ㈀과 ㈁은 같은 수를 나타냅니다. □ 안에 알맞은 수를 구해 보세요.

> ㈀ 6씩 6묶음   ㈁ 4의 □배

(   )

17 두 선이 만나는 곳에 점을 찍은 그림입니다. 종이로 가려진 부분에는 모두 몇 개의 점이 있을까요?

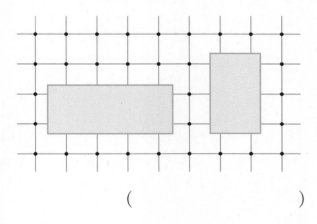

(   )

18 공장에서 기계 한 대가 한 시간에 선풍기를 9대 만듭니다. 이 공장에서 기계 5대로 2시간 동안 만드는 선풍기는 모두 몇 대일까요?

(   )

19 공원에 두발자전거가 6대 있습니다. 바퀴는 모두 몇 개인지 풀이 과정을 쓰고 답을 구해 보세요.

풀이 _____

_____

_____

_____

답 _____

20 우진이는 딱지를 5장 가지고 있고, 건무는 우진이가 가지고 있는 딱지 수의 5배만큼 가지고 있습니다. 건무는 우진이보다 딱지를 몇 장 더 많이 가지고 있는지 풀이 과정을 쓰고 답을 구해 보세요.

풀이 _____

_____

_____

_____

답 _____

최상위를 위한
심화 학습 서비스 제공!

문제풀이 동영상 ➕ 상위권 학습 자료
(QR 코드 스캔 혹은 디딤돌 홈페이지 참고)

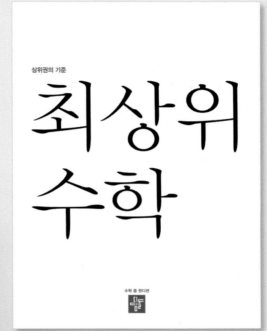

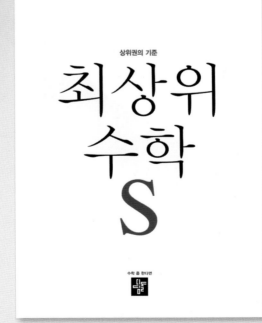

한걸음 한걸음 디딤돌을 걷다 보면
수학이 완성됩니다.

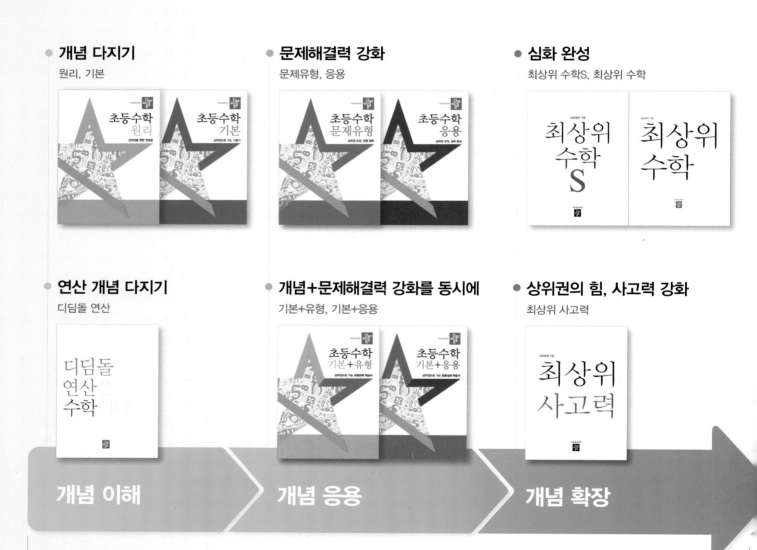

개념 다지기
원리, 기본

초등수학 원리 / 초등수학 기본

문제해결력 강화
문제유형, 응용

초등수학 문제유형 / 초등수학 응용

심화 완성
최상위 수학S, 최상위 수학

최상위 수학 S / 최상위 수학

연산 개념 다지기
디딤돌 연산

디딤돌 연산 수학

개념+문제해결력 강화를 동시에
기본+유형, 기본+응용

초등수학 기본+유형 / 초등수학 기본+응용

상위권의 힘, 사고력 강화
최상위 사고력

최상위 사고력

개념 이해 ➤ 개념 응용 ➤ 개념 확장

학습 능력과 목표에 따라
맞춤형이 가능한 디딤돌 초등 수학

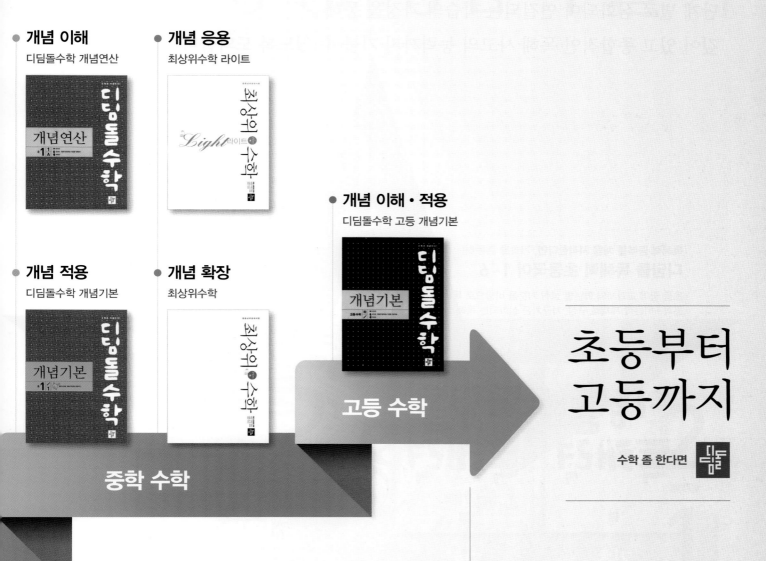

개념 이해
디딤돌수학 개념연산

개념 응용
최상위수학 라이트

개념 이해·적용
디딤돌수학 고등 개념기본

개념 적용
디딤돌수학 개념기본

개념 확장
최상위수학

중학 수학

고등 수학

초등부터
고등까지

수학 좀 한다면

개념을 이해하고, 깨우치고, 꺼내 쓰는
올바른 중고등 개념 학습서

정답과 풀이

1 세 자리 수

|학년에서 학습한 두 자리 수에 이어 100부터 1000까지의 수를 배우는 단원입니다. 이 단원에서 가장 중요한 개념은 십진법에 따른 자릿값입니다. 우리가 사용하는 십진법에 따른 수는 0부터 9까지의 숫자만을 사용하여 모든 수를 나타낼 수 있습니다. 따라서 같은 숫자라도 자리에 따라 다른 수를 나타내고, 10개의 숫자만으로 무한히 큰 수를 만들 수 있습니다. 이러한 자릿값의 개념은 수에 대한 이해에서부터 수의 크기 비교, 사칙연산, 중등에서의 다항식까지 연결되므로 세 자리 수를 학습할 때부터 기초를 잘 다질 수 있도록 지도합니다.

교과서 개념 이해 1 백을 알아볼까요   8~9쪽

1 100 / 100

2 (1) | (2) 100 (3) 백

3 (1) 9, 0 / 90 (2) 9, 10 / 100 (3) 10, 0 / 100
(4) 1, 0, 0 / 100

4 50, 80, 100 / 93, 96, 100

5 (1) | (2) 100

1 10부터 10씩 커지고 있습니다.

3 (1) 십 모형이 9개이면 90입니다.
(2) 일 모형 10개는 십 모형 |개와 같습니다.

교과서 개념 이해 2 몇백을 알아볼까요   10~11쪽

❶ ・800, 900 ・팔백, 구백

1 (1) 600, 육백 (2) 800, 팔백

2 (1) 예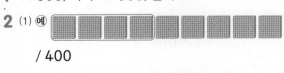

/ 400

(2) 예

/ 7, 700

3 9, 100 /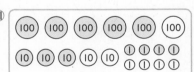

4 300송이

1 (1) 백 모형이 6개이면 600입니다. 600은 육백이라고 읽습니다.
(2) 십 모형 10개는 백 모형 |개와 같습니다. 백 모형이 7개, 십 모형이 10개이면 백 모형 8개와 같으므로 800입니다. 800은 팔백이라고 읽습니다.

3 ・200은 100이 2개이고 이백이라고 읽습니다.
・900은 100이 9개이고 구백이라고 읽습니다.
・500은 100이 5개이고 오백이라고 읽습니다.

4 100이 3개이면 300입니다.

교과서 개념 이해 3 세 자리 수를 알아볼까요   12~13쪽

1 100, 10, 1, 658

2 507, 오백칠

3 4, 6, 1, 461, 사백육십일

4 (위에서부터) 백사 / 718 / 640 / 구백육십오

5 213장

6 예

| 100 | 100 | 100 | 100 | 100 | 100 |

| 10 | 10 | 10 | 10 | 10 | | 1 | 1 | 1 | 1 |
| | | | | | | 1 | 1 | 1 | 1 |

2 자리의 숫자가 0이면 숫자와 자리를 모두 읽지 않습니다.
507 ➡ 오백영십칠(×), 오백영칠(×), 오백칠(○)

3 수 모형이 나타내는 수는 100이 4개, 10이 6개, |이 |개이므로 461입니다.
461은 사백육십일이라고 읽습니다.

4 육백사십을 60040과 같이 잘못 쓰지 않도록 주의합니다.

5 100장씩 묶음이 2개, 10장씩 묶음이 |개, 낱장이 3장이므로 213장입니다.

6 534는 100이 5개, 10이 3개, |이 4개인 수입니다.

^{교과서}^{개념 이해} 4 각 자리의 숫자는 얼마를 나타낼까요 14~15쪽

⚠️ • 백, 800 • 십, 80 • 일, 8

1 백, 700 / 십, 50 / 일, 5 / 700, 50, 5

2 (1) (위에서부터) 6, 6 / 60, 6 / 600, 60, 6
   (2) (위에서부터) 7, 0, 5 / 700, 0, 5 / 700, 5

3 300 / 90 / 1

4 (1) 9 (2) 0 (3) 90 (4) 900

3 3은 백의 자리 숫자이므로 300을, 9는 십의 자리 숫자이므로 90을, 1은 일의 자리 숫자이므로 1을 나타냅니다.

4 밑줄 친 숫자가 어느 자리 숫자인지 알아봅니다.
   (1) 4<u>7</u>9
      └→ 일의 자리 숫자, 9
   (2) 5<u>0</u>7
      └→ 십의 자리 숫자, 0
   (3) 6<u>9</u>3
      └→ 십의 자리 숫자, 90
   (4) <u>9</u>32
      └→ 백의 자리 숫자, 900

^{개념 적용} 기본기 다지기   16~19쪽

1 10 / 10 / 20   2 100원

3 (1) 97, 98, 100 (2) 70, 80, 100

4 100 / 30, 100   5 100개

6 다현에 ○표   7 3년 후

8 (1) 400 (2) 6   9 700, 칠백

10 200, 500, 700, 800   11 성호

12 100에 ○표 / 200에 ○표 / 700에 ○표

13 ㉡

14 3, 7, 4 / 374, 삼백칠십사

15 (교차선 연결)   16 630, 육백삼십

17 (예)
   (100) (100) (100) (100)
   (10) (10) (10) (10) (10)
   (1) (1) (1) (1)

---

18 (왼쪽에서부터) 100, 30, 130

19 674   20 120, 111에 ○표

21 527원

22 (위에서부터) 1, 7, 10, 7 / 300, 10, 7

23 9, 900 / 8, 80 / 5, 5

24 685   25 수수깡

26 (예) ☐☐☐☐○△△△△△

27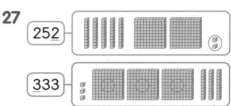

28 (예) 왼쪽의 9는 십의 자리 숫자이므로 90을 나타내고, 오른쪽의 9는 일의 자리 숫자이므로 9를 나타냅니다.

1 100은 10이 10개인 수, 90보다 10만큼 더 큰 수, 80보다 20만큼 더 큰 수입니다.

2 50원부터 10원짜리를 차례로 이어서 세어 보면 50−60−70−80−90−100이므로 100원입니다.

3 (1) 95부터 수를 순서대로 써 봅니다.
   (2) 50부터 10만큼 더 큰 수를 순서대로 써 봅니다.

4 수직선에서 30씩 커지고 있으므로 70보다 30만큼 더 큰 수는 100입니다.

5 50씩 2묶음은 100이므로 현미녹차는 모두 100개입니다.

6 지훈이는 10원짜리 7개, 1원짜리 17개이므로 87원, 다현이는 100원짜리 1개이므로 100원, 현수는 1원짜리 18개이므로 18원을 가지고 있습니다. 따라서 돈을 가장 많이 가지고 있는 사람은 다현입니다.

7 100은 97보다 3만큼 더 큰 수이므로 할머니는 3년 후에 100세가 됩니다.

9 100원짜리가 6개이면 600원이고 10원짜리가 10개이면 100원이므로 700원입니다.

11 900은 구백이라고 읽습니다.

12 ┼───┼───┼───┼
   (100) 200 300 (400)
   ➡ 200은 100에 더 가깝습니다.

➡ 400은 200에 더 가깝습니다.

➡ 600은 700에 더 가깝습니다.

13 수 모형이 나타내는 수는 440입니다.

14 백 모형이 3개, 십 모형이 7개, 일 모형이 4개이므로 374이고 삼백칠십사라고 읽습니다.

16 100이 6개이면 600, 10이 3개이면 30이므로 630입니다.

18 13은 10+3으로 생각할 수 있으므로 10이 10개인 수와 10이 3개인 수를 구하여 더합니다.

19
100이 5개인 수 ➡ 500
10이 17개인 수 ➡ 170
1이 4개인 수 ➡ 4
674

20

백 모형	십 모형	일 모형	수
1개	2개	0개	120
1개	1개	1개	111
0개	2개	1개	21

따라서 수 모형 3개를 사용하여 나타낼 수 있는 세 자리 수는 120, 111입니다.

21 100원짜리 4개, 10원짜리 12개, 1원짜리 7개입니다. 10원짜리 12개는 100원짜리 1개와 10원짜리 2개로 다시 묶을 수 있습니다. 따라서 100원짜리 5개, 10원짜리 2개, 1원짜리 7개와 같으므로 모두 527원입니다.

23 백의 자리 숫자는 9이고 900을 나타냅니다.
십의 자리 숫자는 8이고 80을 나타냅니다.
일의 자리 숫자는 5이고 5를 나타냅니다.

24 백의 자리 숫자는 6, 십의 자리 숫자는 8, 일의 자리 숫자는 5이므로 685입니다.

25 203 ➡ 3, 329 ➡ 300, 238 ➡ 30
따라서 숫자 3이 30을 나타내는 것은 수수깡입니다.

26 415는 100이 4개, 10이 1개, 1이 5개이므로 □를 4개, ○를 1개, △를 5개 그립니다.

27 252
└ 일의 자리 숫자, 2 ➡ 일 모형 2개

333
└ 백의 자리 숫자, 300 ➡ 백 모형 3개

<서술형>
28

단계	문제 해결 과정
①	밑줄 친 두 숫자 9의 다른 점을 설명했나요?

<교과서 개념 이해> **5 뛰어 세어 볼까요** 20~21쪽

1 (1) 300, 500, 700, 800, 900
(2) 940, 960, 970, 990
(3) 994, 996, 998, 1000

2 1000, 천

3 (1) 569, 570, 573
(2) 680, 690, 700, 720, 740
(3) 348, 648, 848, 948

4 559, 659, 759, 859 / 100

5 300, 320, 330, 340, 350 / 10

6 894, 898, 899, 900 / 1

3 (1) 1씩 뛰어 센 것이므로 왼쪽 수보다 1만큼 더 큰 수를 오른쪽에 씁니다.
(2) 10씩 뛰어 센 것이므로 왼쪽 수보다 10만큼 더 큰 수를 오른쪽에 씁니다.
(3) 100씩 뛰어 센 것이므로 왼쪽 수보다 100만큼 더 큰 수를 오른쪽에 씁니다.

4 백의 자리 수가 1씩 커지므로 100씩 뛰어 센 것입니다.

5 십의 자리 수가 1씩 커지므로 10씩 뛰어 센 것입니다.

6 일의 자리 수가 1씩 커지므로 1씩 뛰어 센 것입니다.

<교과서 개념 이해> **6 수의 크기를 비교해 볼까요** 22~23쪽

❗ • 백, 십, 일

1 >   **2** <

3 (1) > (2) <

4 (위에서부터) 8 / 9 / 5 / (1) 518 (2) 495

5 은정

2 백의 자리 수가 큰 수가 더 큽니다.

> ★ **학부모 지도 가이드**
>
> 같은 수라도 십의 자리에 놓인 수가 일의 자리에 놓인 수보다 나타내는 값이 더 큽니다. 예를 들어 222에서 백의 자리에 놓인 2는 200을, 십의 자리에 놓인 2는 20을, 일의 자리에 놓인 2는 2를 나타냅니다. 이처럼 모든 수는 각 자리의 자릿값을 가지므로 수의 크기를 비교할 때에는 높은 자리 수부터 비교합니다. 이러한 자릿값의 개념을 바탕으로 수를 이해하게 하여 수의 크기를 비교할 때 십진법의 원리를 생각하며 문제를 풀 수 있도록 지도합니다.

3 (1) 360 > 289   (2) 846 < 873
　　　　 $\underset{3>2}{\rule{0pt}{0pt}}$ 　　　　 $\underset{4<7}{\rule{0pt}{0pt}}$

4 백의 자리 수를 비교하면 495가 가장 작습니다. 518과 513은 백의 자리, 십의 자리 수가 같으므로 일의 자리 수를 비교하면 8 > 3이므로 518이 가장 큽니다.

5 206과 202는 백의 자리, 십의 자리 수가 같으므로 일의 자리 수를 비교하면 6 > 2이므로 206 > 202입니다. 따라서 은정이가 사과를 더 많이 땄습니다.

기본기 다지기 （개념 적용）　　　24~25쪽

29 990, 1000
30 290, 300, 320 / 10
31 615
32 560, 610 / 50
33 500, 400, 300
34 488
35 (1) <　(2) >
36 (왼쪽에서부터) 165, 170, 175, 180 / <
37 546 / 522
38 647, 572, 548
39 197, 198, 199, 200, 201
40 169
41 7, 8, 9에 ○표
42 568, 668, 768

29 십의 자리 수가 1씩 커지므로 10씩 뛰어 센 것입니다. 990보다 10만큼 더 큰 수는 1000입니다.

30 십의 자리 수만 1씩 커졌으므로 10씩 뛰어 센 것입니다.
　└→ 십의 자리 숫자가 1이면 10을 나타내기 때문입니다.

31 백의 자리 수가 1씩 커지므로 100씩 뛰어 센 것입니다. 515보다 100만큼 더 큰 수는 615이므로 ㉠에 알맞은 수는 615입니다.

32 410에서 460이 되려면
410, 420, 430, 440, 450, 460으로
　　①　　②　　③　　④　　⑤
10씩 5번 뛰어 세어야 합니다.
또 460에서 510이 되려면
460, 470, 480, 490, 500, 510으로
　　①　　②　　③　　④　　⑤
10씩 5번 뛰어 세어야 합니다.
따라서 수직선의 수들은 10씩 5번, 즉 50씩 뛰어 센 것입니다.
510에서 50 뛰어 세면 십의 자리 수가 5 커지므로 560이고,
560에서 50 뛰어 센 수는 십의 자리 수가 5 커진 610입니다.
　└→ 6보다 5만큼 더 큰 수는 11이고 10이 11개인 수는 110이므로 백의 자리 수가 1 커지고 십의 자리 수는 1이 되므로 610이 됩니다.

33 100씩 거꾸로 뛰어 세면 백의 자리 수가 1씩 작아집니다.

34 （서술형）

(예) 518에서 10씩 거꾸로 뛰어 세면
518 − 508 − 498 − 488이므로 10씩 거꾸로 3번 뛰어 센 수는 488입니다.

단계	문제 해결 과정
①	518에서 10씩 거꾸로 뛰어 세었나요?
②	518에서 10씩 거꾸로 3번 뛰어 센 수를 구했나요?

35 (1) 400 + 60 + 2 = 462, 462 < 479
(2) 500 + 90 + 9 = 599, 599 > 598

36 수직선의 수들은 5씩 커지므로 5씩 뛰어 센 것입니다.

$\begin{array}{cccccccc} + & + & + & + & + & + & + & + \\ 150 & 155 & 160 & 165 & 170 & 175 & 180 & 185 \end{array}$

수직선에서는 오른쪽에 있는 수일수록 큰 수이므로 165 < 180입니다.

37 • 보기 에서 540보다 큰 수는 546입니다.
　• 보기 에서 535보다 작은 수는 522입니다.

38 백의 자리 수를 비교하면 647이 가장 큽니다. 572와 548은 백의 자리 수가 5로 같으므로 십의 자리 수를 비교하면 7 > 4이므로 548이 더 작습니다.

39 196부터 202까지 순서대로 쓰면 다음과 같습니다.

196, 197, 198, 199, 200, 201, 202

└─ 196보다 크고 202보다 작은 세 자리 수 ─┘

따라서 196보다 크고 202보다 작은 세 자리 수는
197, 198, 199, 200, 201입니다.

40 세 자리 수를 □□□로 놓고 각 자리에 6, 1, 9를 어떤 방법으로 놓을지 생각합니다.

가장 작은 세 자리 수를 만들 때는
가장 큰 수를 나타내는 백의 자리에 가장 작은 수를 놓습니다. ➡ 1□□

둘째로 큰 수를 나타내는 십의 자리에 둘째로 작은 수를 놓습니다. ➡ 16□

셋째로 큰 수를 나타내는 일의 자리에 셋째로 작은 수를 놓습니다. ➡ 169

따라서 6, 1, 9로 만들 수 있는 가장 작은 세 자리 수는 169입니다.

┌─★ **학부모 지도 가이드** ───────────

주어진 수 6, 1, 9를 사용하여 만들 수 있는 모든 세 자리 수를 쓰고, 그 수들의 크기를 비교하여 해결하는 방법은 지향하지 않습니다. 시간이 많이 걸릴 뿐만 아니라 자릿값 개념을 바탕으로 한 사고력을 기르는 데에 맞지 않기 때문입니다.

이러한 유형의 문제는 수를 알아보는 단원에서 반드시 나오는 것으로 십진법의 개념을 잘 알고 있어야 학생 스스로 이해하여 해결할 수 있습니다. 십진법에서는 수의 각 자리마다 자릿값이라는 것을 가집니다. 즉, 같은 숫자라도 자리에 따라 나타내는 수가 달라지는 것이지요. 이러한 자릿값 개념은 이후 더 큰 수를 이해하고, 연산으로 이어지는 학습에서 매우 중요한 밑거름이 됩니다. 따라서 이와 같은 문제의 해결 전략을 기술처럼 받아들이게 하지 마시고, 각 숫자가 나타내는 수를 이해하여 해결할 수 있도록 지도합니다.

───────────────────────

41 53□와 536의 백의 자리, 십의 자리 수가 각각 같으므로 이 수들을 가리고 생각합니다.

■■□>■■6에서 □ 안에 들어갈 수 있는 수는 6보다 커야 하므로 7, 8, 9가 들어갈 수 있습니다.

서술형
42 ⟨예⟩ 세 자리 수이고, 십의 자리 수는 6, 일의 자리 수는 8이므로 □68입니다. 475보다 크고 813보다 작으므로 □ 안에는 5, 6, 7이 들어갈 수 있습니다. 따라서 조건을 만족하는 수는 568, 668, 768입니다.

단계	문제 해결 과정
①	세 자리 수의 자릿값에 대해 알았나요?
②	세 자리 수의 크기를 비교하여 조건을 만족하는 수를 모두 구했나요?

┌─ 개념 완성 ─┐
🚀 **응용력 기르기**　　　　　　　26~29쪽

1 392	**1-1** 810	**1-2** 590
2 <	**2-1** <	**2-2** >
3 975, 157	**3-1** 864, 406	**3-2** 530, 205

4 ┃1단계┃ ⟨예⟩ (100원, 10원, 1원)을 (2개, 2개, 0개), (2개, 1개, 1개), (1개, 2개, 1개) 고를 수 있습니다.

┃2단계┃ ⟨예⟩ 동전 4개를 사용해서 나타낼 수 있는 수는 220, 211, 121입니다.
/ 220, 211, 121

4-1 711, 702, 612, 212

1　　　　100만큼 더 큰 수
　　　　　　⤴
어떤 수　　502
　　　　　⤵
　　　100만큼 더 작은 수

➡ 어떤 수는 502보다 100만큼 더 작은 402입니다.
따라서 어떤 수 402보다 10만큼 더 작은 수는 392입니다.
└─ 402의 십의 자리 수가 0이므로 10만큼 더 작아지려면 백의 자리 수가 1 작아지고 십의 자리 수가 9가 되어야 합니다.

1-1　1만큼 더 작은 수
　　　　⤶
799　　어떤 수
　　　⤷
　1만큼 더 큰 수

➡ 어떤 수는 799보다 1만큼 더 큰 800입니다.
따라서 어떤 수 800보다 10만큼 더 큰 수는 810입니다.

1-2　　10만큼 더 큰 수
　　　　　⤴
어떤 수　　1000
　　　　　⤵
　　10만큼 더 작은 수

➡ 어떤 수는 1000보다 10만큼 더 작은 990입니다.
990에서 100씩 거꾸로 뛰어 세면
990−890−790−690−590입니다.
따라서 어떤 수 990에서 100씩 거꾸로 4번 뛰어 센 수는 590입니다.

2 73□, 75□에서 백의 자리 수가 같으므로 십의 자리 수를 비교하면 3<5입니다.
따라서 73□<75□입니다.
└─ 십의 자리 수가 다른 경우 일의 자리 수는 비교하지 않아도 됩니다.

2-1 4□9, 5□I에서 백의 자리 수를 비교하면 4<5입니다.

따라서 4□9<5□I입니다.

└→ 백의 자리 수가 다른 경우 십의 자리, 일의 자리 수는 비교하지 않아도 됩니다.

2-2 69□, 6□2에서 백의 자리 수가 같으므로 십의 자리 수를 비교합니다.

□ 안에 가장 큰 수인 9가 들어가도 699>692이므로 69□>6□2입니다.

참고 | □ 안에 0부터 8까지의 수가 들어갔을 때 십의 자리 수를 비교하면 9>□이므로 항상 69□>6□2입니다.

3 수 카드의 수를 비교하면 9>7>5>I입니다.

가장 큰 세 자리 수는 가장 큰 수인 9를 백의 자리에, 둘째로 큰 수인 7을 십의 자리에, 셋째로 큰 수인 5를 일의 자리에 놓습니다. ➡ 975

가장 작은 세 자리 수는 가장 작은 수인 I을 백의 자리에, 둘째로 작은 수인 5를 십의 자리에, 셋째로 작은 수인 7을 일의 자리에 놓습니다. ➡ I57

참고 | 같은 수라도 높은 자리에 있을수록 큰 수를 나타내므로 가장 큰 세 자리 수는 가장 큰 수부터 백의 자리, 십의 자리, 일의 자리 순서로 놓아 만들고 가장 작은 세 자리 수는 가장 작은 수부터 백의 자리, 십의 자리, 일의 자리 순서로 놓아 만듭니다.

┌─ ★ 학부모 지도 가이드 ─

수를 알아보는 단원에서 자주 나오는 문제로 십진법의 개념을 잘 알고 있어야 학생 스스로 이해하여 해결할 수 있습니다.

십진법에서는 수의 각 자리마다 자릿값이라는 것을 가집니다. 즉, 같은 수라도 자리에 따라 나타내는 수가 달라지는 것이지요.

이러한 자릿값 개념은 이후 더 큰 수를 이해하고, 연산으로 이어지는 학습에서 매우 중요한 밑거름이 됩니다. 따라서 이와 같은 문제의 해결 전략을 기술처럼 받아들이게 하지 마시고, 각 숫자가 나타내는 수를 이해하여 해결할 수 있도록 지도해 주세요.

└─────

3-1 수 카드의 수를 비교하면 8>6>4>0입니다.

가장 큰 세 자리 수는 가장 큰 수인 8을 백의 자리에, 둘째로 큰 수인 6을 십의 자리에, 셋째로 큰 수인 4를 일의 자리에 놓습니다. ➡ 864

가장 작은 세 자리 수는 0은 백의 자리에 올 수 없으므로 둘째로 작은 수인 4를 백의 자리에, 0을 십의 자리에, 셋째로 작은 수인 6을 일의 자리에 놓습니다. ➡ 406

3-2 수 카드의 수를 비교하면 5>3>2>0입니다.

가장 큰 세 자리 수는 532이고, 둘째로 큰 수는 가장 큰 수에서 백의 자리 수와 십의 자리 수는 그대로 두고 일의 자리에 0을 놓습니다. ➡ 530

가장 작은 세 자리 수는 203이고, 둘째로 작은 수는 가장 작은 수에서 백의 자리 수와 십의 자리 수는 그대로 두고 일의 자리에 5를 놓습니다. ➡ 205

4-1 동전 5개를 사용해서 나타낼 수 있는 수를 모두 생각해 봅니다.

500원	100원	10원	1원	수
I개	2개	I개	I개	7II
I개	2개	0개	2개	702
I개	I개	I개	2개	6I2
0개	2개	I개	2개	2I2

따라서 동전 5개를 사용해서 나타낼 수 있는 수는 7II, 702, 6I2, 2I2입니다.

---

1 단원 **단원 평가 Level ❶** 30~32쪽

1 740

2 (교차 연결)

3 600, 육백

4 100

5 528, 628

6 1000

7 (1) > (2) <

8 7, 700 / 2, 20 / 9, 9

9 326, 삼백이십육

10 9, 0, 8

11 (1) 2 (2) 20 (3) 62

12 472, 179

13 804, 814 / 10

14 (1) 10개 (2) 10개

(3) 예) ★ ★ ★ ◆ ◆ ◆ ◆ ● ●

15 903에 ○표, 196에 △표

16 5개

17 379, 479, 579

18 I, 2, 3, 4

19 861

20 ㉣

1 칠백사십 ➡ 740
740

2 ・100이 7개이면 700이고 칠백이라고 읽습니다.
・100이 3개이면 300이고 삼백이라고 읽습니다.

3 100이 6개이면 600이고 육백이라고 읽습니다.

4 90보다 10만큼 더 큰 수
10이 10개인 수 ─┐ 100

5 100씩 뛰어 세면 백의 자리 수가 1씩 커지므로
328−428−528−628−728입니다.

6 1씩 커지므로 ㉠에 알맞은 수는 999 다음의 수인
1000입니다.

7 (1) 백의 자리 수를 비교하면 8>7이므로 883>797
입니다.
(2) 백의 자리, 십의 자리 수가 각각 같으므로 일의 자리
수를 비교하면 1<4입니다.
따라서 691<694입니다.

9 100이 3개이면 300, 10이 2개이면 20, 1이 6개이
면 6이므로 326을 나타냅니다. 326은 삼백이십육
이라고 읽습니다.

10 구백팔을 수로 나타내면 908입니다.

12 752   317   472
└➡ 백의 자리 숫자 └➡ 일의 자리 숫자 └➡ 십의 자리 숫자
267   179
└➡ 일의 자리 숫자 └➡ 십의 자리 숫자

13 십의 자리 수가 1씩 커지므로 10씩 뛰어 센 것입니다.

14 ★ 5개가 500이므로 ★은 100, ◆ 7개가 70이므
로 ◆은 10, ● 1개가 1이므로 ●은 1을 나타냅니다.

15 백의 자리 수를 비교하면 9>3>2>1이므로 903
이 가장 큽니다. 199와 196은 백의 자리, 십의 자리
수가 각각 같으므로 일의 자리 수를 비교하면 9>6이
므로 196이 가장 작습니다.

16 228과 234 사이에 있는 수입니다.
➡ 229, 230, 231, 232, 233으로 모두 5개입니다.

17 세 자리 수이고, 십의 자리 수는 70, 일의 자리 수는
9를 나타내는 수는 □79입니다.
356보다 크고 586보다 작은 □79는 379, 479,
579입니다.

18 십의 자리 수를 비교하면 2<4이므로 □ 안에 들어갈
수 있는 수는 5보다 작아야 합니다.
따라서 □ 안에 들어갈 수 있는 수는 1, 2, 3, 4입니다.

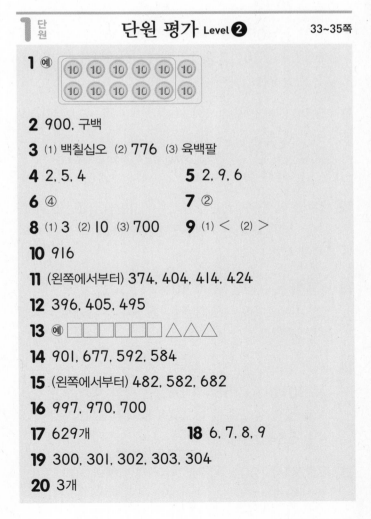

19 서술형 ⓔ 가장 큰 세 자리 수를 만들려면 백의 자리부터 가장
큰 수를 차례로 놓아야 합니다. 8>6>1이므로 백의
자리에 8, 십의 자리에 6, 일의 자리에 1을 놓으면
861입니다.

평가 기준	배점
가장 큰 세 자리 수를 만드는 방법을 알았나요?	2점
가장 큰 세 자리 수를 만들었나요?	3점

20 서술형 ⓔ 100이 6개이면 600, 10이 4개이면 40, 1이 4
개이면 4이므로 ㉮는 644입니다.
10이 70개인 수는 700이므로 ㉯는 700입니다.
따라서 644<700이므로 더 큰 수는 ㉯입니다.

평가 기준	배점
㉮와 ㉯가 각각 얼마인지 구했나요?	3점
더 큰 수를 찾았나요?	2점

1단원 단원 평가 Level ❷ 33~35쪽

1 ⓔ
⑩⑩⑩⑩⑩⑩
⑩⑩⑩⑩⑩⑩

2 900, 구백

3 (1) 백칠십오 (2) 776 (3) 육백팔

4 2, 5, 4   **5** 2, 9, 6

6 ④   **7** ②

8 (1) 3 (2) 10 (3) 700   **9** (1) < (2) >

10 916

11 (왼쪽에서부터) 374, 404, 414, 424

12 396, 405, 495

13 ⓔ □□□□□□□△△△

14 901, 677, 592, 584

15 (왼쪽에서부터) 482, 582, 682

16 997, 970, 700

17 629개   **18** 6, 7, 8, 9

19 300, 301, 302, 303, 304

20 3개

1 100은 10이 10개인 수입니다.

2 100이 9개이면 900이라 쓰고 구백이라고 읽습니다.

3 ③ 608을 육백영팔이라고 읽지 않도록 주의합니다.

5 이백구십육을 수로 나타내면 296입니다.
296에서 백의 자리 숫자는 2, 십의 자리 숫자는 9, 일의 자리 숫자는 6입니다.

6 ④ 700은 1이 700개인 수입니다.

7 각 수의 백의 자리 수를 알아보면 다음과 같습니다.
① 6 ② 7 ③ 5 ④ 4 ⑤ 3
따라서 백의 자리 수가 가장 큰 수는 ② 708입니다.

8 ⑴ 밑줄 친 3은 일의 자리 숫자이므로 3을 나타냅니다.
⑵ 밑줄 친 1은 십의 자리 숫자이므로 10을 나타냅니다.
⑶ 밑줄 친 7은 백의 자리 숫자이므로 700을 나타냅니다.

9 ⑴ $599 < 728$ ⑵ $463 > 436$
     $\underbrace{5 < 7}$ $\underbrace{6 > 3}$

10 $\underline{6}21 ⇒ 600$, $1\underline{6}3 ⇒ 60$, $91\underline{6} ⇒ 6$, $\underline{6}07 ⇒ 600$이므로 숫자 6이 나타내는 수가 가장 작은 수는 916입니다.

11 384에서 394로 십의 자리 수가 1 커졌으므로 <u>10씩</u> 뛰어 센 것입니다.
↳ 384에서 8은 80을, 394에서 9는 90을 나타내기 때문입니다.

12 1만큼 더 큰 수는 일의 자리 수가 1만큼, 10만큼 더 큰 수는 십의 자리 수가 1만큼, 100만큼 더 큰 수는 백의 자리 수가 1만큼 더 큽니다.

13 보기 는 100은 □로, 10은 ○로, 1은 △로 나타낸 것입니다. 따라서 603은 □ 6개와 △ 3개로 나타낼 수 있습니다.

14 백의 자리 수를 비교하면 9>6>5이므로 가장 큰 수는 901입니다. 584와 592는 백의 자리 수가 같으므로 십의 자리 수를 비교하면 8<9이므로 가장 작은 수는 584입니다.

15 782에서 100씩 거꾸로 뛰어 세면 백의 자리 수가 1씩 작아집니다.

16 ・970에서 1000이 되려면 10씩 3번 뛰어 세어야 합니다.
    ➡ 1000과 970은 30만큼 차이가 납니다.
・700에서 1000이 되려면 100씩 3번 뛰어 세어야 합니다.
    ➡ 1000과 700은 300만큼 차이가 납니다.
・997에서 1000이 되려면 1씩 3번 뛰어 세어야 합니다.
    ➡ 1000과 997은 3만큼 차이가 납니다.
따라서 1000에 가까운 수부터 차례로 쓰면 997, 970, 700입니다.

17
100개씩	4상자	➡	400개
10개씩	22상자	➡	220개
낱개	9개	➡	9개

629개

18 765와 7□8의 백의 자리 수가 같으므로 백의 자리 수를 지우고 생각합니다.
■65 < ■□8에서 □ 안에 들어갈 수는 6보다 커야 하므로 7, 8, 9가 들어갈 수 있습니다.
이때 □ 안에 6이 들어갈 수 있는지 확인해 봅니다.
➡ ■65 < ■68
따라서 □ 안에는 6도 들어갈 수 있으므로 □ 안에 들어갈 수 있는 수는 6, 7, 8, 9입니다.

서술형
19 ⓔ 백의 자리 수가 3인 세 자리 수는 3□□입니다. 따라서 3□□인 수 중에서 305보다 작은 수는 300, 301, 302, 303, 304입니다.

평가 기준	배점
백의 자리 수가 3인 세 자리 수를 나타냈나요?	2점
305보다 작은 수를 모두 구했나요?	3점

서술형
20 ⓔ 만들 수 있는 세 자리 수는 347, 374, 437, 473, 734, 743입니다. 이 중에서 437보다 큰 수는 473, 734, 743으로 모두 3개입니다.

평가 기준	배점
만들 수 있는 세 자리 수를 모두 구했나요?	2점
437보다 큰 수의 개수를 구했나요?	3점

2 여러 가지 도형

1, 2학년에서의 도형은 구체물의 추상화 단계에 해당합니다. 1학년에서는 생활 속에서 볼 수 있는 여러 가지 물건들을 색이나 질감 등을 배제하고 모양의 공통된 특징만 생각하여 상자 모양, 둥근 기둥 모양, 공 모양으로 추상화하였습니다. 이러한 1차 추상화에 이어 2학년에서는 이 물건들을 위, 앞, 옆에서 본 모양인 평면도형을 배우게 됩니다. 이 또한 생활 속에서 볼 수 있는 여러 가지 물건들을 색, 질감, 무늬 등은 배제하고 공통된 모양의 특징만을 생각하여 삼각형, 사각형, … 등의 평면도형으로 추상화하는 학습에 해당합니다. 입체도형을 종이 위에 대고 그렸을 때 생기는 모양을 생각하게 하여 1학년에서 배운 입체도형과 연결지어 학습할 수 있도록 해주시고, 도형의 특징을 명확하게 이해하여 이후 도형의 변의 길이, 각의 특성에 따라 도형의 이름이 세분화되는 학습과도 매끄럽게 연계될 수 있도록 지도합니다.

1 △을 알아보고 찾아볼까요   38~39쪽

❗ • 3

1 (예)

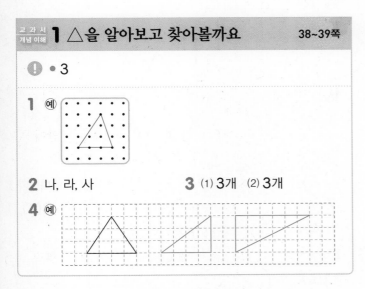

2 나, 라, 사   3 (1) 3개 (2) 3개

4 (예)

1 점의 칸 수를 세어 왼쪽 도형과 똑같이 그립니다. 크기와 모양이 같으면 위치가 달라도 정답으로 인정합니다.

2 곧은 선 3개로 이루어진 도형을 찾으면 나, 라, 사입니다.

3 (1) 곧은 선의 수를 세어 봅니다.
   (2) 두 곧은 선이 만나는 점의 수를 세어 봅니다.

4 모눈종이 위의 3개의 점 또는 삼각형 모양의 3개의 선을 선택하여 그립니다.

> ★ 학부모 지도 가이드
> 모눈종이 위의 선만 따라 그리면 직각삼각형의 형태가 많이 나오므로 너무 선에 얽매이지 않습니다.

2 □을 알아보고 찾아볼까요   40~41쪽

❗ • 4

1 사각형   2 (예)

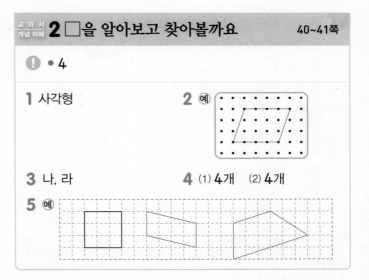

3 나, 라   4 (1) 4개   (2) 4개

5 (예)

2 점의 칸 수를 세어 왼쪽 도형과 똑같이 그립니다. 크기와 모양이 같으면 위치가 달라도 정답으로 인정합니다.

3 곧은 선 4개로 이루어진 도형을 모두 찾으면 나, 라입니다.

4 (1) 사각형의 변은 4개입니다.
   (2) 사각형의 꼭짓점은 4개입니다.

5 모눈종이 위의 4개의 점 또는 사각형 모양의 4개의 선을 선택하여 그립니다.

> ★ 학부모 지도 가이드
> ◁ 와 같은 오목 사각형은 초등과정에서 다루지 않습니다.

3 ○을 알아보고 찾아볼까요   42~43쪽

1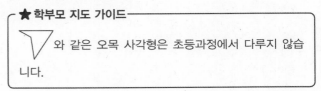

2 (○)(   )(   )

3 ㉢, ㉤   4 가, 사

5 (예)

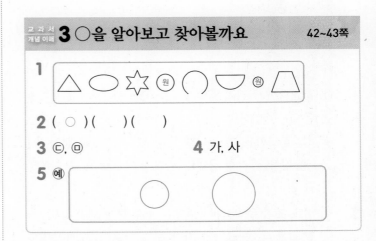

1 원의 특징을 생각하며 원을 찾아봅니다.

2 컵을 종이 위에 대고 그리면 원이 그려집니다.

3 ㉢과 ㉤은 뾰족한 부분과 곧은 선이 있으므로 원이 아닙니다.

4 뾰족한 부분과 곧은 선이 없는 도형은 가, 마, 사이고 이 중에서 어느 쪽에서 보아도 똑같이 둥근 모양은 가, 사입니다.

5 컵이나 동전, 모양 자 등을 이용하여 크기가 다른 원을 2개 그립니다.

교과서 개념 이해 4 칠교판으로 모양을 만들어 볼까요 44~45쪽

1 (1) 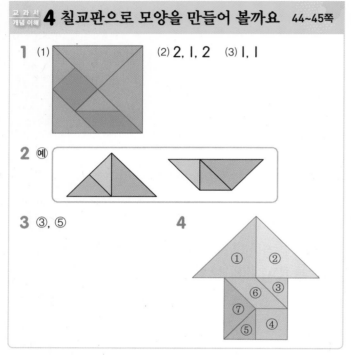   (2) 2, 1, 2   (3) 1, 1

2 예

3 ③, ⑤

4

1

(1) 칠교판에서 삼각형은 ①, ②, ③, ⑤, ⑦이고 사각형은 ④, ⑥입니다.

(2), (3) 칠교판은 큰 삼각형 2개, 중간 크기의 삼각형 1개, 작은 삼각형 2개와 사각형 2개로 이루어져 있습니다.

3 ③ 칠교 조각 중 사각형 모양은 모두 2개입니다.
⑤ 칠교 조각 중 크기가 가장 큰 조각은 삼각형 모양입니다.

4 칠교 조각으로 직접 만들어 봅니다.
지붕에는 가장 큰 삼각형 2개가 이용되었으므로 나머지 조각들로 집 모양의 빈칸을 채워 봅니다.

기본기 다지기 46~49쪽

1 ( )(○)( )
(○)(○)( )

2 ③, ⑤   **3** ②, ③

4 삼각형   **5** 3, 3

6 예

7 예

8 ②   **9** 8개

10 ⓒ, ⓜ   **11** (1) × (2) ○ (3) ○

12 사각형, 4개   **13** ⓛ

14 7개

15 예

16

17 ④   **18** 원

19 4개   **20** ⓒ, ⓔ

21 5개, 2개   **22** 4개

23 4개, 2개

24 예   **25** 예

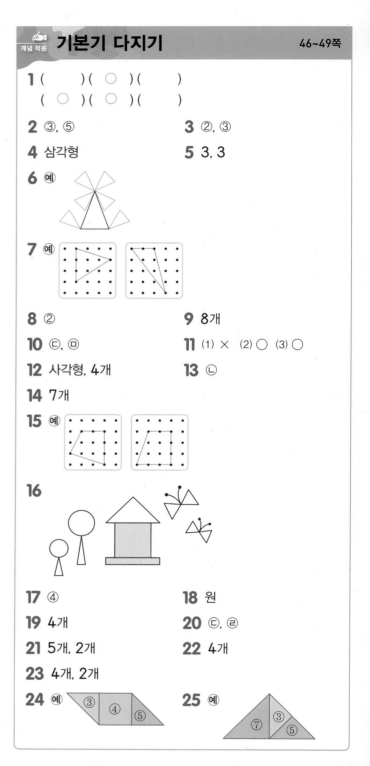

1 곧은 선 3개로 둘러싸여 있는 도형을 모두 찾습니다.

2 찾을 수 있는 도형은 ① 원, ② 사각형, ③ 삼각형, ④ 사각형, ⑤ 삼각형입니다.

3 삼각형은 변이 3개인 도형이므로 삼각형이 아닌 것은 ②, ③입니다.

4 점을 모두 곧은 선으로 이으면 변이 3개인 삼각형이 만들어집니다.

5 삼각형은 변이 3개, 꼭짓점이 3개입니다.

6 모양 자를 이용하여 삼각형을 추가로 더 그려서 그림을 완성할 수 있습니다.

7 변이 **3**개인 도형은 삼각형이므로 안쪽에 점이 **3**개 있는 삼각형을 그립니다.

8 ② 삼각형은 꼭짓점이 **3**개입니다.

9 작은 삼각형 **1**개로 이루어진 도형:

 ➡ **4**개

작은 삼각형 **2**개로 이루어진 도형:

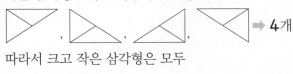 ➡ **4**개

따라서 크고 작은 삼각형은 모두
4+**4**=**8**(개)입니다.

10 곧은 선 **4**개로 둘러싸여 있는 도형을 모두 찾습니다.

11 ⑴ 사각형은 변이 **4**개입니다.

12 ➡ 사각형이 **4**개 생깁니다.

13 한 점을 ㉠ 또는 ㉢으로 하여 도형을 완성하면 삼각형이 만들어집니다.

서술형
14 ⑩ 삼각형의 꼭짓점은 **3**개이고, 사각형의 꼭짓점은 **4**개이므로 두 도형의 꼭짓점의 수의 합은 **3**+**4**=**7**(개)입니다.

단계	문제 해결 과정
①	두 도형이 어떤 도형인지 알았나요?
②	두 도형의 꼭짓점의 수의 합을 구했나요?

15 변이 **4**개인 도형은 사각형이므로 안쪽에 점이 **4**개인 사각형을 그립니다.

16 곧은 선 **4**개로 둘러싸여 있는 도형을 모두 찾아 색칠합니다.

17 둥근 모양의 도형을 찾습니다.

18 시계, 동전, 접시는 모두 원 모양입니다.

19 겹쳐진 부분에 주의하여 원을 찾습니다.

20 원은 둥근 모양이고, 뾰족한 부분과 곧은 선이 없습니다. 모든 원의 모양은 같지만 크기는 다를 수 있습니다.

21 삼각형: ①, ②, ③, ⑤, ⑦ ➡ **5**개
사각형: ④, ⑥ ➡ **2**개

22 ➡ **4**개

23 삼각형 **4**개와 사각형 **2**개로 만든 모양입니다.

24 주어진 세 조각을 길이가 같은 변끼리 이어 붙여 사각형을 만들어 봅니다.

25 ⑩
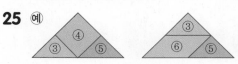

교과서 개념 이해 **5 쌓은 모양을 알아볼까요** 50~51쪽

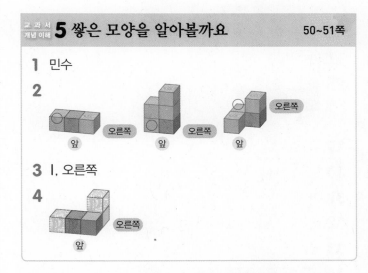

1 민수

2

3 **1**, 오른쪽

4

1 민수는 쌓기나무를 반듯하게 맞추어 쌓았지만 유미는 그렇지 않았습니다.

2 왼쪽과 오른쪽은 서로 반대 방향입니다.

4 파란색 쌓기나무를 먼저 찾아봅니다.

교과서 개념 이해 **6 여러 가지 모양으로 쌓아 볼까요** 52~53쪽

1 수아   **2** 가, 라
3
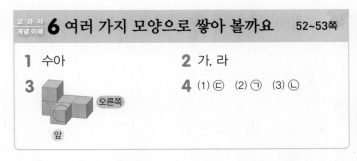
4 ⑴ ㉢ ⑵ ㉠ ⑶ ㉡

1
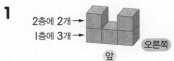

2층에 **2**개 ➡
1층에 **3**개 ➡

민준: **2**층으로 쌓았습니다.
영철: 쌓기나무 **3**개가 옆으로 나란히 있고, 왼쪽과 오른쪽 쌓기나무 위에 각각 **1**개씩 있습니다.

2 가: **5**개, 나: **4**개, 다: **4**개, 라: **5**개

3 왼쪽 모양에서 가운데 앞에 있는 쌓기나무 **1**개를 옮겨야 합니다.

26 (1)

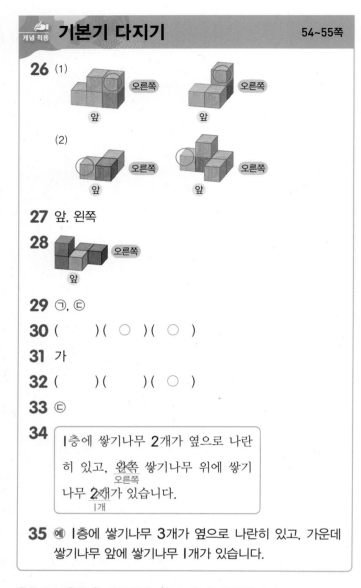

27 앞, 왼쪽

28

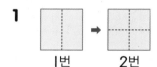

29 ㉠, ㉢

30 (   ) (○) (○)

31 가

32 (   ) (   ) (○)

33 ㉢

34

> I층에 쌓기나무 **2**개가 옆으로 나란
> 히 있고, ~~왼쪽~~ 쌓기나무 위에 쌓기
>   오른쪽
> 나무 ~~2~~개가 있습니다.
>   I개

35 ㉕ I층에 쌓기나무 **3**개가 옆으로 나란히 있고, 가운데
쌓기나무 앞에 쌓기나무 I개가 있습니다.

26 (2) 왼쪽과 오른쪽은 서로 반대 방향입니다.

29 빨간색 쌓기나무 왼쪽과 오른쪽에 쌓기나무가 각각 I
개씩 있습니다.

30 첫째 모양은 쌓기나무 **5**개로 만든 것이고, 둘째와 셋
째 모양은 쌓기나무 **4**개로 만든 것입니다.

31 가: **6**개, 나, 다, 라: **5**개

32 I층에 쌓기나무 **3**개가 있는 것은 둘째와 셋째 모양이
고, 2층 오른쪽에 쌓기나무 I개가 있는 것은 셋째 모양
입니다.
따라서 승주가 쌓은 모양은 셋째 모양입니다.

33 오른쪽과 똑같은 모양을 만들려면 ㉢ 자리에 쌓기나무
I개를 더 놓아야 합니다.

34 I층에 쌓기나무 **2**개가 옆으로 나란히 있고, 오른쪽 쌓
기나무 위에 쌓기나무 I개가 있는 모양입니다.

1 사각형, 4개   **1-1** 삼각형, 4개

1-2 삼각형, 8개   **2** 4개

2-1 6개   **2-2** 6개

3 ㉠   **3-1** ㉠

3-2 ㉡

4 1단계 ㉕ 작은 도형 I개로 된 사각형 **5**개, 작은 도형 **2**개
로 된 사각형 **4**개, 작은 도형 **3**개로 된 사각형 **3**
개, 작은 도형 **4**개로 된 사각형 **2**개, 작은 도형 **5**
개로 된 사각형 I개입니다.

     2단계 ㉕ 찾을 수 있는 크고 작은 사각형은 모두
           5+**4**+**3**+**2**+I=I5(개)입니다.

    / I5개

4-1 I3개

1

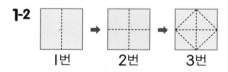

I번   2번

따라서 사각형이 **4**개 만들어집니다.

1-1

I번   2번

따라서 삼각형이 **4**개 만들어집니다.

1-2

I번   2번   3번

따라서 삼각형이 **8**개 만들어집니다.

2

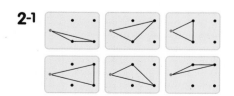

따라서 세 점을 곧은 선으로 이어 만들 수 있는 삼각형
은 모두 **4**개입니다.

2-1

따라서 빨간색 점을 한 개의 꼭짓점으로 하는 삼각형은
모두 **6**개입니다.

2-2

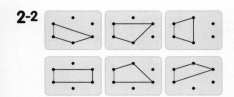

따라서 주어진 선을 한 변으로 하는 사각형은 모두 6개입니다.

3

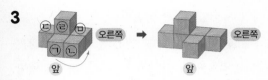

㉠을 ㉤ 옆으로 옮겨야 합니다.

3-1

㉠을 ㉢ 위로 옮겨야 합니다.

3-2

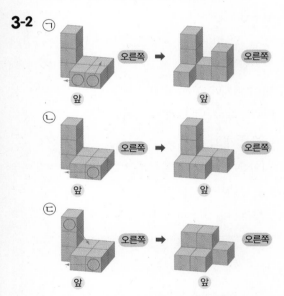

따라서 쌓기나무를 1개만 옮겨 만들 수 있는 모양은 ㉡입니다.

4-1

작은 도형 1개로 된 삼각형:
①, ②, ③, ④, ⑤, ⑥, ⑦, ⑧, ⑨
➡ 9개

작은 도형 4개로 된 삼각형:
①+②+③+④, ②+⑤+⑥+⑦, ④+⑦+⑧+⑨
➡ 3개

작은 도형 9개로 된 삼각형:
①+②+③+④+⑤+⑥+⑦+⑧+⑨ ➡ 1개

따라서 찾을 수 있는 크고 작은 삼각형은 모두
9+3+1=13(개)입니다.

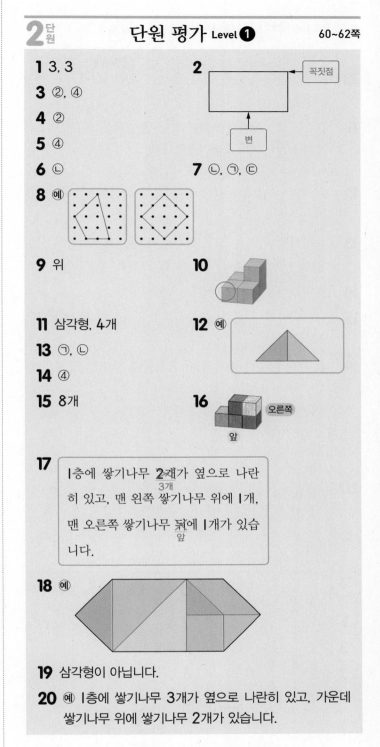

1 3, 3 **2** 꼭짓점 / 변

3 ②, ④

4 ②

5 ④

6 ㉡ **7** ㉡, ㉠, ㉢

8 예

9 위 **10**

11 삼각형, 4개 **12** 예

13 ㉠, ㉡

14 ④

15 8개 **16** 오른쪽 / 앞

17 1층에 쌓기나무 2개가 옆으로 나란히 있고, 맨 왼쪽 쌓기나무 위에 1개, 맨 오른쪽 쌓기나무 뒤에 1개가 있습니다.
3개 / 앞

18 예

19 삼각형이 아닙니다.

20 예 1층에 쌓기나무 3개가 옆으로 나란히 있고, 가운데 쌓기나무 위에 쌓기나무 2개가 있습니다.

1 삼각형은 변과 꼭짓점이 각각 3개입니다.

3 사각형은 변이 4개인 도형입니다.

4 ② 음료수 캔을 종이에 대고 본을 뜨면 원을 그릴 수 있습니다.

5 ④ 원은 굽은 선으로만 이루어져 있습니다.

6 ㉠ 5개 ㉡ 4개 ㉢ 5개

7 변의 수는 ㉠ 3개, ㉡ 4개, ㉢ 0개입니다.
➡ ㉡>㉠>㉢

8 변이 4개가 되도록 꼭짓점이 될 점 4개를 곧은 선으로 잇습니다.

10 왼쪽 모양에서 왼쪽 맨 앞에 있는 쌓기나무 1개를 빼야 합니다.

11 잘라진 도형은 모두 변과 꼭짓점이 각각 3개 이므로 삼각형입니다.

12 두 조각의 길이가 같은 변을 붙여 삼각형을 만들어 봅니다.

13 ㉢ 삼각형의 변은 3개, 사각형의 변은 4개이므로 사각형이 삼각형보다 변이 더 많습니다.

14 ④ 쌓기나무 3개로 만든 모양입니다.

15 3개의 변과 꼭짓점으로 이루어진 파란색 부분이 모두 삼각형입니다.

서술형
19 ㉮ 삼각형은 변(꼭짓점)이 3개인데 주어진 도형은 변(꼭짓점)이 4개이므로 삼각형이 아닙니다.

평가 기준	배점
삼각형인지 아닌지 알았나요?	2점
삼각형이 아닌 까닭을 썼나요?	3점

서술형
20

평가 기준	배점
쌓기나무의 위치, 개수를 정확하게 설명했나요?	5점

2단원 단원 평가 Level ❷

63~65쪽

1 ㉣
2 ㉤
3 ②, ⑤
4 4개
5 노란색
6 ㉠
7 삼각형, 사각형
8 ㉮
9 ①
10 ㉮
11 ㉮
12 7개
13 왼쪽, 앞에 ○표
14 ㉮
15 ③
16 ㉡

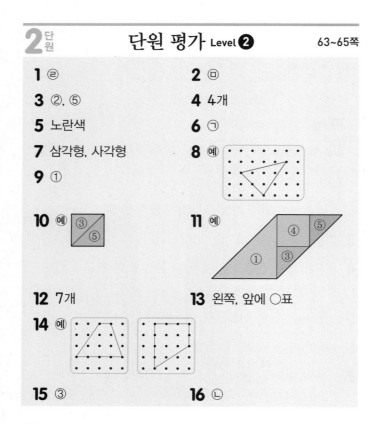

17 ③ **18** 8개

19 ㉮ 사각형은 곧은 선으로 둘러싸여 있어 잘 구르지 못할 것 같습니다.

20 2개

6 ㉠ 원은 변과 꼭짓점이 없습니다.

7 삼각형 4개와 사각형 1개가 생깁니다.

8 사각형보다 꼭짓점의 수가 1개 더 적은 도형은 삼각형 이므로 곧은 선으로 이어 변이 3개인 도형을 그립니다.

9 겹쳐 보면 가장 큰 조각은 ①입니다.

10 가장 작은 삼각형 ③, ⑤번 조각으로 ④번 조각을 만들 수 있습니다.

11 길이가 같은 변끼리 이어 붙여 사각형을 만들어 봅니다.

12 꼭짓점의 수가 사각형은 4개, 원은 0개, 삼각형은 3개 이므로 4+0+3=7(개)입니다.

13 나란히 놓은 쌓기나무를 기준으로 쌓기나무가 어떻게 있는지 살펴봅니다.

14 안쪽에 점이 5개 있도록 4개의 점을 정한 후 곧은 선으로 이어 변이 4개인 도형을 그립니다.

15 ③ 쌓기나무 5개로 만든 모양입니다.

16 교통 표지판은 삼각형 모양이므로 삼각형의 특징으로 알맞은 것은 ㉡입니다.

17 ③을 ④ 앞으로 옮겨야 합니다.

18 작은 도형 1개로 된 사각형:
①, ②, ③, ④ ➡ 4개

작은 도형 2개로 된 사각형:
①+②, ②+③, ②+④ ➡ 3개
작은 도형 3개로 된 사각형: ①+②+③ ➡ 1개
따라서 찾을 수 있는 크고 작은 사각형은 모두
4+3+1=8(개)입니다.

서술형
19

평가 기준	배점(5점)
버스 바퀴가 사각형이라면 어떻게 될지 설명했나요?	5점

서술형
20 ㉮ 왼쪽 모양에서 가운데 쌓기나무 위에 1개, 맨 오른쪽 쌓기나무 앞에 1개를 더 놓으면 오른쪽 모양과 똑같아집니다. 따라서 쌓기나무가 2개 더 필요합니다.

평가 기준	배점(5점)
왼쪽 모양에서 오른쪽 모양과 똑같이 만드는 방법을 썼나요?	2점
쌓기나무가 몇 개 더 필요한지 구했나요?	3점

3 덧셈과 뺄셈

받아올림과 받아내림이 있는 두 자리 수끼리의 계산을 배우는 단원입니다. 받아올림, 받아내림이 있는 계산은 십진법에 따른 자릿값 개념을 바탕으로 합니다. 즉, 수는 자리마다 숫자로만 표현되지만 자리에 따라 나타내는 수가 다르기 때문에 반드시 같은 자리 수끼리 계산해야 하고, 그렇기 때문에 세로셈을 할 때에는 자리를 맞추어 계산해야 한다는 점을 아이들이 이해하고 계산할 수 있어야 합니다.

또한, 덧셈과 뺄셈을 단순한 계산으로 생각하지 않도록 지도합니다. 덧셈은 병합, 증가의 의미를 가지고 교환법칙, 결합법칙이 성립된다는 특징이 있습니다. 뺄셈은 감소, 차이의 의미를 가지고 교환법칙, 결합법칙이 성립되지 않는다는 특징이 있습니다. 이러한 연산의 성질들은 용어를 사용하지 않을 뿐 초등 과정에서 충분히 이해할 수 있는 개념이고, 중등 과정으로 연계되므로 반드시 짚어 볼 수 있어야 합니다. 덧셈식과 뺄셈식에 모두 사용되는 = 역시 '양쪽이 같다'라는 뜻을 나타내는 기호임을 인식하고 계산할 수 있도록 합니다.

_{교과서 개념이해} 1 덧셈을 하는 여러 가지 방법을 알아볼까요(1)   68~69쪽

❗ • 1

1 22, 23, 24 / 24

2 예

/ 22

3 41

4 (1) 1, 1 (2) 1, 6 (3) 1, 7, 0

5 (1) 2 / 30, 35 (2) 4 / 60, 61

---

2 ★ 학부모 지도 가이드
10칸짜리 틀에 ○를 그려 보면서 3을 1과 2로 가르기하여 더할 수 있음을 알게 합니다. 이를 통해 십진법에서의 받아올림 원리를 이해할 수 있도록 합니다.

3 일 모형끼리 더한 11개는 십 모형 1개, 일 모형 1개이므로 십 모형 4개, 일 모형 1개가 되어 41입니다.

5 (1) 28을 30으로 만들기 위해 7을 2와 5로 가르기합니다.
  (2) 56을 60으로 만들기 위해 5를 4와 1로 가르기합니다.

_{교과서 개념이해} 2 덧셈을 하는 여러 가지 방법을 알아볼까요(2)   70~71쪽

1 방법1 5 / 5 / 39, 5 / 44
  방법2 14 / 30, 14 / 44

2 42   3 1, 7 / 1, 8, 7

4 (1) 70 (2) 82 (3) 72 (4) 96

5 10

---

2 일 모형끼리 더한 12개는 십 모형 1개, 일 모형 2개이므로 십 모형 4개, 일 모형 2개가 되어 42입니다.

4

```
 (3)    1           (4)    1
       2 4                5 7
     + 4 8            + 3 9
     ───────         ───────
       7 2                9 6
```

5 일의 자리에서 받아올림한 수이므로 1이 실제로 나타내는 수는 10입니다.

_{교과서 개념이해} 3 덧셈을 해 볼까요   72~73쪽

❗ • 10 • 백

1 5 / 1, 3, 5 / 1, 1, 3, 5

2 113

3 8 / 1, 5, 8 / 1, 1, 5, 8

4 (1) 118 (2) 152 (3) 115 (4) 108

5 (위에서부터) 136, 132, 151, 117

---

2 십 모형끼리 더한 11개는 백 모형 1개, 십 모형 1개이므로 백 모형 1개, 십 모형 1개, 일 모형 3개가 되어 113입니다.

4

```
 (3)  1 1          (4)    1
       3 8              4 4
     + 7 7            + 6 4
     ───────         ───────
     1 1 5            1 0 8
```

5

```
   1                1              1                1
     9 2              5 9              9 2              4 4
   + 4 4            + 7 3            + 5 9            + 7 3
   ───────          ───────          ───────          ───────
   1 3 6            1 3 2            1 5 1            1 1 7
```

개념 적용 기본기 다지기

1 (1) 21 (2) 90 (3) 53 (4) 70

2 44, 44, 44

3 (1) 6, 60, 62 (2) 5, 30, 5, 35

4 >　　　　　　　　　**5** 62, 62

6 76과 5에 ○표

7 ⑩ 일의 자리에서 받아올림한 수를 십의 자리에 더하지 않아 계산이 틀렸습니다.

```
    1
    5 9
 +    7
    6 6
```

8 (1) 71 (2) 77 (3) 51 (4) 96

9 (계산 순서대로) 5, 9, 50, 14, 64 / 64

10 (　) (○)

11 (위에서부터) 80, 47, 33

12 17, 19에 ○표

13 (위에서부터) (1) 4, 2 (2) 6, 9

14 훈태

15 (1) 108 (2) 131 (3) 102 (4) 181

16 (선 연결)

17 100, 100

18 <　　　　　　　　　**19** 121

20 143　　　　　　　　**21** 65, 103

22 (1) 7, 1 (2) 8, 4　　**23** 41마리

24 61번　　　　　　　　**25** 81

26 114마리　　　　　　　**27** 42

28 ⑩ 유미는 딸기를 49개 땄고, 언니는 53개 땄습니다. 유미와 언니가 딴 딸기는 모두 몇 개일까요?
／ ⑩ 49+53=102 ／ ⑩ 102개

---

1 (3)
```
    1
    4 6
 +    7
    5 3
```
(4)
```
    1
    6 5
 +    5
    7 0
```

2
```
    1
    6
 + 3 8
   4 4
```
```
    1
    5
 + 3 9
   4 4
```
```
    4
 + 4 0
   4 4
```

더해지는 수가 1씩 작아질 때 더하는 수가 1씩 커지면 합은 일정합니다.

3 (1) 54를 60으로 만들기 위해 8을 6과 2로 가르기합니다.
(2) 28을 30으로 만들기 위해 7을 2와 5로 가르기합니다.

4 77+9=86, 76+8=84
➡ 86>84

5 54+8=62, 8+54=62
➡ 덧셈에서는 두 수를 바꾸어 더해도 계산 결과가 같습니다.

6 한 자리 수끼리 더하면 81이 될 수 없습니다. 69, 71에 각각 한 자리 수를 더하면 81보다 작은 수가 됩니다. 따라서 76과 더해서 81이 되는 수를 찾아봅니다.
76+5=81, 76+6=82, 76+8=84이므로 76과 5를 맞혀야 두 수의 합이 81이 됩니다.

7 서술형

단계	문제 해결 과정
①	계산이 잘못된 까닭을 썼나요?
②	바르게 계산했나요?

8 (3)
```
    1
    3 7
 + 1 4
   5 1
```
(4)
```
    1
    6 9
 + 2 7
   9 6
```

10 34+28=62, 15+49=64
따라서 두 수의 합이 더 큰 것은 15+49입니다.

11 29+18=47, 18+15=33, 47+33=80

12 46+13=59<61
46+15=61
46+17=63>61
46+19=65>61

13 (1)
```
    2 3
 + ㉠ 9
   7 ㉡
```
3+9=12, ㉡=2
1+2+㉠=7, 3+㉠=7, ㉠=4

(2)
```
    5 4
 + 3 ㉢
   ㉣ 0
```
4+㉢=10, ㉢=6
1+5+3=㉣, ㉣=9

14 훈태의 계산에서 5를 빼면 35를 더한 것이 아니라 25를 더한 결과가 됩니다. 35를 30+5로 생각하여 16에 30을 먼저 더한 것이므로 5를 더 더해야 합니다.

15 (3)
$$\begin{array}{r} 11 \\ 35 \\ +67 \\ \hline 102 \end{array}$$

(4)
$$\begin{array}{r} 11 \\ 88 \\ +93 \\ \hline 181 \end{array}$$

16 덧셈에서는 두 수를 바꾸어 더해도 계산 결과가 같습니다.

18 $46+54=100$, $72+29=101$
➡ $100<101$

19 $82>78>39$이므로 $82+39=121$입니다.

20 10이 5개, 1이 6개인 수는 56입니다.
10이 8개, 1이 7개인 수는 87입니다.
➡ $56+87=143$

21 $26+39=65$, $65+38=103$

22 (1)
$$\begin{array}{r} ⊙\,4 \\ +57 \\ \hline 13\,ⓛ \end{array}$$
$4+7=11$, $ⓛ=1$
$1+⊙+5=13$, $⊙=7$

(2)
$$\begin{array}{r} 36 \\ +\,ⓒ\,8 \\ \hline 12\,ⓔ \end{array}$$
$6+8=14$, $ⓔ=4$
$1+3+ⓒ=12$, $ⓒ=8$

23 (연못에 있는 오리의 수)
= (연못에 있던 오리의 수) + (더 온 오리의 수)
= $36+5=41$(마리)

24 (제기를 찬 횟수)
= (처음에 제기를 찬 횟수) + (다음에 제기를 찬 횟수)
= $22+39=61$(번)

25 높은 자리일수록 큰 수를 나타내므로 가장 큰 두 자리 수를 만들려면 가장 큰 수부터 십의 자리, 일의 자리에 차례로 놓습니다.
성미가 가지고 있는 1, 4, 5 중에서 가장 큰 수는 5, 둘째로 큰 수는 4이므로 십의 자리에 5를, 일의 자리에 4를 놓으면 54를 만들 수 있습니다.
높은 자리일수록 큰 수를 나타내므로 가장 작은 두 자리 수를 만들려면 가장 작은 수부터 십의 자리, 일의 자리에 차례로 놓습니다.
경호가 가지고 있는 7, 9, 2 중에서 가장 작은 수는 2, 둘째로 작은 수는 7이므로 십의 자리에 2를, 일의 자리에 7을 놓으면 27을 만들 수 있습니다.
➡ $54+27=81$

26 (닭의 수) + (병아리의 수) = $49+65=114$(마리)

27 (내가 모은 투명 페트병의 수)
+ (친구가 모은 투명 페트병의 수)
= $19+23=42$(개)

서술형
28

단계	문제 해결 과정
①	두 수를 이용하여 덧셈 문제를 만들었나요?
②	문제에 알맞은 식을 쓰고 답을 구했나요?

교 과 서
개념 이해
4 뺄셈을 하는 여러 가지 방법을 알아볼까요 (1) 78~79쪽

❗ • 10 • 10

1 8, 9, 10 / 8

2 예
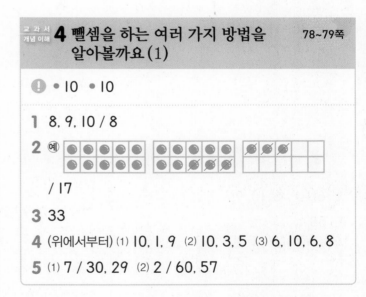
/ 17

3 33

4 (위에서부터) (1) 10, 1, 9 (2) 10, 3, 5 (3) 6, 10, 6, 8

5 (1) 7 / 30, 29 (2) 2 / 60, 57

2 ★ 학부모 지도 가이드
10칸짜리 틀에서 잃어버린 구슬을 지워 보면서 6을 3과 3으로 가르기하여 뺄 수 있음을 알게 합니다. 이를 통해 십진법에서의 받아내림 원리를 이해할 수 있도록 합니다.

3 십 모형 1개를 일 모형 10개로 바꾸면 일 모형은 12개가 되어 12개에서 9개를 빼면 3개, 십 모형은 3개가 남으므로 33입니다.

5 (1) 37을 30으로 만들기 위해 8을 7과 1로 가르기합니다.
(2) 62를 60으로 만들기 위해 5를 2와 3으로 가르기합니다.

교과서 개념 이해 **5** 뺄셈을 하는 여러 가지 방법을 알아볼까요 (2)
80~81쪽

1 방법1 9 / 9 / 30, 9 / 21

　　방법2 20 / 21

2 14

3 5, 10 / 5, 10, 1 / (위에서부터) 5, 10, 2, 1

4 (1) 3　(2) 28　(3) 55　(4) 46

5 17개

2 일 모형이 없으므로 십 모형 1개를 일 모형 10개로 바꾸어 일 모형 10개에서 6개를 빼면 4개, 십 모형 2개에서 1개를 빼면 1개가 남으므로 14입니다.

4
```
  (3)   6 10        (4)   8 10
        7 0                9 0
      − 1 5            − 4 4
      ───────          ───────
        5 5                4 6
```

5 (유민이가 주운 밤의 수)−(준호가 주운 밤의 수)
　=30−13=17(개)

교과서 개념 이해 **6** 뺄셈을 해 볼까요
82~83쪽

1 6, 10 / 6, 10, 9 / (위에서부터) 6, 10, 2, 9

2 58

3 8, 10 / 8, 10, 5 / (위에서부터) 8, 10, 2, 5

4 (1) 27　(2) 26　(3) 4　(4) 46

5 (위에서부터) 28, 6, 59, 37

2 십 모형 1개를 일 모형 10개로 바꾸면 일 모형은 14개가 되어 14개에서 6개를 빼면 8개, 십 모형 7개에서 2개를 빼면 5개가 남으므로 58입니다.

4
```
  (3)   3 10        (4)   5 10
        4 2                6 5
      − 3 8            − 1 9
      ───────          ───────
          4                4 6
```

5
```
   7 10          1 10          7 10          4 10
   8 3           2 4           8 3           5 5
 − 5 5         − 1 8         − 2 4         − 1 8
 ───────       ───────       ───────       ───────
   2 8             6           5 9           3 7
```

29 (1) 71　(2) 47　(3) 53　(4) 69

30 36, 36, 36

31 (1) 4 / 60, 59　(2) 3 / 30, 3, 27

32 63, 56　　　　　**33** 53과 6에 ○표

34 41, 6 / 42, 7 / 43, 8

35 예 같은 자리 수끼리 자리를 맞추어 계산하지 않았습니다.
```
 /     6 10
       7 2
     −   5
     ───────
       6 7
```

36 1, 2, 3

37 (1) 15　(2) 16　(3) 47　(4) 39

38 (위에서부터) 27 / 20, 7 / 20, 7, 27

39 ㉡

40
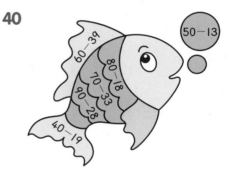
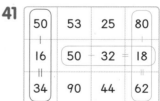

41
50	53	25	80
16	50 − 32 = 18		
34	90	44	62

42 7, 8, 9　　　　　**43** 1

44 (1) 17　(2) 27　(3) 16　(4) 35

45 43, 33, 23　　　　**46** >

47 6　　　　　　　**48** 세정

49 5, 1, 8　　　　　**50** 23개

51 37마리　　　　　**52** 13

53 52−25=27 / 지은, 27장

54 82−75=7 / 7

55 예 은희는 구슬 42개를 가지고 있었습니다. 그중 17개를 동생에게 주었습니다. 은희에게 남은 구슬은 몇 개일까요? / 예 42−17=25 / 예 25개

29 (3)
```
    5 10
    6 2
  -   9
    5 3
```
(4)
```
    6 10
    7 5
  -   6
    6 9
```

30 빼어지는 수가 1씩 커질 때 빼는 수도 1씩 커지면 차는 일정합니다.

31 (1) 64를 60으로 만들기 위해 5를 4와 1로 가르기합니다.

(2) 35를 30으로 만들기 위해 8을 5와 3으로 가르기합니다.

32 $72-9=63$, $63-7=56$

33 64에서 한 자리 수를 빼면 47보다 큰 수가 되고, 35에서 한 자리 수를 빼면 47보다 작은 수가 됩니다.
따라서 53에서 빼서 47이 되는 수를 찾아봅니다.
$53-5=48$, $53-6=47$, $53-7=46$이므로
53과 6에 ○표 합니다.

34 (두 자리 수)-(한 자리 수)의 계산 결과가 35이므로 받아내림을 생각하여 일의 자리 수끼리의 차가 5가 되는 두 수를 찾습니다.

서술형
35

단계	문제 해결 과정
①	계산이 잘못된 까닭을 설명했나요?
②	바르게 계산했나요?

36 $90-1=89$, $90-2=88$, $90-3=87$,
$90-4=86$, ...이므로 $90-\square > 86$이 되려면 □ 안에는 4보다 작은 수인 1, 2, 3이 들어가야 합니다.

37 (3)
```
    6 10
    7 0
  - 2 3
    4 7
```
(4)
```
    8 10
    9 0
  - 5 1
    3 9
```

39 ㉠ $40-18=22$ ㉡ $60-37=23$
➡ ㉠<㉡

40

41 $50-32=18$, $80-18=62$

42 $70-49=21$, $70-48=22$, $70-47=23$,
$70-46=24$, ...이므로 □ 안에는 6보다 큰 수가

들어가야 합니다. 따라서 □ 안에 알맞은 수는 7, 8, 9입니다.

43 일의 자리 계산에서 $10-4=♥$, $♥=6$입니다.
십의 자리 계산에서 $6-1-㉠=4$, $5-㉠=4$,
$㉠=1$입니다.

44 (3)
```
    3 10
    4 4
  - 2 8
    1 6
```
(4)
```
    8 10
    9 2
  - 5 7
    3 5
```

45 빼어지는 수가 일정할 때 빼는 수가 10씩 커지면 차는 10씩 작아집니다.

46 $62-28=34$, $52-28=24$ ➡ $34>24$
다른 풀이 l 빼는 수가 같으므로 빼어지는 수가 큰 수의 차가 더 큽니다.

47 $53-17=36$입니다. 양쪽이 같아지려면 =의 오른쪽도 36이 되어야 하고 $36=30+6$이므로 □ 안에 알맞은 수는 6입니다.

48 세정이의 계산에서 30을 뺀 다음 2를 빼면 28을 뺀 것이 아니라 32를 뺀 것이므로 2를 더해야 합니다.

49
```
    ㉠ 6
  - ㉡ ㉢
    3 8
```
$6-㉢=8$에서 받아내림을 생각하면
$16-㉢=8$, $㉢=8$입니다.
$㉠-1-㉡=3$이고 ㉠, ㉡은 5 또는 1
이므로 $㉠=5$, $㉡=1$입니다.

50 $31-8=23$이므로 재현이는 23개를 더 따야 합니다.

51 (남은 비둘기의 수)
=(처음 비둘기의 수)-(날아간 비둘기의 수)
=$50-13=37$(마리)

52 (실천하지 못한 날수)
=30-(실천한 날수)
=$30-17=13$(일)

53 $52>25$이고 $52-25=27$(장)이므로 지은이가 27장 더 모았습니다.

54 두 자리 수의 차가 작으려면 십의 자리 수의 차가 작아야 합니다. 차가 가장 작은 7과 8을 각각 십의 자리 수로 하는 두 자리 수는 72와 85, 75와 82입니다.
$85-72=13$, $82-75=7$이므로 구하는 식은
$82-75=7$입니다.

서술형
55

단계	문제 해결 과정
①	두 수를 이용하여 뺄셈 문제를 만들었나요?
②	문제에 알맞은 식을 쓰고 답을 구했나요?

7 세 수의 계산을 해 볼까요
88~89쪽

1 (계산 순서대로) (1) 54, 54, 68 / 54, 68, 68
(2) 25, 25, 9 / 25, 9, 9
(3) 42, 42, 27 / 42, 27, 27

2 (○) ( )

3 (1) 79 / (계산 순서대로) 91, 91, 79
(2) 63 / (계산 순서대로) 49, 49, 63
(3) (계산 순서대로) 63, 90, 90
(4) (계산 순서대로) 56, 27, 27

4 (1) 45 (2) 49

4 (1) $53-24+16=45$
　　29
　　　　45
(2) $42+29-22=49$
　　71
　　　　49

8 덧셈과 뺄셈의 관계를 식으로 나타내 볼까요
90~91쪽

❗ • 70 / 70 / 51 / 19

1 $96-60=36$, $96-36=60$

2 $36+60=96$, $60+36=96$

3 16 / 27, 16

4 $63-39=24$, $63-24=39$

5 9 / 9, 32

6 $28+56=84$, $56+28=84$

9 □가 사용된 덧셈식을 만들고 □의 값을 구해 볼까요
92~93쪽

❗ • 5 / 3

1 (1) $3+□=11$
(2)

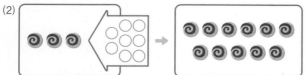

(3) 8개

---

2 $□+8=14$ / 6

3 $□+5=13$ / 8

4

1 (2) 3에서부터 11이 될 때까지 ○를 그려 보면 8개입니다.

2 $□+8=14$, $14-8=□$, $□=6$

3 $□+5=13$, $13-5=□$, $□=8$

4 $9+□=14$, $14-9=□$, $□=5$
$5+□=11$, $11-5=□$, $□=6$
$8+□=12$, $12-8=□$, $□=4$
$□+10=15$, $15-10=□$, $□=5$
$□+6=10$, $10-6=□$, $□=4$
$□+7=13$, $13-7=□$, $□=6$

10 □가 사용된 뺄셈식을 만들고 □의 값을 구해 볼까요
94~95쪽

❗ • 8 / 12

1 (1) $13-□=7$
(2) 예

(3) 6개

2 $11-□=5$ / 6

3 16 / 16

4

1 (2) 13에서부터 7이 될 때까지 /로 체리를 지우면 6개입니다.

2 $11-□=5$, $11-5=□$, $□=6$

3 $□-9=7$, $7+9=□$, $□=16$

4 $11-□=7$, $11-7=□$, $□=4$
$12-□=6$, $12-6=□$, $□=6$
$13-□=5$, $13-5=□$, $□=8$
$15-□=7$, $15-7=□$, $□=8$
$14-□=8$, $14-8=□$, $□=6$
$13-□=9$, $13-9=□$, $□=4$

56 (1) (계산 순서대로) 35, 18, 18
(2) (계산 순서대로) 27, 45, 45

57 >　　　　　　　　　**58** 68

59 49명

60 (예) 앞에서부터 두 수씩 차례로 계산하지 않았습니다.
/ $31-6+9=25+9=34$

61 29, 22, 12 / 39

62 27 / $46-27=19$ / $46-19=27$

63 27 / 84, 27　　　　**64** 16 / 16, 64

65 (1) 46, 25 (2) 25, 66

66 34 / $28+34=62$ / $34+28=62$

67 (예) $18+67=85$, (예) $85-67=18$

68  / 9

69 (1) 29 (2) 16　　　**70** ㉠, ㉣, ㉡, ㉢

71 $6+\square=15$ 또는 $\square+6=15$ / 9

72 $\square+7=25$ / 18　　**73** 34

74 $32-\square=17$ / 15　　**75** (위에서부터) 38, 29

76 (1) 18 (2) 51　　**77** $15-\square=7$ / 8

78 $\square-5=9$ 또는 $\square-9=5$ / 14

79 $\square-9=13$ / 22

---

56 (1)

```
    1              2 10
   2 6    →    3 5
 +   9       - 1 7
   3 5         1 8
```

(2)

```
  3 10             1
   4 2    →    2 7
 - 1 5       + 1 8
   2 7         4 5
```

57 $72-3+14=69+14=83$
$93-15+4=78+4=82$
➡ $83>82$

58 $31+15-12=46-12=34$ ➡ ▲=34
$31-12+15=19+15=34$ ➡ ■=34
따라서 ▲+■=$34+34=68$입니다.

59 (지금 코끼리 열차에 타고 있는 사람 수)
= (처음에 타고 있던 사람 수) − (동물원에서 내린 사람 수) − (식물원에서 내린 사람 수)
= $64-8-7=56-7=49$(명)

---

61 계산 결과가 가장 크려면 가장 큰 수와 둘째로 큰 수를 더하고 가장 작은 수를 뺍니다.

62 19만큼 간 다음 27만큼 더 가면 46이 됩니다.
➡ $19+27=46$

$19+27=46$　　　$19+27=46$

$46-27=19$　　　$46-19=27$

> ★ 학부모 지도 가이드
> 덧셈과 뺄셈의 관계는 전체와 부분의 관계로 보면 쉽게 이해할 수 있습니다. 더하는 두 수를 각각 부분 1과 부분 2로, 더한 결과를 전체로 보고 부분끼리를 더해 전체가 되고, 전체에서 부분을 빼면 각각 다른 부분이 남는다는 것을 이해할 수 있게 해 주세요. 전체와 부분의 관계를 이해하면 덧셈식으로 뺄셈식을 만들거나 뺄셈식으로 덧셈식을 만드는 문제를 쉽게 해결할 수 있습니다.

63 $57+27=84$　　　$57+27=84$

$84-27=57$　　　$84-57=27$

64 $64-16=48$　　　$64-16=48$

$48+16=64$　　　$16+48=64$

65 (1) $\boxed{46}+25=71$ 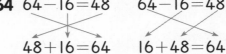　　(2) $91-\boxed{25}=66$

$71-\boxed{25}=46$　　　$25+\boxed{66}=91$

66 $62-34=28$　　　$62-28=34$

$28+34=62$　　　$34+28=62$

> ★ 학부모 지도 가이드
> 뺄셈식의 세 수가 아닌 다른 수로 덧셈식을 만드는 오류를 범하지 않도록 지도해 주세요. $62-34=28$의 식이 전체 68에서 부분 34를 빼어 부분 28이 남은 것임을 이해하게 하여 두 부분을 합해 전체가 되는 덧셈식을 만듭니다.
> 또한 $28+34=62$, $34+28=62$에서 더하는 두 수를 바꾸어도 결과는 달라지지 않음을 짚어주시고, 이는 뺄셈에는 적용되지 않는 덧셈만의 성질로 이해할 수 있게 해 주세요. 이와 같은 덧셈의 성질은 이후 중등 과정에서 덧셈의 교환법칙 개념으로 연결됩니다.

67 수 카드를 사용하여 만들 수 있는 덧셈식은
$18+67=85$, $67+18=85$이고,
뺄셈식은 $85-67=18$, $85-18=67$입니다.

68 아래 그림의 개수인 20개와 같아질 때까지 ○를 그려 넣으면 ○를 9개 그려야 하므로 □ 안에 알맞은 수는 9입니다.

69 (1) $35+\square=64$, $64-35=\square$, $\square=29$
(2) $\square+27=43$, $43-27=\square$, $\square=16$

70 ㉠ $7+\square=16$, $16-7=\square$, $\square=9$
㉡ $\square+11=18$, $18-11=\square$, $\square=7$
㉢ $14+\square=19$, $19-14=\square$, $\square=5$
㉣ $\square+12=20$, $20-12=\square$, $\square=8$
따라서 □의 값이 큰 것부터 차례로 기호를 쓰면 ㉠, ㉣, ㉡, ㉢입니다.

71 $6+\square=15$, $15-6=\square$, $\square=9$

72 $\square+7=25$, $25-7=\square$, $\square=18$

73 ^{서술형}
예 오늘 낳은 달걀의 수를 □로 하여 덧셈식을 만들면 $47+\square=81$입니다. 따라서 $81-47=\square$, $\square=34$입니다.

단계	문제 해결 과정
①	오늘 낳은 달걀의 수를 □로 하여 식을 만들었나요?
②	□의 값을 구했나요?

74 32만큼 갔다가 □만큼 되돌아와서 17이 되었으므로 $32-\square=17$입니다.
따라서 $32-17=\square$, $\square=15$입니다.

75 ·$53-\square=15$에서 $53-15=\square$이므로 $\square=38$입니다.
·$67-38=29$

76 (1) $46-\square=28$, $46-28=\square$, $\square=18$
(2) $\square-34=17$, $17+34=\square$, $\square=51$

77 동생에게 준 딱지의 수를 □로 하여 뺄셈식을 만들면 $15-\square=7$입니다.
따라서 $15-7=\square$, $\square=8$입니다.

78 오빠의 나이를 □로 하여 뺄셈식을 만들면 $\square-5=9$입니다.
따라서 $9+5=\square$, $\square=14$입니다.

79 처음에 꽂혀 있던 연필의 수를 □로 하여 뺄셈식을 만들면 $\square-9=13$입니다.
따라서 $13+9=\square$, $\square=22$입니다.

응용력 기르기 ^{개념 완성} 100~103쪽

1 50상자	**1-1** 민혜, 3쪽	**1-2** 서아, 8점
2 73	**2-1** 37	**2-2** 20
3 17	**3-1** 48	**3-2** 19

4 1단계 예 집까지 가는 길을 찾아 식을 만들면 $47-6-7$, $47-6-9$, $47-8-7$, $47-8-9$입니다.

2단계 예 각각의 식을 계산하면
$47-6-7=41-7=34$,
$47-6-9=41-9=32$,
$47-8-7=39-7=32$,
$47-8-9=39-9=30$이므로 -8, -9가 있는 길로 갑니다.

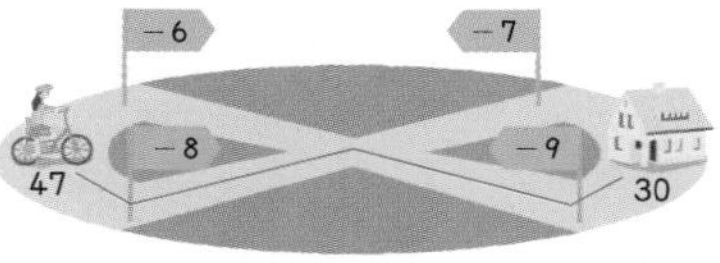

4-1

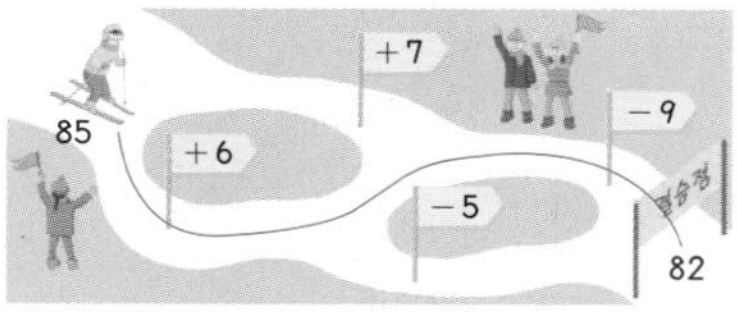

1 (남은 사과 상자의 수)
$=52-27=25$(상자)
(남은 배 상자의 수)$=44-19=25$(상자)
(남은 사과와 배 상자의 수)$=25+25=50$(상자)
다른 풀이 | (처음에 있던 사과와 배 상자의 수)
$=52+44=96$(상자)
(판 사과와 배 상자의 수)$=27+19=46$(상자)
(남은 사과와 배 상자의 수)$=96-46=50$(상자)

1-1 (민혜가 이틀 동안 읽은 쪽수)
　　＝36＋55＝91(쪽)
　　(준수가 이틀 동안 읽은 쪽수)
　　＝70＋18＝88(쪽)
　　따라서 민혜가 91－88＝3(쪽) 더 많이 읽었습니다.

1-2 (연우의 점수)＝9＋32＝41(점)
　　(서아의 점수)＝27＋16＝43(점)
　　(지수의 점수)＝11＋24＝35(점)
　　43＞41＞35이므로 점수가 가장 높은 사람은 서아
　　이고 가장 낮은 점수보다 43－35＝8(점) 더 높습
　　니다.

2 어떤 수를 □라고 하면 잘못 계산한 식은
　　□－19＝35입니다.
　　□－19＝35, 35＋19＝□, □＝54
　　따라서 바르게 계산하면 54＋19＝73입니다.

2-1 어떤 수를 □라고 하면 잘못 계산한 식은
　　□＋27＝91입니다.
　　□＋27＝91, 91－27＝□, □＝64
　　따라서 바르게 계산하면 64－27＝37입니다.

2-2 어떤 수를 □라고 하면 잘못 계산한 식은
　　□＋16＝28＋24입니다.
　　□＋16＝52, 52－16＝□, □＝36
　　따라서 바르게 계산하면 36－16＝20입니다.

3 59＋□＝75일 때 75－59＝□, □＝16입니다.
　　59＋□＞75에서 □는 16보다 커야 하므로 □ 안에
　　들어갈 수 있는 가장 작은 수는 17입니다.

3-1 72－□＝25일 때 72－25＝□, □＝47입니다.
　　72－□＜25에서 □는 47보다 커야 하므로 □ 안
　　에 들어갈 수 있는 가장 작은 수는 48입니다.

3-2 47＋15＝62이므로 62＝82－□일 때
　　82－62＝□, □＝20입니다.
　　62＜82－□에서 □는 20보다 작아야 하므로 □ 안
　　에 들어갈 수 있는 가장 큰 수는 19입니다.

4-1 85＋7－9＝92－9＝83
　　85＋7－5＝92－5＝87
　　85＋6－9＝91－9＝82
　　85＋6－5＝91－5＝86
　　85에서 출발하여 ＋6, －9가 있는 길로 갑니다.

3단원 **단원 평가 Level ❶** 104~106쪽

1 31　　　　　　　　　　**2** 49

3 (계산 순서대로) 91, 95, 95

4 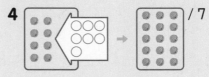 / 7

5 76, 47 / 76－47＝29

6 121, 9　　　　　　　　**7** ＜

8 4＋□＝12 / 8　　　　**9** (　　)(○)

10 27＋45＝72, 45＋27＝72
　　/ 72－45＝27, 72－27＝45

11 (1) 8 / 8 / 82　(2) 30 / 10, 3 / 20, 8 / 28

12 44, 27　　　　　　　**13** 117장

14 (1) 23 (2) 16　　　　**15** 35개

16 6, 4 / 1, 1, 7　　　　**17** 7, 3

18 6, 7, 8, 9　　　　　　**19** 6

20 방법 1
　　예 26＋17＝26＋10＋7＝36＋7＝43입니다.
　　방법 2
　　예 26＋17＝20＋6＋10＋7＝20＋10＋6＋7
　　＝30＋13＝43입니다.

1 일 모형끼리 더한 11개는 십 모형 1개, 일 모형 1개이
　　므로 십 모형 3개, 일 모형 1개가 되어 31입니다.

2 큰 수에서 작은 수를 뺍니다.
　　　　　　　4　10
　　　　　　　5　6
　　　　　－　　　7
　　　　────────
　　　　　　　4　9

3 앞에서부터 두 수씩 차례로 계산합니다.

4 호두가 8개 있으므로 15개가 되려면 ○를 7개 그려야
　　합니다.

5　47＋29＝76　　　　　　47＋29＝76

　　76－29＝47　　　　　　76－47＝29

6 합: 56＋65＝121
　　차: 65－56＝9

7 81－29＝52, 15＋38＝53
　　➡ 52＜53

정답과 풀이 **23**

8 $4+\square=12$, $12-4=\square$, $\square=8$

9

$78-5-7=66$　　$62+3+6=71$

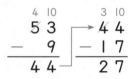

10 덧셈식은 작은 두 수를 더하여 가장 큰 수를 만듭니다. 뺄셈식은 가장 큰 수에서 작은 두 수를 각각 뺍니다.

11 (1) 28을 20+8로 생각하여 54에 20을 더한 후 8을 더합니다.

(2) 일의 자리끼리 계산할 수 없으므로
$41=30+11$, $13=10+3$으로 생각하여 각 자리끼리 계산합니다.

12 큰 수에서 작은 수를 뺍니다.

$$\begin{array}{r} {\scriptstyle 4\ 10} \\ 5\ 3 \\ -\ \ \ 9 \\ \hline 4\ 4 \end{array} \rightarrow \begin{array}{r} {\scriptstyle 3\ 10} \\ 4\ 4 \\ -\ 1\ 7 \\ \hline 2\ 7 \end{array}$$

13 (승우와 동생이 가지고 있는 딱지의 수)
＝(승우가 가지고 있는 딱지의 수)
　＋(동생이 가지고 있는 딱지의 수)
＝$59+58=117$(장)

14 (1) $13+\square=36$, $36-13=\square$, $\square=23$
(2) $\square+27=43$, $43-27=\square$, $\square=16$

15 (노란 구슬의 수)
＝(빨간 구슬의 수)＋(파란 구슬의 수)－7
＝$14+28-7=42-7=35$(개)

16 계산 결과가 가장 크게 되려면 가장 큰 수를 만들어 더해야 합니다. 가장 큰 두 자리 수를 만들 때에는 가장 큰 수를 십의 자리에, 둘째로 큰 수를 일의 자리에 놓아 만듭니다. 2, 3, 4, 6 중에서 가장 큰 수는 6, 둘째로 큰 수는 4이므로 가장 큰 두 자리 수는 64입니다.
따라서 64와 53의 합을 구하면 117입니다.

17 일의 자리 계산: $10+0-7=\square$, $\square=3$
십의 자리 계산: $\square-1-3=3$, $3+3+1=\square$,
　　　　　　　　　$\square=7$

18 $49-\square=44$일 때 $49-44=\square$, $\square=5$입니다.
$49-\square<44$에서 $\square$는 5보다 커야 하므로 $\square$ 안에 들어갈 수 있는 수는 6, 7, 8, 9입니다.

^{서술형}
19 **예** 터진 풍선의 수를 $\square$로 하여 뺄셈식을 만들면
$15-\square=9$입니다.
따라서 $15-9=\square$, $\square=6$입니다.

평가 기준	배점
터진 풍선의 수를 $\square$로 하여 뺄셈식을 만들었나요?	3점
$\square$의 값을 구했나요?	2점

^{서술형}
20

평가 기준	배점
한 가지 방법으로 바르게 계산했나요?	2점
두 가지 방법으로 바르게 계산했나요?	3점

3 ^{단원}　　**단원 평가 Level ❷**　　107~109쪽

1 (1) 91 (2) 19　　　**2** 10
3 42자루
4 (그림: 점들을 연결하는 선)
5 $50-12=38$ / 38장
6 $57+35=57+3+32=60+32=92$
7 $9+\square=15$ / 6
8 40 / 65, 40, 25 / 5 / 30, 5, 25
9 $38+32=70$, $32+38=70$
10 ㉡, ㉣, ㉠, ㉢　　　**11** (1) 16 (2) 7
12 (왼쪽에서부터) 28, 12　　**13** 17
14 22　　　　　　　　　　**15** 75명
16 9, 8　　　　　　　　　　**17** 24
18 －, ＋　　　　　　　　　**19** 8
20 132

1 받아올림과 받아내림에 주의하여 계산합니다.

2 일의 자리 계산 $4+7=11$에서 10을 십의 자리로 받아올림한 것이므로 **1**은 실제로 10을 나타냅니다.

3 (전체 크레파스의 수)＝$24+18=42$(자루)

4 $53-9=44$, $90-52=38$

6 **보기** 는 49를 50으로 만들기 위해 26을 1과 25로 가르기하여 더했습니다.
따라서 $57+35$에서 57을 60으로 만들기 위해 35를 3과 32로 가르기하여 더합니다.

7 △가 9개에서 15개로 늘어났으므로 늘어난 △의 수를 □로 하여 덧셈식을 만듭니다.
➡ $9+□=15$, $15-9=□$, $□=6$

8 방법 1 은 37을 40으로 생각하여 62에 3을 더한 후 40을 빼는 것입니다.
방법 2 는 37을 32+5로 생각하여 62에서 32를 뺀 후 5를 빼는 것입니다.

9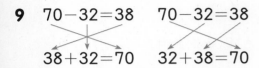

10 ㉠ $45+18=63$
㉡ $78-4-7=74-7=67$
㉢ $82-29=53$
㉣ $57+4+5=61+5=66$
$67>66>63>53$이므로 계산 결과가 큰 것부터 차례로 기호를 쓰면 ㉡, ㉣, ㉠, ㉢입니다.

11 (1) $□+8=24$, $24-8=□$, $□=16$
(2) $33-□=26$, $33-26=□$, $□=7$

12 $37-9=28$
$28+□=40$, $40-28=□$, $□=12$

13 $74-□=57$, $74-57=□$, $□=17$

14 $46>39>15$이므로 가장 큰 수는 46, 가장 작은 수는 15입니다. ➡ $46+15-39=61-39=22$

15 (안경을 쓰지 않은 어린이 수)
= (남자 어린이 수) + (여자 어린이 수)
　　－ (안경을 쓴 어린이 수)
$=64+49-38=113-38=75$(명)

16 　㉠ 4　　$10+4-㉡=6$, $14-㉡=6$,
　$-$ 5 ㉡　　$14-6=㉡$, $㉡=8$
　　3 6　　㉠$-1-5=3$, $3+5+1=㉠$,
　　　　　　㉠$=9$

17 $70-27-18=43-18=25$이므로 $25>□$입니다.
따라서 □ 안에 들어갈 수 있는 수 중 가장 큰 수는 24입니다.

18 $55+36+19=91+19=110$ ($\times$)
$55+36-19=91-19=72$ ($\times$)
$55-36+19=19+19=38$ ($\bigcirc$)
$55-36-19=19-19=0$ ($\times$)

서술형
19 예 배의 수를 □로 하여 덧셈식을 만들면
$□+13=21$입니다.
따라서 $21-13=□$, $□=8$입니다.

평가 기준	배점
배의 수를 □로 하여 덧셈식을 만들었나요?	3점
□의 값을 구했나요?	2점

서술형
20 예 4부터 8까지의 수는 4, 5, 6, 7, 8이므로 만들 수 있는 가장 큰 두 자리 수는 87, 가장 작은 두 자리 수는 45입니다.
따라서 두 수의 합은 $87+45=132$입니다.

평가 기준	배점
가장 큰 수와 가장 작은 수를 각각 만들었나요?	3점
두 수의 합을 구했나요?	2점

4 길이 재기

cm라는 단위를 배우고 자로 길이를 재어 보는 단원입니다. 길이를 뼘이나 연필 등 여러 가지 단위로 몇 번인지 재어 볼 수 있지만 사람에 따라, 단위의 길이에 따라 정확하게 잴 수 없음을 이해하여 모두가 사용할 수 있는 표준화된 길이의 단위가 필요함을 알게 합니다. 1cm의 길이가 얼마만큼인지를 숙지하여 자 없이도 물건의 길이를 어림해 보고 길이에 대한 양감을 기를 수 있도록 지도합니다. 이 단원의 학습은 이후 mm 단위, 길이의 합과 차를 구하는 학습과 연결됩니다.

교과서 개념 이해 **1 길이를 비교하는 방법을 알아볼까요** 112~113쪽

1 (1) 종이띠를 이용하여 비교하기에 ○표
(2) 깁니다에 ○표

2 (1) ⓒ (2) ⓒ **3** 나

4 나, 가, 다

2 종이띠나 털실을 이용하여 길이만큼 본뜬 후 비교합니다.

4 털실을 이용하여 길이만큼 본뜬 후 비교합니다.

가 ▬▬▬▬▬▬▬▬
나 ▬▬▬▬▬▬
다 ▬▬▬▬▬▬▬▬▬▬

따라서 길이가 짧은 것부터 순서대로 기호를 쓰면 나, 가, 다입니다.

교과서 개념 이해 **2 여러 가지 단위로 길이를 재어 볼까요** 114~115쪽

❗ • 다릅니다에 ○표

1 (1) 3 (2) 5 **2** 5

3 6, 5

4 (1) 짧습니다에 ○표 (2) 많습니다에 ○표

3
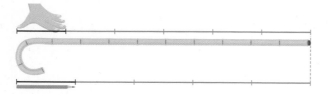

4 짧은 단위로 잴수록 잰 횟수가 더 많습니다.

교과서 개념 이해 **3 1cm를 알아볼까요** 116~117쪽

❗ • 1cm 1cm 1cm

1 6 / 7 / 없습니다에 ○표

2 1

3 (1) 1, 1cm, 1 센티미터
(2) 2, 2cm, 2 센티미터
(3) 3, 3cm, 3 센티미터

4 (1) (예) ├──┼──┼──┼──┼┄┄┼──┼──┼
(2) (예) ├──┼──┼──┼──┼┄┄┼──┼──┤

교과서 개념 이해 **4 자로 길이를 재는 방법을 알아볼까요** 118~119쪽

❗ • 1, 4, 7

1 (1) ① 0 ② 8 / 8 (2) ① 2 ② 7 / 7

2 2, 4, 6

3 (1) (예)
(2) (예)

4 5, 5

2 색 테이프의 왼쪽 끝을 자의 눈금 0에 맞추고 오른쪽 끝에 있는 눈금을 읽습니다.

교과서 개념 이해 **5 자로 길이를 재어 볼까요** 120~121쪽

1 (1) 9 / 9 (2) 4 / 4 **2** 5

3 약 11cm **4** ( )
( )
(○)

1 (2) 1cm가 4번쯤 들어가므로 약 4cm입니다.

2 면봉의 길이는 4cm와 5cm 사이에 있고, 5cm에 가깝기 때문에 약 5cm입니다.

3 숟가락의 길이는 10cm와 11cm 중 11cm에 가깝기 때문에 약 11cm입니다.

4 셋째 빨대의 길이는 1cm가 6번과 7번 사이에 있고, 6번에 가깝기 때문에 약 6cm입니다.

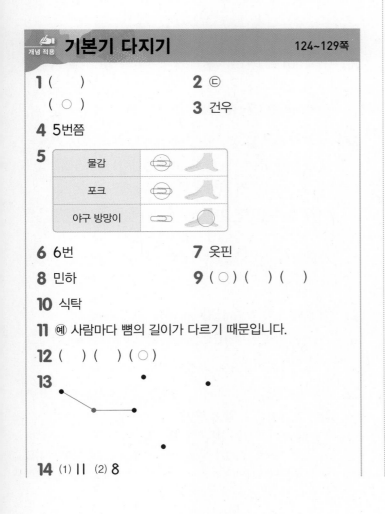

6 길이를 어림하고 어떻게 어림했는지 말해 볼까요 122~123쪽

교과서 개념 이해

1 ⑩ 약 7 cm, 7 cm

2 ⑩ ├─────────────────────

⑩ ├─────────────────────

⑩ ├─────────────────────

3 (위에서부터) ⑩ 3, 2 / ⑩ 5, 4 / ⑩ 6, 6

4 (교차선)

5 (위에서부터) ⑩ 5, 5 / ⑩ 7, 8

1 1 cm 길이를 생각하여 1 cm가 몇 번쯤 들어있는지 생각하여 어림한 다음 자로 재어 봅니다.

기본기 다지기 124~129쪽

개념 적용

1 ( )
(○)

2 ㉢

3 건우

4 5번쯤

5

물감	🖊 👣
포크	🖊 👣
야구 방망이	📎 ⚪

6 6번

7 옷핀

8 민하

9 (○) ( ) ( )

10 식탁

11 ⑩ 사람마다 뼘의 길이가 다르기 때문입니다.

12 ( ) ( ) (○)

13 (점들을 잇는 선)

14 (1) 11 (2) 8

---

15 (1) ⑩ ├──┼──┼──┼──┼──┤

(2) ⑩ ├──┼──┼──┼──┼──┼──┤

16 ( ) (○)

17 16 cm

18 가은

19 5

20 (1) 4 cm (2) 3 cm

21 나

22 (1) 2 (2) 6

23 (교차선)

24 가

25 지은 ⑩ ├──┼──┼──┼──┼──┤
태윤 ⑩ ├──┼──┼──┼──┼──┤

26 3, 2, 1 /

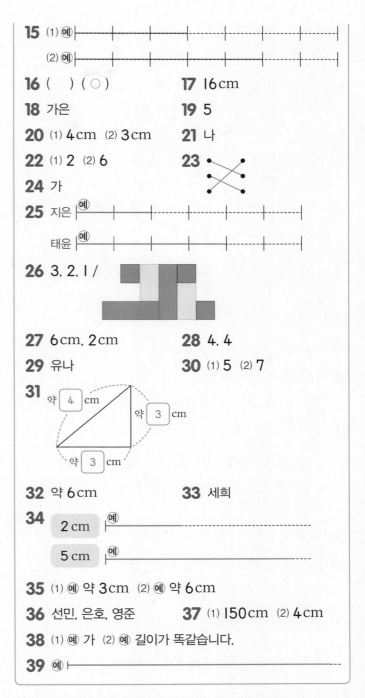

27 6 cm, 2 cm

28 4, 4

29 유나

30 (1) 5 (2) 7

31 약 [4] cm 약 [3] cm 약 [3] cm

32 약 6 cm

33 세희

34 [2 cm] ⑩ ├──────
[5 cm] ⑩ ├───────────

35 (1) ⑩ 약 3 cm (2) ⑩ 약 6 cm

36 선민, 은호, 영준

37 (1) 150 cm (2) 4 cm

38 (1) ⑩ 가 (2) ⑩ 길이가 똑같습니다.

39 ⑩ ├───────────────────

---

2 종이띠나 끈을 이용하여 세 선의 길이만큼 본뜬 후 비교해 보면 ㉢이 가장 깁니다.

3 종이띠나 끈을 이용하여 파란색 막대의 길이만큼 본뜬 후 비교해 보면 놀이 기구를 탈 수 있는 사람은 건우입니다.

4 텔레비전의 긴 쪽의 길이는 뼘으로 5번쯤입니다.

5 물감과 포크는 한 뼘의 길이보다 짧을 수 있으므로 클립으로 재고, 야구 방망이는 한 뼘의 길이보다 길므로 뼘으로 재면 편리합니다.

6 색연필의 길이는 지우개로 3번 잰 길이와 같습니다. 지우개 1개의 길이는 클립 2개의 길이와 같으므로 색연필의 길이는 클립으로 6번 잰 길이와 같습니다.

7 길이를 잴 때 사용하는 단위가 짧을수록 더 많이 재어야 합니다.

8 잰 횟수가 같으므로 길이를 잴 때 사용한 리코더, 클립, 핸드폰의 길이를 비교해 보면 클립이 가장 짧으므로 민하의 줄이 가장 짧습니다.

9 연결 모형을 주현이는 5개, 유리는 3개, 준호는 4개 연결하였으므로 가장 길게 연결한 사람은 주현입니다.

10 잰 횟수가 적을수록 길이가 더 짧으므로 긴 쪽의 길이가 더 짧은 것은 식탁입니다.

서술형
11

단계	문제 해결 과정
①	두 친구가 잰 길이가 다른 까닭을 썼나요?

12 숫자 1은 크게 쓰고 cm는 작게 씁니다.

14 ▲cm는 1cm가 ▲번입니다.

16 1cm가 7번이면 7cm이고, 1cm가 9번이면 9cm입니다. ➡ 7cm < 9cm

17 손목 시계의 길이는 1cm가 16번이므로 16cm입니다.

18 1cm가 24번이면 24cm이고, 23 센티미터는 23cm입니다. 24cm > 23cm > 22cm이므로 가장 긴 막대를 가지고 있는 사람은 가은입니다.

19 1cm가 5번이므로 5cm입니다.

20 (1) 눈금 0에서 1cm가 4번이므로 4cm입니다.
(2) 눈금 5에서 8까지 1cm가 3번이므로 3cm입니다.

21 가: 색 테이프의 한쪽 끝을 자의 눈금 0에 맞추지 않았습니다.
다: 색 테이프를 자와 나란하게 놓지 않았습니다.

22 수수깡의 왼쪽 끝을 자의 눈금 0에 맞춘 후 오른쪽 끝이 가리키는 눈금을 읽습니다.

23 1cm가 ■번이면 ■cm입니다.

24 가: 눈금 0에서 시작하여 1cm가 3번이므로 3cm입니다.
나: 눈금 3에서 7까지 1cm가 4번이므로 4cm입니다.
따라서 길이가 더 짧은 것은 가입니다.

25 지은이의 지우개는 2cm이고, 태윤이의 지우개는 4cm입니다.

26 자로 재어 보면 빨간색 테이프는 3cm, 노란색 테이프는 2cm, 파란색 테이프는 1cm입니다.

27

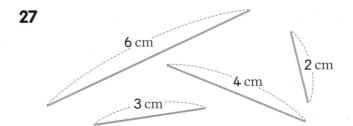

29 길이가 자의 눈금 사이에 있을 때는 가까이에 있는 쪽의 숫자를 읽어야 하므로 약 5cm입니다.

30 (1) 풀의 한쪽 끝을 자의 눈금 0에 맞추면 다른 쪽 끝이 5cm 눈금에 가까우므로 약 5cm입니다.
(2) 색연필의 한쪽 끝을 자의 눈금 0에 맞추면 다른 쪽 끝이 7cm 눈금에 가까우므로 약 7cm입니다.

31 삼각형의 각 변에 자를 바르게 놓은 후 길이를 잽니다.

32 1cm가 6번쯤 들어가므로 약 6cm입니다.

서술형
33 ⓔ 길이가 자의 눈금 사이에 있을 때는 가까이에 있는 쪽의 숫자를 읽습니다.

단계	문제 해결 과정
①	길이를 바르게 잰 사람을 찾았나요?
②	길이 재는 방법을 바르게 설명했나요?

34 어림하여 그은 후 자로 재어 확인해 봅니다.

35 (1) 4cm보다 1cm 정도 짧으므로 약 3cm로 어림합니다.
(2) 4cm보다 2cm 정도 길므로 약 6cm로 어림합니다.

36 세 사람이 자른 종이의 길이를 자로 재어 보면 은호는 약 6cm, 영준이는 약 3cm, 선민이는 약 5cm입니다. 5cm에 가장 가깝게 어림한 사람은 선민이고, 6cm와 3cm 중 5cm에 더 가까운 것은 6cm이므로

③ 4 ⑤ ⑥

가깝게 어림한 사람부터 차례로 쓰면 선민, 은호, 영준입니다.

37 (1) 오빠의 키는 약 150cm라고 할 수 있습니다.
(2) 옷핀의 길이는 10cm보다 짧으므로 약 4cm라고 할 수 있습니다.

38 가의 빨간색 선이 더 길어 보이지만 실제로 재어 보면 길이가 똑같음을 알 수 있습니다.
참고 | 이러한 현상을 '착시'라고 합니다. 착시란 착각하여 잘못 보는 것으로, 물체가 실제와는 다르게 느껴져서 보이는 것을 말합니다.

1 ㉢, ㉠, ㉣, ㉡   **1-1** ㉠, ㉣, ㉡, ㉢   **1-2** 시혁

2 6 cm   **2-1** 9 cm   **2-2** 3 cm

3 예

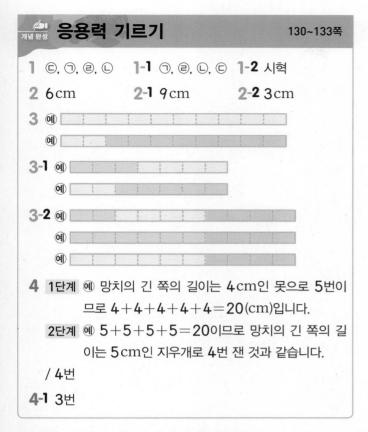

3-1 예

3-2 예

4 1단계 예 망치의 긴 쪽의 길이는 4 cm인 못으로 5번이
므로 4+4+4+4+4=20(cm)입니다.

2단계 예 5+5+5+5=20이므로 망치의 긴 쪽의 길
이는 5 cm인 지우개로 4번 잰 것과 같습니다.

/ 4번

4-1 3번

---

1 단위길이가 짧을수록 잰 횟수가 많으므로 ㉢, ㉠, ㉣,
㉡입니다.

1-1 단위길이가 길수록 잰 횟수가 적으므로 ㉠, ㉣, ㉡, ㉢
입니다.

1-2 잰 횟수가 적을수록 한 걸음의 길이가 깁니다.
12<14<15<16이므로 한 걸음의 길이가 가장 긴
사람은 시혁입니다.

2 빨간색 선이 그려진 변의 수를 세어 보면 모두 6개입
니다. 작은 사각형의 한 변의 길이가 1 cm이므로 빨간
색 선의 길이는 1 cm가 6번입니다.
따라서 지렁이가 지나간 길은 6 cm입니다.

2-1 빨간색 선이 그려진 변의 수를 세어 보면 모두 9개입
니다. 작은 사각형의 한 변의 길이가 1 cm이므로 빨간
색 선의 길이는 1 cm가 9번입니다.
따라서 개미가 지나간 길은 9 cm입니다.

2-2 빨간색 선이 그려진 변의 수를 세어 보면 모두 7개이
므로 7 cm입니다.
파란색 선이 그려진 변의 수를 세어 보면 모두 4개이
므로 4 cm입니다.
7-4=3이므로 빨간색 선은 파란색 선보다 3 cm
더 깁니다.

---

3 2 cm 2번, 3 cm 2번 사용하여 10 cm를 색칠할 수
있습니다. 2 cm 1번, 4 cm 2번 사용하여 10 cm를
색칠할 수 있습니다. 이외에도 다양한 방법으로 10 cm
를 색칠할 수 있습니다.

3-1 1 cm 3번, 2 cm 2번 사용하여 7 cm를 색칠할 수
있습니다. 2 cm 1번, 5 cm 1번 사용하여 7 cm를 색
칠할 수 있습니다. 이외에도 다양한 방법으로 7 cm를
색칠할 수 있습니다.

3-2 1 cm 2번, 2 cm 2번, 4 cm 1번 사용하여 10 cm를
색칠할 수 있습니다. 1 cm 6번, 4 cm 1번 사용하여
10 cm를 색칠할 수 있습니다. 2 cm 3번, 4 cm 1번
사용하여 10 cm를 색칠할 수 있습니다. 이외에도 다
양한 방법으로 10 cm를 색칠할 수 있습니다.

4-1 초록색 테이프의 길이는 6 cm인 노란색 테이프로 4번
이므로 6+6+6+6=24(cm)입니다.
8+8+8=24이므로 초록색 테이프의 길이는 8 cm
인 파란색 테이프로 3번 잰 것과 같습니다.

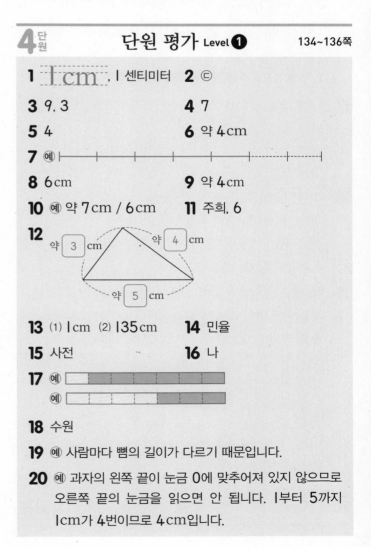

1 1 cm, 1 센티미터   **2** ㉢

3 9, 3   **4** 7

5 4   **6** 약 4 cm

7 예

8 6 cm   **9** 약 4 cm

10 예 약 7 cm / 6 cm   **11** 주희, 6

12 약 3 cm, 약 4 cm, 약 5 cm

13 (1) 1 cm (2) 135 cm   **14** 민율

15 사전   **16** 나

17 예

18 수원

19 예 사람마다 뼘의 길이가 다르기 때문입니다.

20 예 과자의 왼쪽 끝이 눈금 0에 맞추어져 있지 않으므로
오른쪽 끝의 눈금을 읽으면 안 됩니다. 1부터 5까지
1 cm가 4번이므로 4 cm입니다.

2 클립은 딱풀보다 길이가 짧으므로 딱풀로 길이를 잴 수 없습니다.

5 1cm가 4번이므로 4cm입니다.

6 면봉의 오른쪽 끝이 4cm 눈금에 가까우므로 약 4cm 입니다.

7 점선의 왼쪽 끝에 자의 눈금 0을 맞추고 점선과 자를 나란히 놓은 후 자의 큰 눈금 5까지 선을 긋습니다.

8 분필의 왼쪽 끝을 자의 눈금 0에 맞추고 오른쪽 끝에 있는 눈금을 읽으면 6cm입니다.

9 1cm가 4번쯤 들어가므로 약 4cm입니다.

14 사용한 연결 모형의 수가 적을수록 모양이 짧습니다. 사용한 연결 모형의 수는 지원 4개, 민율 3개, 찬주 5개이므로 민율이가 가장 짧게 연결했습니다.

15 책의 긴 쪽의 길이가 책꽂이의 위쪽 칸의 높이보다 더 짧은 책은 사전입니다.

16 가 막대의 길이는 눈금 0에서 시작하므로 오른쪽 눈금을 읽으면 5cm입니다.
나 막대의 길이는 2부터 8까지 1cm가 6번 들어가므로 6cm입니다.
6＞5이므로 막대의 길이가 더 긴 것은 나입니다.

17 1cm 1번, 3cm 2번 사용하여 7cm를 색칠할 수 있습니다.
1cm 4번, 3cm 1번 사용하여 7cm를 색칠할 수 있습니다.

18 수원: 1cm로 15번 ➡ 15cm
진솔: 1cm로 13번 ➡ 13cm
15＞14＞13이므로 가장 긴 줄을 가지고 있는 사람은 수원입니다.

서술형
19 ⑳ 혜승이의 뼘의 길이가 윤아보다 더 길기 때문입니다.
/ 윤아의 뼘의 길이가 혜승이보다 더 짧기 때문입니다.
등 설명이 타당하면 정답으로 인정합니다.

평가 기준	배점(5점)
다른 결과가 나온 까닭을 썼나요?	5점

★ 학부모 지도 가이드
뼘으로 잰 횟수는 잰 사람의 뼘의 길이에 따라 다르므로 누가 재어도 똑같은 값으로 길이를 정확하게 잴 수 있도록 cm 단위를 사용합니다.

서술형
20

평가 기준	배점(5점)
길이를 잘못 잰 까닭을 썼나요?	5점

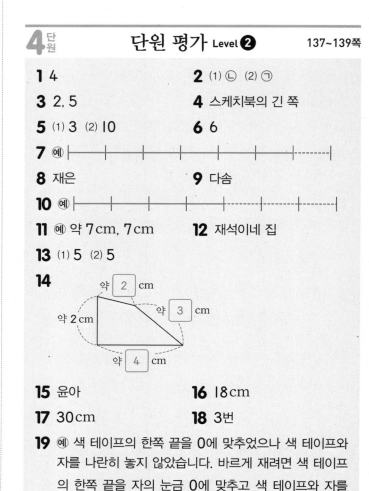

4단원 단원 평가 Level ❷   137~139쪽

1 4   **2** (1) ⓒ (2) ㉠
3 2, 5   **4** 스케치북의 긴 쪽
5 (1) 3 (2) 10   **6** 6
7 ⑳
8 재은   **9** 다솜
10 ⑳
11 ⑳ 약 7cm, 7cm   **12** 재석이네 집
13 (1) 5 (2) 5
14

15 윤아   **16** 18cm
17 30cm   **18** 3번
19 ⑳ 색 테이프의 한쪽 끝을 0에 맞추었으나 색 테이프와 자를 나란히 놓지 않았습니다. 바르게 재려면 색 테이프의 한쪽 끝을 자의 눈금 0에 맞추고 색 테이프와 자를 나란히 놓고 색 테이프의 다른 쪽 끝이 가리키는 눈금을 읽습니다.
20 은주

---

2 직접 비교할 수 없는 길이는 구체물을 이용하여 비교할 수 있습니다.

3 자의 눈금 아래 숫자는 차례로 0, 1, 2, 3, 4, …입니다.

4 뼘으로 잰 횟수가 많을수록 길이가 길므로 길이가 가장 긴 것은 스케치북의 긴 쪽입니다.

5 1cm가 ■번은 ■cm입니다.

6 1cm가 6번이므로 6cm입니다.

7 점선의 왼쪽 끝에 자의 눈금 0을 맞추고 점선과 자를 나란히 놓은 후 자의 큰 눈금 6까지 선을 긋습니다.

8 사용한 연결 모형의 수는 민호 5개, 지훈 6개, 재은 7개, 태윤 6개이므로 재은이가 가장 길게 연결했습니다.

9 잰 횟수가 같으므로 길이를 잴 때 사용한 단위의 길이가 길수록 더 깁니다. 필통이 풀보다 길이가 더 길기 때문에 다솜이의 야구 방망이가 더 깁니다.

10 수수깡의 길이를 재어 보면 **4** cm이므로 **4** cm인 선을 긋습니다.

11 **l** cm 길이를 생각하여 **l** cm가 몇 번쯤 들어가는지 생각하여 어림합니다.

12 종이띠나 끈을 이용하여 길이를 잰 후 비교해 보면 도서관에서 가장 가까운 집은 재석이네 집입니다.

13 ⑴ 색 테이프의 한쪽 끝이 **5**와 **6** 사이에 있고, **5**에 더 가까우므로 약 **5** cm입니다.
⑵ 눈금 **4**에서 시작하여 **9**에 가까우므로 약 **5** cm입니다.

14 각 변의 한쪽 끝에 자의 눈금 **0**을 맞추고 다른 쪽 끝이 가까이에 있는 눈금을 읽습니다.

15 단위가 짧을수록 잰 횟수가 많습니다.
18 > **17** > **16**이므로 뼘의 길이가 가장 짧은 사람은 윤아입니다.

16 빨간색 테두리는 **l** cm인 변이 모두 **18**개입니다.
따라서 빨간색 테두리는 **l** cm가 **18**번이므로 **18** cm입니다.

17 필통의 긴 쪽의 길이는 **5** cm가 **6**번이므로 **5**+**5**+**5**+**5**+**5**+**5**=**30**(cm)입니다.

18 빨대의 길이는 **6** cm가 **2**번이므로 **6**+**6**=**12**(cm)입니다.
4+**4**+**4**=**12**이므로 길이가 **4** cm인 옷핀으로 **3**번 잰 것과 같습니다.

^{서술형}
19

평가 기준	배점(5점)
잘못 잰 까닭을 바르게 설명했나요?	2점
바르게 재는 방법을 설명했나요?	3점

^{서술형}
20 예 실제 길이와 어림한 길이의 차를 구하면
나영이는 **20**−**18**=**2**(cm),
은주는 **21**−**20**=**l**(cm),
혜림이는 **22**−**20**=**2**(cm)입니다.
따라서 실제 길이에 가장 가깝게 어림한 사람은 은주입니다.

평가 기준	배점(5점)
실제 길이와 어림한 길이의 차를 각각 구했나요?	2점
실제 길이에 가장 가깝게 어림한 사람을 구했나요?	3점

5 분류하기

아이들은 생활 속에서 이미 분류를 경험하고 있습니다. 마트에서 물건들이 종류별로 분류되어 있는 것이나, 재활용 쓰레기를 분리배출하는 것 등이 그 예입니다. 이러한 생활 속 상황들을 통해 분류의 필요성을 느낄 수 있도록 지도하고, 분류를 할 때에는 객관적인 기준이 있어야 한다는 점을 이해할 수 있게 합니다. 분류는 통계 영역의 기초 개념입니다. 따라서 분류하여 세어 보고, 센 자료를 해석하는 학습을 통해 그것들이 어떤 점에 유용하게 쓰일 수 있는지 알 수 있도록 지도합니다.

^{교과서 개념 이해} **1 분류는 어떻게 할까요** 142~143쪽

1 ⑴ 서아 ⑵ 서아   **2** 민수
3 (○) ( ) (○)   **4** ㉡

1 ⑴ 맛있는 것과 맛없는 것은 사람에 따라 다를 수 있습니다.

2 귀여운 동물과 귀엽지 않은 동물은 사람마다 다를 수 있습니다.

3 무늬는 격자 무늬와 줄무늬로, 색깔은 빨간색, 노란색, 파란색으로 분류할 수 있으나 예쁜 것은 사람마다 다를 수 있으므로 분류 기준으로 알맞지 않습니다.

4 ㉠ 편한 것과 불편한 것은 사람마다 다를 수 있습니다.
㉡ 하늘을 날 수 있는 것: 헬리콥터, 비행기
하늘을 날 수 없는 것: 배, 자동차, 자전거, 오토바이, 버스
㉢ 타고 싶은 것과 타기 싫은 것은 사람마다 다를 수 있습니다.

^{교과서 개념 이해} **2 정해진 기준에 따라 분류해 볼까요 /** 144~145쪽
자신이 정한 기준에 따라 분류해 볼까요

1 ㉢, ㉣, ㉤ / ㉠, ㉡, ㉥, ㉦

2   **3** 예 색깔, 모양

4 ㉠, ㉢, ㉣, ㉤, ㉦ / ㉡, ㉱, ㉲, ㉴, ㉵

5

예	분류 기준	모양

삼각형	사각형
㉡, ㉣, ㉴, ㉦, ㉵	㉠, ㉢, ㉱, ㉲, ㉤

2 각 가게에 알맞은 물건을 찾습니다.

교과서 개념 이해 **3** 분류하고 세어 볼까요
146~147쪽

1

종류	축구공	농구공	야구공	배구공
세면서 표시하기	⁙	⁙	⁙	⁙
공의 수(개)	5	2	3	2

2 4, 6, 4

3

예	분류 기준	모양

모양	♡	◇	○	△
사탕의 수(개)	3	3	4	4

4

종류	종이	플라스틱	캔	비닐
세면서 표시하기	⁙	⁙	⁙	⁙
재활용품의 수(개)	4	5	3	2

교과서 개념 이해 **4** 분류한 결과를 말해 볼까요
148~149쪽

1 (1)

맛	초콜릿 맛	딸기 맛	바나나 맛
세면서 표시하기	⁙	⁙	⁙
우유의 수(개)	6	5	9

(2) 바나나, 딸기

2 (1)

크기	큰 수첩	작은 수첩
세면서 표시하기	⁙	⁙
수첩의 수(개)	6	6

(2)

예	분류 기준	색깔

색깔	노란색	연두색	보라색	빨간색
세면서 표시하기	⁙ /	///	/	//
수첩의 수(개)	6	3	1	2

(3) 노란색　(4) 노란색

---

1 (2) /의 수가 가장 많은 것은 바나나 맛이고, /의 수가 가장 적은 것은 딸기 맛입니다.

2 (4) 오늘 가장 많이 팔린 노란색 수첩을 더 준비하면 좋습니다.

┌─ ★ 학부모 지도 가이드 ─┐
- 모든 자료를 세어 본 후에는 센 결과가 전체 자료의 수와 같은지 반드시 확인하도록 합니다.
- 자료를 여러 가지 기준으로 다시 셀 때에는 이전에 표시한 방법과 다른 방법으로 표시하며 세도록 합니다.

개념 적용 **기본기 다지기**
150~153쪽

1 ( )　　　　　　**2** (○) ( )
(○)
( )

3 예 긴 양말과 짧은 양말로 분류합니다.

4 예 분류 기준이 분명하지 않습니다.

5 민하

6 ④, ⑦, ⑨ / ①, ⑥, ⑧, ⑪ / ②, ③, ⑤, ⑩, ⑫

7 예 모양, 색깔

8 ⑤, 첫째 칸

9

예	분류 기준	종류

종류	한글	영어
자석	가, 나, 다, 라, 마	A, B, C, D

10

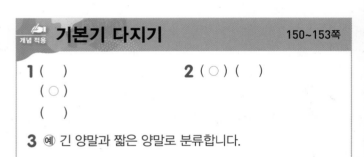

모양	🍼	📕
세면서 표시하기	⁙	⁙
주스의 수(개)	7	5

11

예	분류 기준	맛

맛	오렌지 맛	사과 맛
주스의 수(개)	7	5

12 4개

13

색깔	파란색	연두색	빨간색	노란색
단추의 수(개)	9	7	9	3

14 예

분류 기준		모양

모양	□	○
단추의 수(개)	11	17

15 예 분류하여 세어 보면 어떤 것이 가장 많은지, 가장 적은지, 전체는 몇 개인지 등을 쉽게 알 수 있습니다.

16

모양	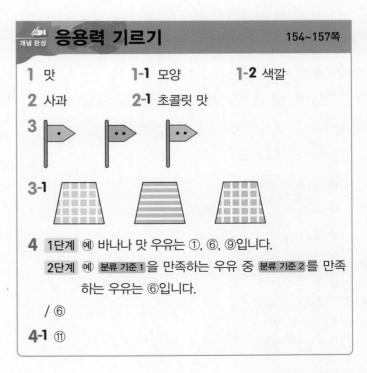		
세면서 표시하기	//////	//////	/////
컵의 수(개)	4	5	3

17 예

분류 기준			색깔

색깔	노란색	파란색	빨간색
컵의 수(개)	3	4	5

18 , 빨간색에 ○표

19 예

분류 기준			종류

종류	과학	인물	동화
책의 수(권)	5	3	4

20 예 과학, 인물, 동화로 나누어 각 칸에 정리합니다.

21 토마토 주스

1 쿠키의 크기는 비슷하므로 분류하기 어렵습니다. 맛있는 것과 맛있지 않은 것은 기준이 분명하지 않습니다.

2 젤리는 세 가지 색으로 분류할 수 있는데 막대 사탕은 한 가지 색입니다.

3 "무늬가 있는 것과 없는 것으로 분류합니다."도 답이 될 수 있습니다.

4 분류 기준이 분명하지 않으면 분류한 결과가 사람마다 다를 수 있습니다.

5 바퀴가 있는 것과 없는 것은 분류 기준이 분명합니다.

6 각 동물의 다리의 수를 세어 봅니다.

7 도형을 모양에 따라 사각형, 원, 삼각형으로 분류할 수 있습니다. 또, 도형을 색깔에 따라 분홍색, 연두색, 파란색으로 분류할 수 있습니다.

8 각각의 칸에서 해당하지 않는 것을 먼저 찾으면 둘째 칸에 ⑤ 긴팔 옷이 있습니다.

9 한글과 영어로 분류 기준을 세워 가, 나, 다, 라, 마는 한글로, A, B, C, D는 영어로 분류합니다.

10 모양: ①, ②, ⑤, ⑧, ⑨, ⑩, ⑪ ➡ **7**개

모양: ③, ④, ⑥, ⑦, ⑫ ➡ **5**개

11 오렌지 맛: ①, ④, ⑦, ⑧, ⑨, ⑩, ⑫ ➡ **7**개
사과 맛: ②, ③, ⑤, ⑥, ⑪ ➡ **5**개

12 오렌지 맛이면서 모양인 음료수는 ①, ⑧, ⑨, ⑩으로 4개입니다.

13 단추 색깔별로 ○, ∨, ×, / 등의 표시를 하면서 세어 봅니다.

14 단추 구멍의 수, 크기 등에 따라 분류할 수도 있습니다.

17 손잡이가 있는 것과 없는 것으로 분류할 수도 있습니다.

19 책의 종류, 색깔, 두께 등에 따라 분류할 수 있습니다.

서술형
21 예 딸기 주스가 **15**개로 가장 많고 토마토 주스가 **3**개로 가장 적습니다. 토마토 주스를 더 준비하면 종류별 주스의 수가 비슷해집니다.

단계	문제 해결 과정
①	각각의 주스의 수를 비교했나요?
②	어떤 주스를 더 준비하면 좋을지 까닭을 썼나요?

1 맛 **1-1** 모양 **1-2** 색깔

2 사과 **2-1** 초콜릿 맛

3

3-1

4 1단계 예 바나나 맛 우유는 ①, ⑥, ⑨입니다.

2단계 예 분류 기준 1 을 만족하는 우유 중 분류 기준 2 를 만족하는 우유는 ⑥입니다.

/ ⑥

4-1 ⑪

1 음료수를 오렌지 맛과 녹차 맛으로 분류하였습니다.
따라서 분류 기준은 맛입니다.

1-1 젤리를 🧸 모양과 🫛 모양으로 분류하였습니다.
따라서 분류 기준은 모양입니다.

1-2 블록을 빨간색, 노란색, 연두색으로 분류하였습니다.
따라서 분류 기준은 색깔입니다.

2 종류에 따라 분류하고 그 수를 세어 보면 다음과 같습니다.

종류	사과	바나나	귤	포도
과일의 수(개)	10	3	3	2

가장 많이 팔린 과일은 사과이므로 다음 날 과일 가게 주인이 사과를 가장 많이 준비하면 좋을 것 같습니다.

2-1 맛에 따라 분류하고 그 수를 세어 보면 다음과 같습니다.

맛	초콜릿 맛	사과 맛	딸기 맛
사탕의 수(개)	10	3	5

가장 많이 팔린 사탕은 초콜릿 맛 사탕이므로 다음 날 편의점 주인이 초콜릿 맛 사탕을 가장 많이 준비하면 좋을 것 같습니다.

3 깃발의 색깔(빨강, 파랑)과 점의 수(1개, 2개)를 이용하여 만들어 봅니다.

3-1 블록의 색깔(분홍, 노랑)과 무늬(줄, 격자)를 이용하여 만들어 봅니다.

4-1 분류 기준 1 을 만족하는 붙임딱지: ③, ⑤, ⑦, ⑩, ⑪
분류 기준 1 을 만족하는 붙임딱지 중 분류 기준 2 를 만족하는 붙임딱지: ⑪
따라서 두 가지 기준을 만족하는 붙임딱지는 ⑪입니다.

5단원 단원 평가 Level ❶ 158~160쪽

1 예 색깔, 모양
2 6, 4, 5
3 6, 5, 4
4 9, 7
5 맑은 날
6 비 온 날
7 🍎에 ○표
8 예 종류
9 예

종류	강아지	고양이	앵무새
세면서 표시하기	~~////~~	///	//
학생 수(명)	5	3	2

10 동화
11 지폐와 동전
12 예 한국 돈과 외국 돈
13 4명
14 빨간색
15 ㉡
16 3개
17 3개
18

모양 색깔	△	□	○
분홍색	2개	3개	0개
하늘색	1개	1개	3개
노란색	3개	0개	2개

19 예 날 수 있는 새와 날 수 없는 새로 분류합니다.
20 🍇에 ○표

2 색깔에 관계없이 종류로 구분하여 셉니다.

3 종류에 관계없이 색깔로 구분하여 셉니다.

5 14, 9, 7 중에서 가장 큰 수는 14이므로 맑은 날이 가장 많았습니다.

7 과일과 케이크로 분류했습니다. 케이크에 배가 있으므로 잘못 분류하였습니다.

8 다리 수로도 분류할 수 있습니다.

13 빠뜨리거나 중복하여 세지 않도록 ∨, /, × 등으로 표시하며 셉니다. 노란색을 좋아하는 학생은 4명입니다.

14 빨간색을 좋아하는 학생은 5명, 노란색을 좋아하는 학생은 4명, 연두색을 좋아하는 학생은 3명입니다.

15 단추의 두께를 알 수 없으므로 두께에 따라 분류할 수 없습니다.

16 단추 구멍의 수와 관계없이 색깔과 모양만 생각하여 셉니다.

17 색깔에 관계없이 단추 구멍의 수와 모양만 생각하여 셉니다.

서술형
19 물 위를 헤엄치는 새와 헤엄치지 않는 새 등으로 분류할 수 있습니다.

평가 기준	배점(5점)
누가 분류를 하더라도 같은 결과가 나오도록 분명한 기준을 썼나요?	5점

서술형
20 예 냉장고의 각각의 칸에서 과일, 채소, 김치에 해당하지 않는 것을 찾으면 포도는 채소가 아니므로 잘못 분류된 것은 포도입니다.

평가 기준	배점(5점)
잘못 분류된 것을 찾았나요?	2점
잘못 분류된 까닭을 썼나요?	3점

5단원 단원 평가 Level ❷ 161~163쪽

1 색깔

2 ①, ④, ⑤, ⑦ / ②, ⑧ / ③, ⑥

3 예 플라스틱과 종이로 분류합니다.

4 ③, ④, ⑤, ⑥, ⑧ / ①, ②, ⑦

5 5대

6 ⑦ / ①, ② / ③, ④, ⑤, ⑥, ⑧

7 ㉠, ㉡, ㉢, ㉤, ㉦ / ㉣, ㉥

8 예

색깔	회색	노란색	연두색
세면서 표시하기	卌	///	////
우산 수(개)	5	3	4

9 예

길이	긴 우산	짧은 우산
세면서 표시하기	卌 ////	///
우산 수(개)	9	3

10 짧은 우산

11 회색

12 예

장소	동물원	놀이공원	바다	산
학생 수(명)	4	5	4	2

13 바다

14 3명

15 ㉡, ㉢, ㉣

16 8, 8

17 4장

18 4장

19 예 사용하는 계절에 따라 분류하였습니다.

20

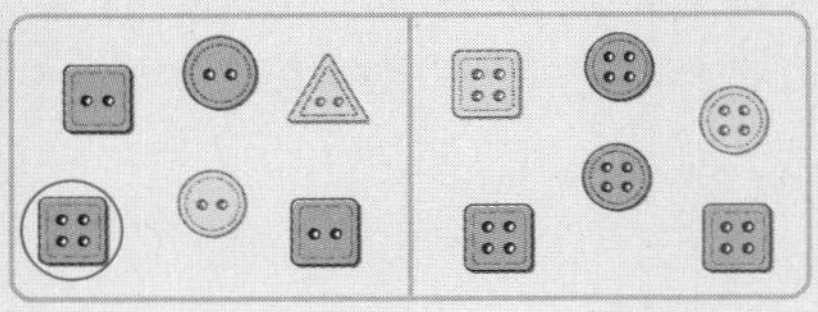

1 색깔에 따라 검은색과 흰색으로 분류하였습니다.

3 세제통, 주스통, 요구르트 통은 플라스틱이고, 과자 상자, 신문, 공책은 종이이므로 플라스틱과 종이로 분류하면 좋습니다.

5 ③, ④, ⑤, ⑥, ⑧ ➡ 5대

7 칠교 조각 7개를 삼각형과 사각형으로 분류해 봅니다.

8 회색, 노란색, 연두색으로 분류할 수 있으며 회색 우산은 5개, 노란색 우산은 3개, 연두색 우산은 4개입니다.

9 긴 우산은 9개, 짧은 우산은 3개입니다.

10 9의 표에서 더 작은 수를 찾습니다.

11 8의 표에서 가장 많이 팔린 우산은 회색이므로 회색 우산을 더 준비해야 합니다.

13 동물원에 가고 싶어 하는 학생은 4명이므로 학생 수가 4명인 곳을 찾으면 바다입니다.

14 가장 많은 학생들이 가고 싶어 하는 곳은 놀이공원으로 5명이고, 가장 적은 학생들이 가고 싶어 하는 곳은 산으로 2명입니다.
따라서 차는 $5-2=3$(명)입니다.

15 그림 카드의 크기는 같으므로 크기에 따라 분류할 수 없습니다.

16 구멍이 1개인 카드는 8장, 구멍이 2개인 카드도 8장입니다.

17 구멍이 2개인 그림 카드 중에서 털이 있는 그림 카드는 다음과 같이 4장입니다.

➡ 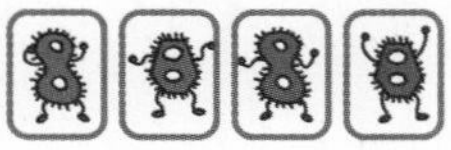

18 파란색 그림 카드 중에서 구멍이 1개인 그림 카드는 다음과 같이 4장입니다.

➡ 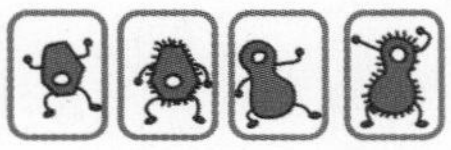

서술형 **19**

평가 기준	배점(5점)
분류 기준을 설명했나요?	5점

서술형 **20** 예 단추 구멍이 4개인 것이 단추 구멍이 2개인 것으로 분류되어 있기 때문입니다.

평가 기준	배점(5점)
잘못 분류된 것을 찾았나요?	2점
잘못 분류된 까닭을 썼나요?	3점

6 곱셈

많은 물건을 셀 때 하나씩 세거나(하나, 둘, 셋, 넷, …) 뛰어 세거나(둘, 넷, 여섯, 여덟, …) 묶어 세는(몇씩 몇 묶음) 방법을 통해 같은 수를 여러 번 더하게 됩니다. 곱셈은 이러한 불편한 셈을 편리하게 해주는 계산 방법입니다. 이번 단원에서는 곱셈구구를 배우지 않으므로 곱셈의 편리함을 느끼기에는 부족함이 있으나 '같은 수를 여러 번 더하는 것'을 '곱셈식'으로 나타낼 수 있다는 점을 강조하여 지도해 주세요. 곱셈구구는 2학년 2학기에 학습합니다.

교과서 개념 이해 1 여러 가지 방법으로 세어 볼까요 166~167쪽

1 (1) 6, 7, 8, 9, 10, 11, 12
(2)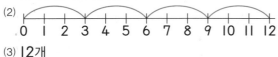
(3) 12개

2 14개   3 10, 15, 15
4 7, 3, 21

2 장난감을 하나씩 세어 보면 1, 2, 3, …, 14이므로 모두 14개입니다.

4 3마리씩 7묶음 ➡ 3, 6, 9, 12, 15, 18, 21
                ➡ 21마리
7마리씩 3묶음 ➡ 7, 14, 21 ➡ 21마리

교과서 개념 이해 2 묶어 세어 볼까요 168~169쪽

1 (1) 5 / 6, 9, 12, 15 (2) 3 / 10, 15
(3) 15마리

2 (1) 4 / 2, 4, 6, 8 (2) 8개

3 (1) 5 / 8, 12, 16, 20 (2) 예 5, 4 (3) 20개

2

(2) 반지의 수는 2씩 4묶음이므로 2, 4, 6, 8로 세어 보면 모두 8개입니다.

3 (1)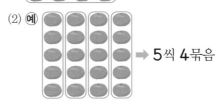
(2) 예 ➡ 5씩 4묶음
(3) 귤의 수는 4씩 5묶음이므로 4, 8, 12, 16, 20으로 세어 보면 모두 20개입니다.

교과서 개념 이해 3 몇의 몇 배를 알아볼까요 / 몇의 몇 배로 나타내 볼까요 170~171쪽

1 6, 6   2 3, 5, 3
3 4배   4 (위에서부터) 8, 8 / 4, 4
5 3, 2, 4

3 민석이가 가진 연결 모형의 수는 2씩 4묶음이므로 2의 4배입니다.
따라서 민석이가 가진 연결 모형의 수는 다현이가 가진 연결 모형의 수의 4배입니다.

4 4씩 묶으면 8묶음입니다. ➡ 4의 8배
8씩 묶으면 4묶음입니다. ➡ 8의 4배

5 도일: 2씩 3묶음
미란: 2씩 2묶음
보라: 2씩 4묶음

개념 적용 기본기 다지기 172~175쪽

1 9개   2 9개
3 16마리
4 예 4마리씩 묶어 세었습니다.
5 주환
6 (1) 4 / 10, 15, 20 (2) 20

7 12, 18 / 18개

8 (1) 6, 9, 12, 15, 18, 21 (2) 7, 14, 21 (3) 21개

9 (1) 3묶음 (2) 2묶음 (3) 12개

10 (1) 2묶음 (2) 예 2씩 5묶음 (3) 10마리

11 건우, 시아

12 예 모두 몇 개인지 빨리 셀 수 있습니다.

13 2 　　　　　　**14** 2, 3, 6에 ○표

15 예 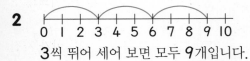 3, 5 / 5, 3

16 4, 4 　　　　　　**17** 7, 4, 7, 4

18 (1) 6, 2, 6 (2) 4, 3, 4

19 6, 4 / 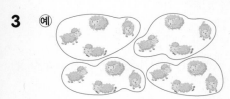 　　**20** ▢ 모양

21 5, 2 　　　　　　**22** 5

23 4배 　　　　　　**24** 3배

---

1 컵을 하나씩 세어 보면 1, 2, 3, ..., 9이므로 모두 9 개입니다.

2

0 1 2 3 4 5 6 7 8 9 10

3씩 뛰어 세어 보면 모두 9개입니다.

3 예

4씩 묶어 세면 4묶음이므로 모두 16마리입니다.

4 2마리씩 8묶음 또는 8마리씩 2묶음으로 묶어서 셀 수도 있습니다.

5 딸기를 5개씩 묶으면 2묶음이고 낱개 2개가 남습니다.

6 (2) 크레파스의 수는 5씩 4묶음이므로 5, 10, 15, 20 으로 세어 모두 20자루입니다.

7 케이크의 수는 6씩 3묶음이므로 6, 12, 18로 세어 모두 18개입니다.

8 (1) 3씩 묶어 세면 7묶음입니다.
　➡ 3−6−9−12−15−18−21
　(2) 7씩 묶어 세면 3묶음입니다. ➡ 7−14−21

---

9 (1) 4씩 묶어 세면 3묶음입니다. ➡ 4−8−12
　(2) 6씩 묶어 세면 2묶음입니다. ➡ 6−12

10 (2) 예  ➡ 2씩 5묶음

　(3) 5씩 2묶음이므로 모두 10마리입니다.

11 연결 모형을 3개씩 묶으면 5묶음이고 낱개 1개가 남 습니다.

13 2씩 4묶음은 8개이고, 8개는 4씩 2묶음과 같습니다.

14 사과를 4개씩 묶으면 4묶음이고 낱개 2개가 남습니다. 사과를 5개씩 묶으면 3묶음이고 낱개 3개가 남습니다.

15 ● 모양 15개를 3씩 5줄 또는 5씩 3줄로 나타낼 수 있습니다.

16 6씩 4묶음은 6의 4배입니다.

20 3의 3배이므로 ▢를 9개 그립니다.

22 구슬 15개는 3씩 5묶음이므로 15는 3의 5배입니다.

^{서술형}
23 예 지우개는 3개이고 연필은 12자루입니다. 12를 3 씩 묶으면 4묶음이 되므로 12는 3의 4배입니다. 따라 서 연필의 수는 지우개 수의 4배입니다.

단계	문제 해결 과정
①	지우개의 수와 연필의 수를 알았나요?
②	연필의 수는 지우개 수의 몇 배인지 나타냈나요?

24 24는 8씩 3묶음이므로 8의 3배입니다.
　따라서 삼촌의 나이는 정민이 나이의 3배입니다.

교과서
개념 이해 **4 곱셈을 알아볼까요** 　　176~177쪽

❗ ● ⨯ ● 곱하기

1 (1) 5묶음 (2) 5배 (3) 5, 3, 5

2 3, 3, 6, 3 　　　　**3** 4, 4, 3

4 현우

4 "5×4=20은 5 곱하기 4는 20과 같습니다."라고 읽습니다.

교과서 개념 이해 5 곱셈식으로 나타내 볼까요 | 178~179쪽

● 3 / 12 / 3, 12

1 (1) 4배 (2) 7, 7, 7, 28 (3) 4, 28
2 (1) 6, 6, 6, 6, 24 (2) 6, 4, 24
3 7 / 2, 7, 14
4 (1) 예 $5 \times 4 = 20$ (2) 예 $4 \times 5 = 20$

3

1대 2대 3대 4대 5대 6대 7대

➡ 2의 7배
➡ $2+2+2+2+2+2+2=14$
➡ $2 \times 7 = 14$

개념 적용 기본기 다지기 | 180~182쪽

25 (1) 3, 3 (2) 3, 3
26 (1) $5 \times 7 = 35$ (2) $6 \times 8 = 48$
27 ⑤
28 (그림)
29 $4+4+4$ / 4×3 **30** 4, 4, 7, 4
31 ⓒ, ⓔ
32 (1) (수직선: 0 5 10 15 20)
(2) $6 \times 3 = 18$ (3) 18개
33 $7+7+7=21$ / $7 \times 3 = 21$
34 3 / $4 \times 3 = 12$ **35** $4 \times 5 = 20$
36 (1) $2 \times 4 = 8$ (2) $3 \times 3 = 9$
37 $6 \times 8 = 48$ / 48장 **38** 21개
39 43개
40 예 $8 \times 3 = 24$, $3 \times 8 = 24$, $4 \times 6 = 24$, $6 \times 4 = 24$

25 (1) 5씩 3묶음은 5의 3배입니다.
27 ①, ②, ③, ④는 모두 32를 나타내고 ⑤는 12를 나타냅니다.

28 5의 5배 ➡ 5×5, 6씩 5묶음 ➡ 6×5, 4 곱하기 9 ➡ 4×9
30 7씩 4묶음 ➡ 7의 4배 ➡ 7×4
31 ⓒ 딸기의 수는 5씩 5묶음입니다.
ⓔ 딸기를 3개씩 묶으면 8묶음이 되고 낱개가 1개 남습니다.
32 (1) 6씩 3번 뛰어 셉니다.
(2) 6의 3배 ➡ 6×3
➡ $6+6+6=18$ ➡ $6 \times 3 = 18$
33 7씩 3묶음 ➡ 7의 3배
➡ 7×3
➡ $7+7+7=21$
➡ $7 \times 3 = 21$
34 종이 3장을 붙일 때 필요한 누름못의 수는 4의 3배이므로 $4 \times 3 = 4+4+4 = 12$입니다.
35 주어진 쌓기나무는 4개입니다.
필요한 쌓기나무의 수는 4의 5배이므로
$4+4+4+4+4 = 4 \times 5 = 20$입니다.
36 (1) 월요일, 화요일, 목요일, 금요일에 그림을 2장씩 그렸으므로 그린 그림의 수를 곱셈식으로 나타내면 $2 \times 4 = 8$입니다.
(2) 수요일, 목요일, 금요일에 동시를 3편씩 읽었으므로 읽은 동시의 수를 곱셈식으로 나타내면 $3 \times 3 = 9$입니다.
37 6씩 8묶음이므로 6의 8배입니다.
$6 \times 8 = 6+6+6+6+6+6+6+6 = 48$(장)입니다.
38 물감에 가려진 부분에도 같은 규칙으로 별 모양이 그려져 있으므로 그려진 별 모양은 모두 7개씩 3묶음입니다. 따라서 7의 3배이므로
$7 \times 3 = 7+7+7 = 21$(개)입니다.

서술형
39 예 (3개씩 6묶음인 구슬의 수)
$= 3 \times 6 = 3+3+3+3+3+3 = 18$(개)
(5개씩 5묶음인 구슬의 수)
$= 5 \times 5 = 5+5+5+5+5 = 25$(개)
따라서 구슬은 모두 $18+25 = 43$(개)입니다.

단계	문제 해결 과정
①	3개씩 6묶음인 구슬의 수를 구했나요?
②	5개씩 5묶음인 구슬의 수를 구했나요?
③	구슬은 모두 몇 개인지 구했나요?

40 ㉠ 8씩 3묶음 ➡ 8×3=24
3씩 8묶음 ➡ 3×8=24
4씩 6묶음 ➡ 4×6=24
6씩 4묶음 ➡ 6×4=24

개념 완성 응용력 기르기 183~186쪽

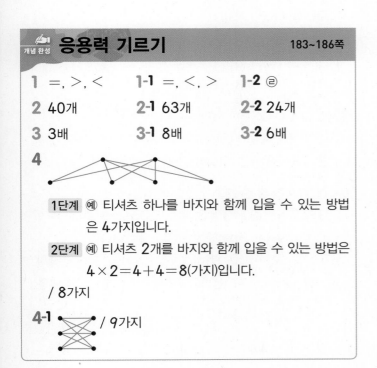

1 =, >, < **1-1** =, <, > **1-2** ㉣
2 40개 **2-1** 63개 **2-2** 24개
3 3배 **3-1** 8배 **3-2** 6배
4

1단계 ㉠ 티셔츠 하나를 바지와 함께 입을 수 있는 방법
은 4가지입니다.
2단계 ㉠ 티셔츠 2개를 바지와 함께 입을 수 있는 방법은
4×2=4+4=8(가지)입니다.
/ 8가지

4-1 / 9가지

1 3×2=3+3=6입니다.
5×2는 5를 2번 더한 것과 같으므로 6보다 큽니다.
2×2는 2를 2번 더한 것과 같으므로 6보다 작습니다.

1-1 5×4=5+5+5+5=20입니다.
5×2는 5를 2번 더한 것과 같으므로 20보다 작습니다.
5×7은 5를 7번 더한 것과 같으므로 20보다 큽니다.

1-2 ㉠ 7의 8배
➡ 7×8=7+7+7+7+7+7+7+7=56
㉡ 6×8은 7×8보다 작습니다.
㉣ 8씩 8묶음 ➡ 8×8은 7×8보다 큽니다.
따라서 나타내는 수가 가장 큰 것은 ㉣입니다.

2 (한 상자에 들어 있는 지우개 수)
=4×2=4+4=8(개)
(5상자에 들어 있는 지우개 수)
=8×5=8+8+8+8+8=40(개)

2-1 세발자전거의 바퀴는 3개입니다.
(한 줄에 있는 세발자전거의 바퀴 수)
=3×3=3+3+3=9(개)
(7줄에 있는 세발자전거의 바퀴 수)
=9×7=9+9+9+9+9+9+9=63(개)

2-2 (기계 4대가 한 시간 동안 만들 수 있는 인형 수)
=2×4=2+2+2+2=8(개)
(기계 4대가 3시간 동안 만들 수 있는 인형 수)
=8×3=8+8+8=24(개)
다른 풀이 |
(기계 한 대가 3시간 동안 만들 수 있는 인형 수)
=2×3=2+2+2=6(개)
(기계 4대가 3시간 동안 만들 수 있는 인형 수)
=6×4=6+6+6+6=24(개)

3 ㉠ 9의 7배 ➡ 9씩 7묶음
㉡ 9의 4배 ➡ 9씩 4묶음
7-4=3(묶음)이므로 9씩 7묶음은 9씩 4묶음보다
9씩 3묶음 더 큽니다.
따라서 ㉠과 ㉡의 차는 9의 3배입니다.

3-1 ㉠ 7의 2배 ➡ 7씩 2묶음
㉡ 7의 6배 ➡ 7씩 6묶음
2+6=8(묶음)이므로 7씩 2묶음과 7씩 6묶음의
합은 7씩 8묶음입니다.
따라서 ㉠과 ㉡의 합은 7의 8배입니다.

3-2 ㉠ 8의 3배 ➡ 8씩 3묶음, 8의 5배 ➡ 8씩 5묶음
3+5=8(묶음)이므로 8씩 3묶음과 8씩 5묶음
의 합은 8씩 8묶음입니다.
㉡ 8의 2배 ➡ 8씩 2묶음, 8의 4배 ➡ 8씩 4묶음
4-2=2(묶음)이므로 8씩 2묶음과 8씩 4묶음
의 차는 8씩 2묶음입니다.
8-2=6(묶음)이므로 8씩 8묶음과 8씩 2묶음의
차는 8씩 6묶음입니다.
따라서 ㉠과 ㉡의 차는 8의 6배입니다.

4-1 모자 하나를 신발과 함께 맞추어 꾸밀 수 있는 방법은
3가지입니다.
따라서 모자 3개를 신발과 함께 맞추어 꾸밀 수 있는
방법은 3×3=3+3+3=9(가지)입니다.

6단원 단원 평가 Level ❶

187~189쪽

1 10개
2 6, 9, 12 / 12개
3 4묶음
4 20개
5 ⑴ 6묶음 ⑵ 4묶음 ⑶ 24개
6 ㉡
7 6 / 6, 18
8 3, 4 / 3, 4, 12
9 7, 7, 21 / 3, 21
10 4+4+4+4+4=20 / 4×5=20
11 5, 3, 15
12 ㉖ 5×3=15, 5×4=20
13 6배
14 56개
15 12개
16 4
17 ㉖ 4×6=24, 6×4=24
18 3
19 은혜
20 32개

1
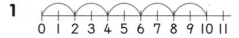

2

3씩 4묶음이므로 모두 12개입니다.

4 5씩 4묶음이므로 5－10－15－20입니다.

5 4씩 6묶음이므로 4－8－12－16－20－24입니다.

6 ㉠, ㉢ 9씩 2묶음 ➡ 9의 2배 ➡ 9+9=18
㉡ 9+2=11

9 7씩 3묶음이므로 7의 3배입니다.

10 잠자리 한 마리의 날개는 4장입니다.

11 5씩 3묶음 ➡ 5의 3배 ➡ 5×3=15

12 3×5=15, 4×5=20이라고 쓴 경우도 정답입니다.

13 12개를 2개씩 묶으면 6묶음이 됩니다.
12는 2의 6배입니다.

14 8의 7배이므로
8×7=8+8+8+8+8+8+8=56(개)입니다.

15 오른쪽 쌓기나무는 3개입니다. 필요한 쌓기나무는 3의
4배이므로 3×4=3+3+3+3=12(개)입니다.

16 4의 6배 ➡ 4×6 ➡ 4를 6번 더한 수
4의 5배 ➡ 4×5 ➡ 4를 5번 더한 수
4×6=$\underline{4+4+4+4+4}$+4
$\underline{4×5}$
따라서 4의 6배는 4의 5배보다 4만큼 더 큰 수입니다.

17 4씩 6묶음, 6씩 4묶음으로 묶을 수 있습니다.
4씩 6묶음 ➡ 4×6=24
6씩 4묶음 ➡ 6×4=24
다른 풀이 |
3씩 8묶음, 8씩 3묶음으로 묶을 수 있습니다.
3씩 8묶음 ➡ 3×8=24
8씩 3묶음 ➡ 8×3=24

18 ㉠×4=12는 ㉠+㉠+㉠+㉠=12입니다.
같은 수를 4번 더해서 12가 되는 수를 찾아보면
3+3+3+3=12이므로 ㉠=3입니다.

19 ㉖ 건호가 쌓은 연결 모형은 3개입니다.
3의 3배는 3×3=3+3+3=9이므로 쌓은 연결
모형이 9개인 사람을 찾으면 은혜입니다.

평가 기준	배점
건호가 쌓은 연결 모형의 수를 구했나요?	1점
3의 3배를 구했나요?	2점
건호가 쌓은 연결 모형의 수의 3배만큼 쌓은 사람을 찾았나요?	2점

20 ㉖ 두발자전거 4대의 바퀴는
2×4=2+2+2+2=8(개)이고,
트럭 4대의 바퀴는 6×4=6+6+6+6=24(개)
입니다. 따라서 두발자전거와 트럭의 바퀴는 모두
8+24=32(개)입니다.

평가 기준	배점
두발자전거와 트럭의 바퀴 수를 각각 구했나요?	3점
두발자전거와 트럭의 바퀴는 모두 몇 개인지 구했나요?	2점

다른 풀이 |
두발자전거 1대와 트럭 1대의 바퀴는 모두
2+6=8(개)입니다. 두발자전거와 트럭 모두 4대씩
이므로 바퀴는 모두 8×4=8+8+8+8=32(개)
입니다.

6단원 단원 평가 Level ❷

190~192쪽

1 (1) 8, 3 (2) 16, 24 (3) 24

2 30개

3 (1) 8, 8 (2) 4, 4

4 3 / 6, 6, 6, 18

5 7×4=28

6 ④, ⑤

7 15

8 9

9 4, 4, 16

10 5+5+5=15 / 5×3=15

11 9, 5, 45

12 32개

13 2×3=6 / 6개

14 5

15 7

16 ㉣

17 40개

18 33명

19 3배

20 36쪽

---

1 8씩 3묶음이므로 24개입니다.

2

```
├┴┴┴┴┴┴┴┴┴┴┴┴┴┴┴┴┴┴┴┴┴┴┴┴┴┴┴┴┴┤
0   5   10  15  20  25  30
```

5씩 6번 뛰어 세므로 30개입니다.

3 (1) 2씩 묶으면 8묶음이므로 2의 8배입니다.
(2) 4씩 묶으면 4묶음이므로 4의 4배입니다.

4 6씩 3묶음 ➡ 6의 3배 ➡ 6+6+6=18

5 $\underbrace{7+7+7+7}_{4번}=28$ ➡ 7×4=28

6 6의 5배 ➡ 6×5=6+6+6+6+6

7 쌓기나무 한 개의 높이는 3cm입니다.
쌓기나무 5개의 높이는 3cm의 5배이므로
3×5=3+3+3+3+3=15(cm)입니다.

8 9+9+9+9+9+9에서 9를 6번 더했으므로
9×6과 같습니다. ➡ ㉠=6
3×4=3+3+3+3이므로 ㉡=3입니다.
따라서 ㉠+㉡=6+3=9입니다.

9 4씩 4번 뛰어 센 것은 4의 4배이므로 곱셈식으로 나
타내면 4×4=16입니다.

10 5의 3배 ➡ 5+5+5=15 ➡ 5×3=15

11 9씩 5묶음 ➡ 9의 5배
➡ 9×5=9+9+9+9+9=45

12 8개씩 4마리 ➡ 8의 4배
➡ 8×4=8+8+8+8=32(개)

13 가위는 펼친 손가락이 2개이므로 세 명이 펼친 손가락
은 모두 2×3=2+2+2=6(개)입니다.

14 5씩 7묶음은 35이고, 35는 7씩 5묶음과 같습니다.

15 2+2+2+2+2+2+2=2×7=14이므로
□=7입니다.

16 ㉠ 4의 6배 ➡ 4×6=4+4+4+4+4+4=24
㉡ 8을 2번 더한 수 ➡ 8+8=16
㉢ 5+5+5+5+5=25
㉣ 5×8=5+5+5+5+5+5+5+5=40
따라서 가장 큰 수를 나타내는 것은 ㉣입니다.

17 (산 오렌지의 수)
=7×7=7+7+7+7+7+7+7=49(개)
(남은 오렌지의 수)=49-9=40(개)

18 (남학생 수)=6×3=6+6+6=18(명)
(여학생 수)=3×5=3+3+3+3+3=15(명)
(지아네 반 학생 수)=18+15=33(명)

19 서술형
예 6의 2배 ➡ 6×2=6+6=12
12=4+4+4 ➡ 4×3=12이므로 12는 4의 3
배입니다.
따라서 6의 2배는 4의 3배와 같습니다.

평가 기준	배점
6의 2배를 구했나요?	2점
6의 2배는 4의 몇 배와 같은지 구했나요?	3점

20 서술형
예 (은지가 6일 동안 읽는 쪽수)
=3×6=3+3+3+3+3+3=18(쪽)
(현성이가 6일 동안 읽는 쪽수)
=9×6=9+9+9+9+9+9=54(쪽)
따라서 현성이는 은지보다 54-18=36(쪽)을 더 읽
게 됩니다.

평가 기준	배점
두 사람이 6일 동안 읽는 쪽수를 각각 구했나요?	3점
두 사람이 6일 동안 읽는 쪽수의 차를 구했나요?	2점

다른 풀이 |
(현성이가 은지보다 하루에 더 읽는 쪽수)
=9-3=6(쪽)
(현성이가 은지보다 6일 동안 더 읽게 되는 쪽수)
=6×6=6+6+6+6+6+6=36(쪽)

1 세 자리 수

● 서술형 문제   2~5쪽

1⁺ 20장	**2⁺** 연우
3 100개	**4** 200원
5 ㉡	**6** 889
7 4개	**8** 257
9 894	**10** 526
11 469	

1⁺ ⑩ 100은 80보다 20만큼 더 큰 수입니다.
따라서 20장을 더 모으면 100장이 됩니다.

단계	문제 해결 과정
①	100은 80보다 20만큼 더 큰 수임을 알았나요?
②	몇 장을 더 모으면 100장이 되는지 구했나요?

2⁺ ⑩ 384와 369의 백의 자리 수가 같고, 십의 자리 수를 비교하면 8>6이므로 384>369입니다.
따라서 색종이를 더 많이 가지고 있는 사람은 연우입니다.

단계	문제 해결 과정
①	384와 369의 크기를 비교했나요?
②	색종이를 더 많이 가지고 있는 사람은 누구인지 구했나요?

3 ⑩ 10개씩 10묶음은 100개입니다.
따라서 달걀은 모두 100개입니다.

단계	문제 해결 과정
①	10개씩 10묶음은 100개임을 알았나요?
②	달걀은 모두 몇 개인지 구했나요?

4 ⑩ 10원짜리 동전이 10개이면 100원입니다.
주어진 동전은 100원씩 묶음 2개와 같으므로 200원입니다.

단계	문제 해결 과정
①	10원짜리 동전 10개는 100원임을 알았나요?
②	동전은 모두 얼마인지 구했나요?

5 ⑩ 578에서 ㉠의 7은 십의 자리 숫자이므로 70을 나타냅니다.
713에서 ㉡의 7은 백의 자리 숫자이므로 700을 나타냅니다.
따라서 나타내는 수가 더 큰 것은 ㉡입니다.

단계	문제 해결 과정
①	㉠과 ㉡이 나타내는 수를 각각 구했나요?
②	㉠과 ㉡ 중 나타내는 수가 더 큰 것을 찾아 기호를 썼나요?

6 ⑩ 929에서 10씩 거꾸로 뛰어 세면
929-919-909-899-889입니다.
따라서 929에서 10씩 거꾸로 4번 뛰어 센 수는 889입니다.

단계	문제 해결 과정
①	929에서 10씩 거꾸로 뛰어 셌나요?
②	929에서 10씩 거꾸로 4번 뛰어 센 수를 구했나요?

7 ⑩ 397과 402 사이에 있는 수는 397보다 크고 402보다 작은 수이므로 398, 399, 400, 401입니다.
따라서 397과 402 사이에 있는 수는 모두 4개입니다.

단계	문제 해결 과정
①	397과 402 사이에 있는 수를 구했나요?
②	397과 402 사이에 있는 수는 모두 몇 개인지 구했나요?

8 ⑩ 가장 작은 세 자리 수를 만들려면 백의 자리부터 작은 수를 차례로 놓아야 합니다.
따라서 2<5<7이므로 만들 수 있는 가장 작은 수는 257입니다.

단계	문제 해결 과정
①	가장 작은 세 자리 수를 만드는 방법을 알았나요?
②	만들 수 있는 가장 작은 수를 구했나요?

9 ⑩ 백의 자리 수가 8, 일의 자리 수가 4인 세 자리 수를 8□4라고 하면 가장 큰 수는 □가 9일 때입니다.
따라서 가장 큰 수는 894입니다.

단계	문제 해결 과정
①	가장 큰 세 자리 수가 될 때 십의 자리 수를 구했나요?
②	가장 큰 수를 구했나요?

10 예 10이 12개인 수는 100이 1개, 10이 2개인 수와 같으므로 100이 4개, 10이 12개, 1이 6개인 수는 100이 5개, 10이 2개, 1이 6개인 수와 같습니다.
따라서 나타내는 수는 526입니다.

단계	문제 해결 과정
①	주어진 수가 100이 5개, 10이 2개, 1이 6개인 수와 같음을 알았나요?
②	나타내는 수를 구했나요?

11 예 어떤 수는 480보다 10만큼 더 작은 수이므로 470입니다.
따라서 470보다 1만큼 더 작은 수는 469입니다.

단계	문제 해결 과정
①	어떤 수를 구했나요?
②	어떤 수보다 1만큼 더 작은 수를 구했나요?

단원 평가 Level ❶

1단원   6~8쪽

1 (1) 1 (2) 30   **2** 98, 100
3 (1) 500 (2) 7   **4** ㉢
5 (선 연결 그림)   **6** (왼쪽에서부터) 7, 0, 6
7 (○)( )( )   **8** 684, 704
9 800, 700, 600, 500   **10** 500
11 850개   **12** 4개
13 ㉣   **14** 210, 201, 111에 ○표
15 434원   **16** 4개
17 709   **18** 403
19 ㉢   **20** 배, 사과, 감

1 100은 99보다 1만큼 더 큰 수, 70보다 30만큼 더 큰 수입니다.

2 95부터 수를 순서대로 써 봅니다.

3 100이 ■개이면 ■00입니다.

4 ㉠ 900은 100이 9개(또는 10이 90개)인 수입니다.
㉡ 800은 팔백이라고 읽습니다.

5 501(오백일), 10이 50개인 수 ➡ 500(오백), 510(오백십)

6 칠백육을 수로 나타내면 706이므로 백의 자리 숫자는 7, 십의 자리 숫자는 0, 일의 자리 숫자는 6입니다.

7 356 ➡ 50, 510 ➡ 500, 205 ➡ 5

8 10만큼 더 작은 수는 십의 자리 수가 1만큼 더 작고, 10만큼 더 큰 수는 십의 자리 수가 1만큼 더 큽니다.

9 100씩 거꾸로 뛰어 세면 백의 자리 수가 1씩 작아집니다.

10 십의 자리 수가 1씩 커지므로 10씩 뛰어 센 것입니다.

11 100이 8개이면 800, 10이 5개이면 50이므로 850입니다.
따라서 감자는 모두 850개입니다.

12 100은 10이 10개이므로 귤을 모두 담으려면 바구니는 10개 있어야 합니다.
따라서 바구니가 10-6=4(개) 더 필요합니다.

13 ㉠ 369 ㉡ 360 ㉢ 350 ㉣ 375
백의 자리 수가 모두 3으로 같으므로 십의 자리 수를 비교하면 ㉣ 375가 가장 큽니다.

14

백 모형	2개	2개	1개
십 모형	1개	0개	1개
일 모형	0개	1개	1개
세 자리 수	210	201	111

따라서 주어진 수 모형 4개 중 3개를 사용하여 나타낼 수 있는 수는 210, 201, 111입니다.

15 10원짜리 동전 13개는 100원짜리 동전 1개, 10원짜리 동전 3개와 같습니다.
따라서 100원짜리 동전 4개, 10원짜리 동전 3개, 1원짜리 동전 4개와 같으므로 434원입니다.

16 ⟨498⟩, 499, 500, 501, 502, ⟨503⟩
498보다 크고 503보다 작은 세 자리 수

17 어떤 수는 819보다 100만큼 더 작은 수이므로 719입니다.
따라서 719보다 10만큼 더 작은 수는 709입니다.

18 백의 자리 수가 4이므로 세 자리 수는 4☐☐입니다.
410보다 작으므로 십의 자리 수는 0입니다.
일의 자리 숫자는 4보다 1만큼 더 작으므로 3입니다.
따라서 세 자리 수는 403입니다.

서술형
19 ㉠ 예 ㉠ 183 ➡ 3, ㉡ 939 ➡ 30,
㉢ 301 ➡ 300, ㉣ 630 ➡ 30
따라서 숫자 3이 나타내는 수가 가장 큰 수는 ㉢입니다.

평가 기준	배점
숫자 3이 나타내는 수를 각각 구했나요?	3점
숫자 3이 나타내는 수가 가장 큰 수를 찾아 기호를 썼나요?	2점

서술형
20 예 485, 503, 477의 백의 자리 수를 비교하면 503이 가장 큽니다.
485와 477의 백의 자리 수가 같고, 십의 자리 수를 비교하면 8>7이므로 485가 더 큽니다.
따라서 많이 수확한 과일부터 차례로 쓰면 배, 사과, 감입니다.

평가 기준	배점
세 수의 크기를 비교했나요?	3점
많이 수확한 과일부터 차례로 썼나요?	2점

단원 평가 Level ❷ 9~11쪽

1 100
2 600, 육백
3 100 / 20, 100
4
5 (1) 이백삼십오 (2) 710 (3) 백칠
6 (1) > (2) <
7 ( ) (○)
8 ④
9 (1) 800 (2) 8
10 (위에서부터) 405, 415, 435 / 10
11 719, 710, 820
12 531
13 103
14 사과
15 911
16 8, 9
17 188, 199, 200
18 6
19 350개
20 4개

1 10이 10개이면 100입니다.
2 100이 6개인 수 ➡ 600(육백)

4 300은 삼백이라고 읽습니다.
700은 칠백이라고 읽습니다.
800은 팔백이라고 읽습니다.

6 (1) 290 > 219
           9 > 1
(2) 653 < 657
           3 < 7

7 216
     └ 십의 자리 숫자: 1
925
     └ 십의 자리 숫자: 2

8 ①, ②, ③, ⑤ 490
④ 409

9 (1) 백의 자리 숫자이므로 800을 나타냅니다.
(2) 일의 자리 숫자이므로 8을 나타냅니다.

10 십의 자리 수가 1씩 커지므로 10씩 뛰어 센 것입니다.

11 1만큼 더 작은 수는 일의 자리 수가 1만큼 더 작습니다.
10만큼 더 작은 수는 십의 자리 수가 1만큼 더 작습니다.
100만큼 더 큰 수는 백의 자리 수가 1만큼 더 큽니다.

12 수 카드의 수의 크기를 비교하면 5>3>1>0이므로 백의 자리에 가장 큰 수인 5를 놓고, 십의 자리에 3을 놓고, 일의 자리에 1을 놓아야 합니다.

13 0은 백의 자리에 올 수 없으므로 백의 자리에 둘째로 작은 수인 1을 놓고, 십의 자리에 0을 놓고, 일의 자리에 3을 놓아야 합니다.

14 100개씩 3상자: 300개 ┐
       낱개 38개: 38개 ┘ 338개
따라서 350>338이므로 사과가 더 많습니다.

15 891-896-901-906-911이므로 구하는 수는 911입니다.

16 675와 6□1의 백의 자리 수가 6으로 같고 일의 자리 수가 5>1이므로 □ 안에는 7보다 큰 수인 8, 9가 들어갈 수 있습니다.

17 180보다 크고 210보다 작은 세 자리 수는 181, 182, 183, ..., 207, 208, 209입니다.
이 중에서 십의 자리 숫자와 일의 자리 숫자가 같은 수는 188, 199, 200입니다.

18 100이 6개 ➡ 600
　　10이 ⑦개 ➡ ⬜ ⎫ 694
　　1이 34개 ➡ 34 ⎭

따라서 ⬜ 안에 들어갈 수 있는 수는 60이므로 ⑦에 알맞은 수는 6입니다.

19 ^{서술형}

19 (예) 달걀은 모두 10개씩 30＋5＝35(줄)입니다.
따라서 10이 35개인 수는 350이므로 달걀은 모두 350개입니다.

평가 기준	배점
달걀은 모두 몇 줄인지 구했나요?	2점
달걀은 모두 몇 개인지 구했나요?	3점

^{서술형}
20 (예) 백의 자리 수가 5, 십의 자리 수가 3인 세 자리 수는 53⬜입니다.
53⬜＜534인 수는 530, 531, 532, 533으로 모두 4개입니다.

평가 기준	배점
백의 자리 수가 5, 십의 자리 수가 3인 세 자리 수를 나타냈나요?	2점
534보다 작은 수는 모두 몇 개인지 구했나요?	3점

2 여러 가지 도형

● 서술형 문제
12~15쪽

1⁺ 사각형이 아닙니다. **2⁺** 9개

3 13 **4** 7개

5 ㉢, ㉠, ㉡ **6** 2개

7 (예) 빨간색 쌓기나무의 오른쪽으로 나란히 쌓기나무 2개를 놓아야 하는데 왼쪽으로 나란히 쌓기나무 2개를 놓았습니다.

8 사각형, 6개 **9** ㉢

10 (예) 쌓기나무 3개가 옆으로 나란히 있고 맨 왼쪽 쌓기나무 앞에 쌓기나무 1개가 있습니다.

11 9개

1⁺ (예) 사각형은 곧은 선 4개로 둘러싸여 있어야 하는데 굽은 선이 있기 때문입니다.

단계	문제 해결 과정
①	사각형이 아닌 것을 알았나요?
②	사각형이 아닌 까닭을 설명했나요?

2⁺ (예) 모양을 만드는 데 필요한 쌓기나무는 6개입니다.
따라서 남는 쌓기나무는 15－6＝9(개)입니다.

단계	문제 해결 과정
①	모양을 만드는 데 필요한 쌓기나무는 몇 개인지 구했나요?
②	남는 쌓기나무는 몇 개인지 구했나요?

3 (예) 원은 어느 쪽에서 보아도 똑같이 동그란 모양이므로 원 안에 적힌 수는 8, 5입니다.
따라서 원 안에 적힌 수들의 합은 8＋5＝13입니다.

단계	문제 해결 과정
①	원을 찾아 원 안에 적힌 수를 구했나요?
②	원 안에 적힌 수들의 합을 구했나요?

4 (예) 왼쪽 도형은 삼각형으로 변이 3개이고, 오른쪽 도형은 사각형으로 변이 4개입니다.
따라서 두 도형의 변은 모두 3＋4＝7(개)입니다.

단계	문제 해결 과정
①	두 도형의 변은 각각 몇 개인지 구했나요?
②	두 도형의 변은 모두 몇 개인지 구했나요?

5 ⑩ 꼭짓점이 삼각형은 **3**개, 원은 **0**개, 사각형은 **4**개입니다.
따라서 꼭짓점이 많은 도형부터 차례로 기호를 쓰면 ⓒ, ㉠, ㉡입니다.

단계	문제 해결 과정
①	꼭짓점이 각각 몇 개인지 구했나요?
②	꼭짓점이 많은 도형부터 차례로 기호를 썼나요?

6 ⑩ 삼각형 조각 **4**개, 사각형 조각 **2**개를 이용하여 만든 모양입니다.
따라서 이용한 삼각형 조각은 사각형 조각보다
4−**2**=**2**(개) 더 많습니다.

단계	문제 해결 과정
①	이용한 삼각형 조각과 사각형 조각은 각각 몇 개인지 구했나요?
②	이용한 삼각형 조각은 사각형 조각보다 몇 개 더 많은지 구했나요?

7

단계	문제 해결 과정
①	잘못 쌓은 까닭을 썼나요?

8 ⑩ 종이를 점선을 따라 자르면 **6**조각이 되고, 모두 변이 **4**개인 도형이 됩니다.
따라서 사각형이 **6**개 생깁니다.

단계	문제 해결 과정
①	종이를 점선을 따라 자르면 어떻게 되는지 알아보았나요?
②	어떤 도형이 몇 개 생기는지 구했나요?

9 ⑩ 사용한 쌓기나무는 각각 ㉠ **5**개, ㉡ **5**개, ㉢ **6**개, ㉣ **5**개입니다.
따라서 사용한 쌓기나무의 수가 다른 하나는 ㉢입니다.

단계	문제 해결 과정
①	사용한 쌓기나무는 각각 몇 개인지 구했나요?
②	사용한 쌓기나무의 수가 다른 하나를 찾아 기호를 썼나요?

10

단계	문제 해결 과정
①	쌓기나무를 쌓은 위치와 방향, 수를 정확하게 설명했나요?

11 ⑩

작은 도형 **1**개로 된 삼각형:
①, ②, ③, ④, ⑤ ➡ **5**개
작은 도형 **2**개로 된 삼각형:
①+②, ②+③, ④+⑤ ➡ **3**개
작은 도형 **3**개로 된 삼각형: ①+②+③ ➡ **1**개
따라서 찾을 수 있는 크고 작은 삼각형은 모두
5+**3**+**1**=**9**(개)입니다.

단계	문제 해결 과정
①	작은 도형으로 된 삼각형이 각각 몇 개인지 구했나요?
②	찾을 수 있는 크고 작은 삼각형은 모두 몇 개인지 구했나요?

2단원 **단원 평가** Level ❶   16~18쪽

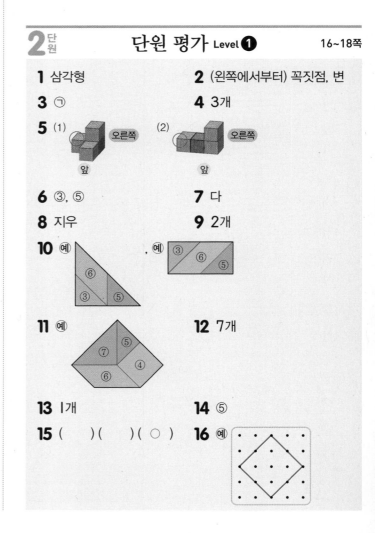

1 삼각형
2 (왼쪽에서부터) 꼭짓점, 변
3 ㉠
4 3개
5 (1) 오른쪽 (2) 오른쪽
6 ③, ⑤
7 다
8 지우
9 2개
10 ⑩ , ⑩
11 ⑩
12 7개
13 1개
14 ⑤
15 ( )( )(○)
16 ⑩

17 |층에 쌓기나무 **3**개가 옆으로 나란
히 있고, <u>오른쪽</u> 쌓기나무 위로 쌓기
나무를 **3**개 쌓았습니다.

18 ( ) (○) **19** 은서

20 2개

---

1 주어진 물건은 삼각자이므로 변이 **3**개인 삼각형을 찾
을 수 있습니다.

3 단추를 종이에 대고 본을 뜨면 원을 그릴 수 있습니다.

4 곧은 선 **4**개로 둘러싸인 도형을 찾으면 모두 **3**개입
니다.

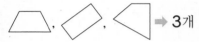 ➡ **3**개

6 원은 어느 쪽에서 보아도 똑같이 동그란 모양이고, 꼭
짓점과 변이 없습니다.

7 가: **4**개, 나: **6**개, 다: **5**개

8 삼각형은 곧은 선으로만 둘러싸여 있습니다.

9  ➡ **2**개

11 길이가 같은 변끼리 이어 붙여 만들어 봅니다.

12 변이 삼각형은 **3**개, 원은 **0**개, 사각형은 **4**개입니다.
따라서 세 도형의 변은 모두 **3**+**0**+**4**=**7**(개)입
니다.

13 원은 어느 쪽에서 보아도 똑같이 동그란 모양이므로 **3**
개이고 삼각형은 **2**개입니다.
따라서 원은 삼각형보다 **3**−**2**=|(개) 더 많습니다.

14 왼쪽 모양에서 오른쪽 맨 앞에 있는 쌓기나무 |개를 빼
야 합니다.

15 쌓기나무 **5**개로 만든 모양은 둘째, 셋째 모양입니다.
둘째: |층에 **3**개, **2**층에 |개, **3**층에 |개를 쌓았습니
다.
셋째: |층에 **4**개, **2**층에 |개를 쌓았습니다.
따라서 쌓은 모양은 셋째 모양입니다.

18 앞에서 본 그림을 나타내면 각각 다음과 같습니다.

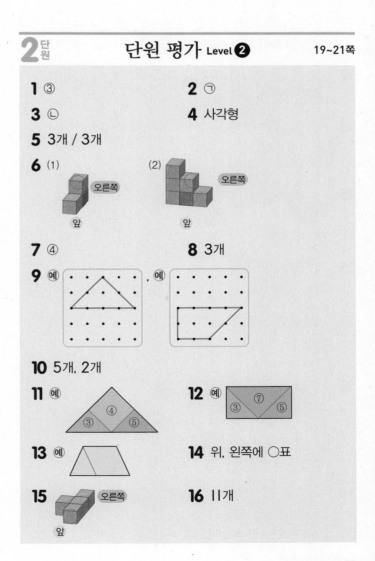

따라서 오른쪽 모양에 ○표 합니다.

---

19 ⑩ 쌓기나무를 은서는 **5**개, 서준이는 **7**개 사용했습
니다.
따라서 쌓기나무를 더 적게 사용한 사람은 은서입니다.

평가 기준	배점
사용한 쌓기나무는 각각 몇 개인지 구했나요?	3점
쌓기나무를 더 적게 사용한 사람은 누구인지 구했나요?	2점

20 ⑩ 종이를 점선을 따라 자르면 삼각형이 **4**개, 사각형
이 **2**개 생깁니다.
따라서 삼각형은 사각형보다 **4**−**2**=**2**(개) 더 많습
니다.

평가 기준	배점
삼각형과 사각형이 각각 몇 개 생기는지 구했나요?	3점
삼각형은 사각형보다 몇 개 더 많은지 구했나요?	2점

2단원 **단원 평가 Level ❷** 19~21쪽

1 ③ **2** ㉠

3 ㉡ **4** 사각형

5 3개 / 3개

6 (1) 오른쪽 / 앞 (2) 오른쪽 / 앞

7 ④ **8** 3개

9 ⑩ , ⑩

10 5개, 2개

11 ⑩ **12** ⑩

13 ⑩ **14** 위, 왼쪽에 ○표

15 오른쪽 / 앞 **16** ||개

17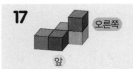

18 12개

19 예 쌓기나무 3개가 옆으로 나란히 있고, 맨 오른쪽 쌓기나무 뒤에 쌓기나무 2개가 나란히 있습니다.

20 ㉡

2 곧은 선 3개로 둘러싸인 도형을 찾습니다.

3 원은 어느 쪽에서 보아도 똑같이 동그란 모양입니다.

4 곧은 선 4개로 둘러싸여 있으므로 사각형입니다.

5 삼각형은 변이 3개, 꼭짓점이 3개입니다.

7 ④ 사각형은 곧은 선으로 둘러싸여 있습니다.

8 크고 작은 원이 모두 3개 있습니다.

9 삼각형은 3개의 변으로 둘러싸인 도형이고, 사각형은 4개의 변으로 둘러싸인 도형입니다.

11 주어진 세 조각을 길이가 같은 변끼리 이어 붙여 삼각형을 만들어 봅니다.

12 주어진 세 조각을 길이가 같은 변끼리 이어 붙여 사각형을 만들어 봅니다.

13 선분을 긋는 방법은 여러 가지가 있습니다.

삼각형 ◁─── 사각형

15

16 가: 6개, 나: 5개

따라서 쌓기나무는 모두 6+5=11(개) 필요합니다.

17 파란색과 노란색 쌓기나무를 색칠한 다음 초록색과 보라색 쌓기나무를 색칠합니다.

18 ☐ 5개, ⊟ 3개, ▭ 2개,

⊟ 1개, ⊞ 1개

➡ 5+3+2+1+1=12(개)

19

평가 기준	배점
쌓기나무의 수를 바르게 나타냈나요?	2점
쌓은 모양을 정확하게 설명했나요?	3점

20 예 ㉠ 꼭짓점의 수가 원은 0, 사각형은 4이므로 두 수의 차는 4−0=4입니다.

㉡ 삼각형의 꼭짓점의 수는 3이므로 3+3=6입니다.

㉢ 사각형의 변의 수는 4이므로 4+1=5입니다.

따라서 계산 결과가 가장 큰 것은 ㉡입니다.

평가 기준	배점
㉠, ㉡, ㉢을 각각 계산했나요?	3점
계산 결과가 가장 큰 것을 찾아 기호를 썼나요?	2점

3 덧셈과 뺄셈

🖊 서술형 문제

22~25쪽

1⁺
$$\begin{array}{r} \overset{7}{\cancel{8}}\ \overset{10}{2} \\ -\quad 4 \\ \hline 7\ 8 \end{array}$$

2⁺ 16마리

3 84명 **4** 113

5 ㉠, ㉢, ㉡ **6** 65개

7 106 **8** 31개

9 112 **10** 1, 2, 3, 4

11 19

1⁺ 예 십의 자리에서 일의 자리로 받아내림한 수를 빼지 않아 계산이 틀렸습니다.

단계	문제 해결 과정
①	계산이 잘못된 까닭을 썼나요?
②	바르게 계산했나요?

2⁺ 예 (공원에 남아 있는 참새의 수)
= (처음 공원에 있던 참새의 수)
　 − (날아간 참새의 수)
= 30−14=16(마리)

단계	문제 해결 과정
①	남아 있는 참새의 수를 구하는 식을 세웠나요?
②	남아 있는 참새는 몇 마리인지 구했나요?

3 예 (박물관에 있는 관람객 수)
= (처음 박물관에 있던 관람객 수)
　 + (더 들어온 관람객 수)
= 78+6=84(명)

단계	문제 해결 과정
①	박물관에 있는 관람객 수를 구하는 식을 세웠나요?
②	박물관에 있는 관람객은 모두 몇 명인지 구했나요?

4 예 가장 큰 수는 86이고 가장 작은 수는 27입니다.
따라서 가장 큰 수와 가장 작은 수의 합은
86+27=113입니다.

5 예 ㉠ 62−29=33, ㉡ 43−15=28,
㉢ 70−41=29
따라서 33>29>28이므로 계산 결과가 큰 것부터
차례로 기호를 쓰면 ㉠, ㉢, ㉡입니다.

단계	문제 해결 과정
①	㉠, ㉡, ㉢을 각각 계산했나요?
②	계산 결과가 큰 것부터 차례로 기호를 썼나요?

6 예 (흰색 공의 수)
= (파란색 공의 수)+(빨간색 공의 수)−28
= 57+36−28
= 93−28=65(개)

단계	문제 해결 과정
①	흰색 공의 수를 구하는 식을 세웠나요?
②	흰색 공은 몇 개인지 구했나요?

7 예 덧셈식 16+45=61을 뺄셈식으로 나타내면
61−45=16, 61−16=45이므로
㉠=45, ㉡=61입니다.
따라서 ㉠과 ㉡에 알맞은 수의 합은 45+61=106
입니다.

단계	문제 해결 과정
①	㉠과 ㉡에 알맞은 수를 각각 구했나요?
②	㉠과 ㉡에 알맞은 수의 합을 구했나요?

8 예 지우가 처음에 가지고 있던 사탕의 수를 □로 하여
뺄셈식을 만들면 □−14=17입니다.
➡ 17+14=□, □=31
따라서 지우가 처음에 가지고 있던 사탕은 31개입니다.

단계	문제 해결 과정
①	지우가 처음에 가지고 있던 사탕의 수를 □로 하여 식을 세웠나요?
②	지우가 처음에 가지고 있던 사탕은 몇 개인지 구했나요?

9 예 수 카드의 수의 크기를 비교하면 8>6>3>2이
므로 만들 수 있는 가장 큰 두 자리 수는 86이고 가장
작은 두 자리 수는 23, 둘째로 작은 두 자리 수는 26
입니다.
따라서 두 수의 합은 86+26=112입니다.

단계	문제 해결 과정
①	만들 수 있는 가장 큰 두 자리 수와 둘째로 작은 두 자리 수를 각각 구했나요?
②	두 수의 합을 구했나요?

10 (예) $42-5=37$이므로 $42-\square$가 37보다 크려면 $\square$ 안에는 5보다 작은 수가 들어가야 합니다.
따라서 $\square$ 안에 들어갈 수 있는 수는 1, 2, 3, 4입니다.

단계	문제 해결 과정
①	$\square$ 안에 들어갈 수 있는 수의 범위를 구했나요?
②	$\square$ 안에 들어갈 수 있는 수를 모두 구했나요?

11 (예) 어떤 수를 $\square$라고 하면 잘못 계산한 식은
$\square+38=95$입니다.
$\square+38=95$, $95-38=\square$, $\square=57$
따라서 바르게 계산한 값은 $57-38=19$입니다.

단계	문제 해결 과정
①	잘못 계산한 식을 세워 어떤 수를 구했나요?
②	바르게 계산한 값을 구했나요?

3단원 단원 평가 Level ❶   26~28쪽

1 (1) 54 (2) 49

2 (계산 순서대로) 58, 71, 71

3 6, 80, 83

4 $51-18-5=33-5=28$

5 ①, ⑤

6 $39 / 64$, 25, $39 / 64$, 39, 25

7 (   )(○)   **8** 19

9 덧셈식 $27+57=84$, $57+27=84$
    뺄셈식 $84-27=57$, $84-57=27$

10 20, 3, 44, 3, 41 **11** $14-\square=8 / 6$

12 민호, 19번   **13** 8, 45에 ○표

14 112 **15** 7

16 64, $7 / 65$, $8 / 66$, 9

17 1, 2, 3 **18** 68

19 14 **20** 87장

1 (1)
$$\begin{array}{r} \overset{1}{}\ 1\ 5 \\ +\ 3\ 9 \\ \hline 5\ 4 \end{array}$$
(2)
$$\begin{array}{r} \overset{7\ \ 10}{8\ 4} \\ -\ 3\ 5 \\ \hline 4\ 9 \end{array}$$

2
$$\begin{array}{r} \overset{5\ \ 10}{6\ 6} \\ -\ \ \ 8 \\ \hline 5\ 8 \end{array} \rightarrow \begin{array}{r} \overset{1}{5\ 8} \\ +\ 1\ 3 \\ \hline 7\ 1 \end{array}$$

4 세 수의 뺄셈은 앞에서부터 차례로 계산해야 합니다.

5 ① $91-38=53$, ② $27+36=63$,
③ $44+8=52$, ④ $80-25=55$,
⑤ $19+34=53$

7 $36+37=73$, $49+22=71$
따라서 두 수의 합이 더 작은 것은 $49+22$입니다.

8 $61>28>14$이므로 가장 큰 수는 61입니다.
➡ $61-28-14=33-14=19$

11 동생에게 준 구슬의 수를 $\square$로 하여 뺄셈식을 만들면
$14-\square=8$입니다.
➡ $14-8=\square$, $\square=6$

12 $74>55$이고 $74-55=19$이므로 민호가 줄넘기를
19번 더 많이 했습니다.

13 38, 41, 29에 각각 한 자리 수를 더하면 53보다 작은 수가 되고 한 자리 수끼리 더하면 53이 될 수 없습니다.
따라서 45와 더해서 53이 되는 수를 찾아봅니다.
➡ $45+8=53$

14 ㉠ 10이 4개, 1이 9개인 수는 49입니다.
㉡ 10이 6개, 1이 3개인 수는 63입니다.
➡ $49+63=112$

15 $51-24=27$
양쪽이 같아지려면 $=$의 오른쪽도 27이 되어야 하고
$27=20+7$이므로 $\square$ 안에 알맞은 수는 7입니다.

16 (두 자리 수)$-$(한 자리 수)의 계산 결과가 57이므로
받아내림을 하여 일의 자리 수끼리의 차가 7이 되는
수를 찾습니다.

17 $\square$ 안에 1부터 차례로 수를 넣어 계산해 봅니다.
$75-16=59$, $75-26=49$, $75-36=39$,
$75-46=29$, $\ldots$이므로 $\square$ 안에 들어갈 수 있는 수는 1, 2, 3입니다.

18 (세호가 가진 카드에 적힌 두 수의 합)
$= 33 + 59 = 92$
태정이가 가진 카드에 적힌 두 수의 합을 $24 + \square$라고
하면 $24 + \square = 92$, $92 - 24 = \square$, $\square = 68$입니다.
따라서 ? 에 알맞은 수는 **68**입니다.

서술형
19 (예) 어떤 수를 $\square$라고 하면 $\square + 16 = 30$입니다.
$\square + 16 = 30$, $30 - 16 = \square$, $\square = 14$
따라서 어떤 수는 **14**입니다.

평가 기준	배점
어떤 수를 □라고 하여 식을 세웠나요?	2점
어떤 수를 구했나요?	3점

서술형
20 (예) (민준이가 가지고 있는 색종이의 수)
$=$ (윤하가 가지고 있는 색종이의 수) $- 9$
$= 48 - 9 = 39$(장)
(윤하와 민준이가 가지고 있는 색종이의 수)
$= 48 + 39 = 87$(장)

평가 기준	배점
민준이가 가지고 있는 색종이는 몇 장인지 구했나요?	2점
윤하와 민준이가 가지고 있는 색종이는 모두 몇 장인지 구했나요?	3점

3단원 **단원 평가 Level ❷** 29~31쪽

1 (1) 41 (2) 45   **2** 121
3 47
4 94, 38, 56 / 94, 56, 38
5 (1) 60 (2) 48
6

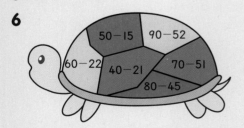

7 $75 - 19 = 75 - 20 + 1 = 55 + 1 = 56$
8 (1) < (2) >   **9** (1) 35, 26 (2) 25, 58
10 $18 + \square = 26$ / 8   **11** ㉠
12 12

---

13 (1) (위에서부터) 7, 4 (2) (위에서부터) 7, 5
14 46   **15** 62, 37, 25
16 44권   **17** 19
18 47   **19** 122
20 15개

1 받아올림과 받아내림에 주의하여 계산합니다.

(1)
```
    1
  3 4
+   7
─────
  4 1
```
(2)
```
  5 10
  6 0
- 1 5
─────
  4 5
```

2 $49 + 72 = 121$

3 큰 수에서 작은 수를 뺍니다.
➡ $82 - 35 = 47$

4 $38 + 56 = 94$ $38 + 56 = 94$

$94 - 38 = 56$ $94 - 56 = 38$

5 (1) $51 - 8 + 17 = 43 + 17 = 60$
(2) $34 + 39 - 25 = 73 - 25 = 48$

6

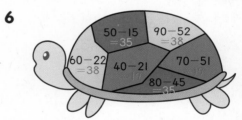

$50 - 15 = 35$, $90 - 52 = 38$, $60 - 22 = 38$,
$40 - 21 = 19$, $70 - 51 = 19$, $80 - 45 = 35$

7 19를 가까운 20으로 바꾸어 계산합니다.

8 (1) $44 + 18 = 62$, $90 - 24 = 66$ ➡ $62 < 66$
(2) $74 - 35 = 39$, $17 + 16 = 33$ ➡ $39 > 33$

9 (1) $\boxed{35} + 26 = 61$ (2) $83 - \boxed{25} = 58$

$61 - \boxed{26} = 35$ $25 + \boxed{58} = 83$

10 더 들어온 학생 수를 $\square$로 하여 덧셈식을 만들면
$18 + \square = 26$입니다.
➡ $26 - 18 = \square$, $\square = 8$

11 ㉠ $41 - \square = 25$, $41 - 25 = \square$, $\square = 16$
㉡ $\square - 4 = 17$, $17 + 4 = \square$, $\square = 21$
㉢ $13 + \square = 30$, $30 - 13 = \square$, $\square = 17$
따라서 $\square$ 안에 알맞은 수가 가장 작은 것은 ㉠입니다.

12 (실천하지 못한 날수)

=31-(실천한 날수)

=31-19=12(일)

13 (1) 일의 자리의 계산: □+6=13 ➡ □=7

십의 자리의 계산: 1+5+□=10 ➡ □=4

(2) 일의 자리의 계산: 10+2-7=□ ➡ □=5

십의 자리의 계산: □-1-1=5 ➡ □=7

14 53-25+19=28+19=47

따라서 47>□이므로 □ 안에 들어갈 수 있는 수 중에서 가장 큰 수는 46입니다.

15 두 수의 차가 가장 크려면 가장 큰 수에서 가장 작은 수를 빼야 합니다.

➡ 62-37=25

16 (채은이가 읽지 않은 책의 수)

=(동화책의 수)+(위인전의 수)-(읽은 책의 수)

=32+59-47=91-47=44(권)

17 어떤 수를 □라고 하면 잘못 계산한 식은

□+18=55입니다.

□+18=55, 55-18=□, □=37

따라서 바르게 계산한 값은 37-18=19입니다.

18 ·●+●=▲ ➡ 16+16=▲, ▲=32

·29+▲-14=★

➡ 29+32-14=★, 61-14=★, ★=47

서술형
19 ⑩ 만들 수 있는 가장 큰 두 자리 수는 87이고

가장 작은 두 자리 수는 35입니다.

따라서 두 수의 합은 87+35=122입니다.

평가 기준	배점
만들 수 있는 가장 큰 두 자리 수와 가장 작은 두 자리 수를 각각 구했나요?	2점
두 수의 합을 구했나요?	3점

서술형
20 ⑩ 야구공의 수를 □라고 하면

9+17+□=50, 26+□=50, 50-26=□,

□=24이므로 야구공은 24개입니다.

따라서 야구공은 농구공보다 24-9=15(개) 더 많습니다.

평가 기준	배점
야구공은 몇 개인지 구했나요?	3점
야구공은 농구공보다 몇 개 더 많은지 구했나요?	2점

4 길이 재기

⊜ 서술형 문제   32~35쪽

1⁺ ⑩ 빨간색 막대와 초록색 막대의 길이가 다르기 때문입니다.

2⁺ 2 cm

3 책장   **4** 민준

5 14 cm   **6** 정호

7 9 cm   **8** 다혜

9 약 6 cm   **10** 영우

11 2번

1⁺

단계	문제 해결 과정
①	두 막대로 잰 길이가 다른 까닭을 썼나요?

2⁺ ⑩ 눈금 4에서 시작하여 6까지 1 cm가 2번이므로 2 cm입니다.

따라서 못의 길이는 2 cm입니다.

단계	문제 해결 과정
①	1 cm가 몇 번인지 구했나요?
②	못의 길이는 몇 cm인지 구했나요?

3 ⑩ 잰 횟수가 많을수록 길이가 더 깁니다.

따라서 긴 쪽의 길이가 더 긴 것은 책장입니다.

단계	문제 해결 과정
①	잰 횟수가 많을수록 길이가 더 길다는 것을 알았나요?
②	긴 쪽의 길이가 더 긴 것은 무엇인지 구했나요?

4 ⑩ 잰 횟수가 같으므로 길이를 잴 때 사용한 필통과 크레파스의 길이를 비교해 봅니다.

크레파스보다 필통이 더 길므로 민준이의 바지의 길이가 더 깁니다.

단계	문제 해결 과정
①	필통과 크레파스의 길이를 비교해야 함을 알았나요?
②	누구의 바지의 길이가 더 긴지 구했나요?

5 예 1 cm가 14번인 길이는 14 cm입니다.
따라서 볼펜의 길이는 14 cm입니다.

단계	문제 해결 과정
①	1 cm가 14번인 길이를 구했나요?
②	볼펜의 길이를 구했나요?

6 예 1 cm가 59번이면 59 cm이고, 57 센티미터는 57 cm입니다.
57 cm < 59 cm < 61 cm이므로 가장 짧은 우산을 가지고 있는 사람은 정호입니다.

단계	문제 해결 과정
①	세 사람의 우산의 길이를 모두 ■ cm로 나타냈나요?
②	가장 짧은 우산을 가지고 있는 사람은 누구인지 구했나요?

7 예 분홍색 리본의 길이는 4 cm, 초록색 리본의 길이는 5 cm입니다.
따라서 두 리본의 길이의 합은 4+5=9 (cm)입니다.

단계	문제 해결 과정
①	두 리본의 길이를 각각 구했나요?
②	두 리본의 길이의 합을 구했나요?

8 예 길이가 자의 눈금 사이에 있을 때는 가까이에 있는 쪽의 숫자를 읽어야 하므로 풀의 길이는 약 7 cm입니다.

단계	문제 해결 과정
①	풀의 길이를 바르게 잰 사람은 누구인지 썼나요?
②	그 까닭을 썼나요?

9 예 9 cm에 가깝지만 눈금 3에서 시작하여 9까지 1 cm가 6번이므로 6 cm보다 조금 더 깁니다.
따라서 색 테이프의 길이는 약 6 cm입니다.

단계	문제 해결 과정
①	색 테이프의 길이가 6 cm보다 조금 더 긴 길이임을 알았나요?
②	색 테이프의 길이는 약 몇 cm인지 구했나요?

10 예 실제 길이와 어림한 길이의 차를 구하면 영우는 12-11=1 (cm), 재희는 14-12=2 (cm)입니다.
따라서 영우가 더 가깝게 어림하였습니다.

단계	문제 해결 과정
①	실제 길이와 어림한 길이의 차를 각각 구했나요?
②	누가 더 가깝게 어림하였는지 구했나요?

11 예 (게임기의 긴 쪽의 길이)=4+4+4=12 (cm), 6+6=12이므로 게임기의 긴 쪽의 길이는 길이가 6 cm인 막대 사탕으로 2번 잰 것과 같습니다.

단계	문제 해결 과정
①	게임기의 긴 쪽의 길이를 구했나요?
②	게임기의 긴 쪽의 길이는 막대 사탕으로 몇 번 잰 것과 같은지 구했나요?

4단원 **단원 평가 Level ①** 36~38쪽

1 지민   **2** 가
3 ③   **4** 6
5 ( )( )(○)
6 예 |———————————————
7 4 cm   **8** ⓒ
9 예 약 7 cm / 7 cm   **10** 현민
11 ⓒ   **12** 4번
13 (1) 30 cm (2) 15 cm   **14** 40 cm
15 가, 1 cm   **16** 태하
17 14 cm
18 예
19 약 4 cm   **20** 은성

1 직접 맞대어 비교하기 어려운 경우에는 끈이나 털실 등을 이용하여 길이를 본뜬 다음 서로 맞대어 비교합니다.

2 나: 자와 나란하게 놓지 않았습니다.

3 엄지손톱은 짧은 길이이므로 숟가락과 같이 짧은 물건의 길이를 재기에 적당합니다.

4 과자의 길이가 6 cm보다 길지만 6 cm에 가까우므로 약 6 cm입니다.

5 연결 모형을 석희는 4개, 준규는 5개, 시영이는 3개 연결하였으므로 가장 짧게 연결한 사람은 시영입니다.

6 점선의 왼쪽 끝에 자의 눈금 0을 맞추고 점선과 자를 나란히 놓은 후 자의 눈금 5까지 선을 긋습니다.

7 못의 길이는 l cm가 4번이므로 4 cm입니다.

8 ㉠ l cm가 7번 ➡ 7 cm ㉡ 9 센티미터 ➡ 9 cm
➡ 9 cm > 8 cm > 7 cm

9 l cm 길이를 생각하고 l cm가 몇 번쯤 들어가는지 생각하여 어림합니다.

10 잰 횟수가 같으므로 길이를 잴 때 사용한 클립과 빨대의 길이를 비교해 봅니다. 클립보다 빨대가 더 길므로 더 긴 끈을 가지고 있는 사람은 현민입니다.

11 ㉠ ————————————
㉡ ————————
㉢ ——————

털실 등을 이용하여 길이를 본뜬 다음 서로 맞대어 비교하면 ㉢이 가장 짧습니다.

12 리본의 길이는 바둑돌 l2개의 길이와 같고, 바둑돌 3개의 길이는 클립 한 개의 길이와 같습니다.
따라서 리본의 길이는 클립으로 4번 잰 길이와 같습니다.

13 ⑴ 수학책의 긴 쪽의 길이는 약 30 cm라고 할 수 있습니다.
⑵ 칫솔의 길이는 5 cm보다 길고 30 cm보다 짧으므로 약 l5 cm라고 할 수 있습니다.

14 지팡이의 길이는 연필로 4번 잰 것과 같습니다.
➡ l0+l0+l0+l0=40(cm)

15 가: l cm가 5번이므로 5 cm입니다.
나: l cm가 4번이므로 4 cm입니다.
따라서 가 연필이 5-4=l(cm) 더 깁니다.

16 잰 횟수가 많을수록 뼘의 길이가 짧습니다.
따라서 태하의 뼘의 길이가 더 짧습니다.

17 2+2+2=6이므로 한 칸의 길이는 2 cm입니다.
따라서 색 테이프의 길이는
6+2+2+2+2=l4(cm)입니다.

18 l+3+3=7(cm), l+l+3+l+l=7(cm) 등 여러 가지 방법이 있습니다.

서술형
19 예 길이가 자의 눈금 사이에 있으므로 가까이에 있는 쪽의 숫자를 읽어야 합니다.
따라서 못의 길이는 4 cm에 가까우므로 약 4 cm입니다.

평가 기준	배점
길이가 자의 눈금 사이에 있을 때 가까이에 있는 쪽의 숫자를 읽어야 함을 알았나요?	2점
못의 길이는 약 몇 cm인지 구했나요?	3점

서술형
20 예 실제 길이와 어림한 길이의 차를 구하면
은성: 2l-20=l(cm), 민규: 23-2l=2(cm),
서준: 2l-l9=2(cm)입니다.
따라서 가장 가깝게 어림한 사람은 은성입니다.

평가 기준	배점
실제 길이와 어림한 길이의 차를 각각 구했나요?	3점
가장 가깝게 어림한 사람은 누구인지 구했나요?	2점

4단원 단원 평가 Level ❷ 39~41쪽

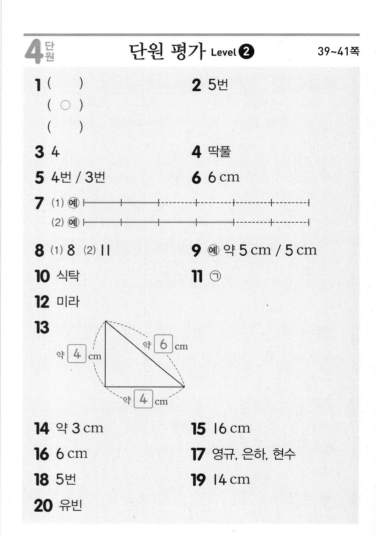

1 ( )
(○)
( )

2 5번

3 4

4 딱풀

5 4번 / 3번

6 6 cm

7 ⑴ 예
⑵ 예

8 ⑴ 8 ⑵ ll

9 예 약 5 cm / 5 cm

10 식탁

11 ㉠

12 미라

13
약 4 cm
약 6 cm
약 4 cm

14 약 3 cm

15 l6 cm

16 6 cm

17 영규, 은하, 현수

18 5번

19 l4 cm

20 유빈

1 한 개의 물건에서 여러 방향의 길이는 직접 맞대어 비교할 수 없습니다.

2 나무 막대의 길이는 뼘으로 5번 잰 길이입니다.

3 l cm가 4번이므로 4 cm입니다.

4 클립이 딱풀보다 더 짧으므로 클립으로 재면 더 여러 번 재어야 합니다.
따라서 딱풀로 재는 것이 더 편리합니다.

5 색연필의 길이는 클립으로 4번 잰 것과 같고, 지우개로 3번 잰 것과 같습니다.

6 분필의 길이는 l cm가 6번이므로 6 cm입니다.

8 1 cm가 ■번이면 ■ cm입니다.

9 1 cm 길이를 생각하고 1 cm가 몇 번쯤 들어가는지 생각하여 어림합니다.

10 뼘으로 책상은 7번쯤, 식탁은 9번쯤이므로 길이가 더 긴 것은 식탁입니다.

11 ㉠ 3 cm ㉡ 1 cm ㉢ 2 cm

12 물감의 한쪽 끝을 자의 눈금 0에 맞추면 다른 쪽 끝이 눈금 6에 가까우므로 물감의 길이는 약 6 cm입니다.

13 삼각형의 각 변에 자를 바르게 놓은 후 길이를 잽니다.

14 6 cm에 가깝지만 눈금 3에서 시작하여 6까지 1 cm가 3번입니다.
따라서 막대의 길이는 약 3 cm입니다.

15 (빨대의 길이)=4+4+4+4=16(cm)

16 두 색 테이프의 길이가 각각 2 cm, 4 cm이므로 두 색 테이프의 길이의 합은 2+4=6(cm)입니다.

17 16 cm보다 2 cm쯤 더 긴 길이는 약 18 cm이고, 20 cm보다 1 cm쯤 더 짧은 길이는 약 19 cm입니다.
실제 길이와 어림한 길이의 차를 구하면
현수: 17-14=3(cm), 영규: 18-17=1(cm),
은하: 19-17=2(cm)입니다.
따라서 가깝게 어림한 사람부터 차례로 이름을 쓰면 영규, 은하, 현수입니다.

18 (도마의 긴 쪽의 길이)
=10+10+10+10=40(cm)
8+8+8+8+8=40이므로 길이가 8 cm인 포크로 5번 잰 것과 같습니다.

서술형
19 예 초록색 선은 1 cm인 변이 모두 14개입니다.
따라서 초록색 선의 길이는 1 cm가 14번이므로
14 cm입니다.

평가 기준	배점
초록색 선에는 1 cm인 변이 모두 몇 개 있는지 구했나요?	2점
초록색 선의 길이를 구했나요?	3점

서술형
20 예 지우개의 길이가 길수록 지우개로 잰 횟수가 적습니다.
3<4<5이므로 가장 긴 지우개를 가지고 있는 사람은 유빈입니다.

평가 기준	배점
단위의 길이가 길수록 잰 횟수가 적음을 알았나요?	2점
가장 긴 지우개를 가지고 있는 사람은 누구인지 구했나요?	3점

5 분류하기

● 서술형 문제 42~45쪽

1⁺ 예 사탕의 색깔이 모두 같으므로 색깔을 기준으로 분류할 수 없습니다.

2⁺ 구두

3 ㉡

4 예 바퀴의 수

5 채소 칸 / 예 사과를 과일 칸으로 옮깁니다.

6 ④, ⑧

7 위인전

8 파란색 볼펜

9 2개

10 3개

11 숫자, 5

1⁺
단계	문제 해결 과정
①	분류 기준으로 알맞지 않은 까닭을 썼나요?

2⁺ 예 신발을 종류에 따라 분류하여 세어 보면 운동화는 4켤레, 구두는 5켤레, 샌들은 3켤레입니다.
따라서 가장 많이 팔린 신발은 구두입니다.

단계	문제 해결 과정
①	신발을 종류에 따라 분류하여 세었나요?
②	가장 많이 팔린 신발을 구했나요?

3 예 ㉠은 모양이 모두 같고 크기가 다르므로 크기를 기준으로 분류할 수 있고, ㉡은 크기는 비슷하고 모양이 다르므로 모양을 기준으로 분류할 수 있고, ㉢은 모양이 모두 같고 색깔이 다르므로 색깔을 기준으로 분류할 수 있습니다.
따라서 모양을 기준으로 분류할 수 있는 것은 ㉡입니다.

단계	문제 해결 과정
①	분류할 수 있는 기준을 각각 찾았나요?
②	모양을 기준으로 분류할 수 있는 것을 찾아 기호를 썼나요?

4 예 바퀴가 4개인 것과 2개인 것으로 분류되어 있습니다.
따라서 바퀴의 수를 기준으로 분류한 것입니다.

단계	문제 해결 과정
①	분류되어 있는 것끼리 공통점을 찾았나요?
②	분류 기준은 무엇인지 구했나요?

5

단계	문제 해결 과정
①	잘못 분류된 칸을 찾아 썼나요?
②	바르게 옮겼나요?

6 예 분홍색인 블록은 ①, ④, ⑥, ⑧, ⑨이고, 이 중에서 사각형 모양인 블록은 ④, ⑧입니다. 따라서 분홍색이면서 사각형 모양인 블록은 ④, ⑧입니다.

단계	문제 해결 과정
①	분홍색인 블록을 찾았나요?
②	분홍색이면서 사각형 모양인 블록을 찾았나요?

7 예 책을 종류별로 분류하여 세어 보면 동화책은 3권, 위인전은 6권입니다.
따라서 위인전이 더 많으므로 위인전을 더 넓은 칸에 꽂으면 좋을 것 같습니다.

단계	문제 해결 과정
①	동화책과 위인전은 각각 몇 권인지 구했나요?
②	어느 책을 더 넓은 칸에 꽂으면 좋을지 구했나요?

8 예 지난주에 팔린 볼펜을 색깔에 따라 분류하여 세어 보면 빨간색은 5자루, 파란색은 8자루, 초록색은 3자루이므로 파란색이 가장 많이 팔렸습니다.
따라서 파란색 볼펜을 가장 많이 준비하면 좋을 것 같습니다.

단계	문제 해결 과정
①	가장 많이 팔린 볼펜은 어떤 색깔인지 구했나요?
②	어떤 색깔의 볼펜을 가장 많이 준비하면 좋을지 구했나요?

9 예 머리핀을 모양에 따라 분류하여 세어 보면 하트 모양은 8개, 별 모양은 6개입니다. 따라서 하트 모양은 별 모양보다 $8-6=2$(개) 더 많습니다.

단계	문제 해결 과정
①	하트 모양과 별 모양은 각각 몇 개인지 구했나요?
②	하트 모양은 별 모양보다 몇 개 더 많은지 구했나요?

10 예 머리핀을 색깔에 따라 분류하여 세어 보면 하늘색은 3개, 분홍색은 6개, 노란색은 5개이므로 가장 많은 색깔은 분홍색이고 가장 적은 색깔은 하늘색입니다.
따라서 가장 많은 색깔은 가장 적은 색깔보다
$6-3=3$(개) 더 많습니다.

단계	문제 해결 과정
①	가장 많은 색깔과 가장 적은 색깔은 각각 몇 개인지 구했나요?
②	가장 많은 색깔은 가장 적은 색깔보다 몇 개 더 많은지 구했나요?

11 예 ㉠을 뺀 나머지 자석을 종류에 따라 분류하여 세어 보면 한글 자석이 5개, 숫자 자석이 6개입니다.
표에서 숫자 자석이 7개이므로 ㉠은 숫자 자석이고, ㉡에 알맞은 수는 5입니다.

단계	문제 해결 과정
①	주어진 자석과 표를 비교했나요?
②	㉠에 알맞은 자석의 종류와 ㉡에 알맞은 수를 각각 구했나요?

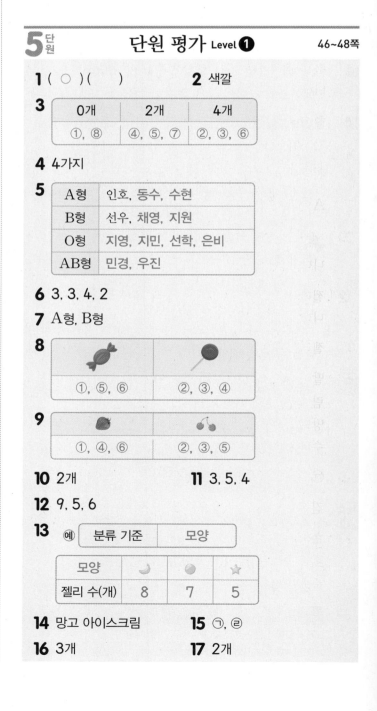

5단원 **단원 평가 Level ❶** 46~48쪽

1 (○) ( )　　　　**2** 색깔

3

0개	2개	4개
①, ⑧	④, ⑤, ⑦	②, ③, ⑥

4 4가지

5

A형	인호, 동수, 수현
B형	선우, 채영, 지원
O형	지영, 지민, 선학, 은비
AB형	민경, 우진

6 3, 3, 4, 2

7 A형, B형

8

🍬	🍭
①, ⑤, ⑥	②, ③, ④

9

🍓	🍒
①, ④, ⑥	②, ③, ⑤

10 2개　　　　**11** 3, 5, 4

12 9, 5, 6

13 예

분류 기준	모양

모양	🌙	⚪	⭐
젤리 수(개)	8	7	5

14 망고 아이스크림　　　　**15** ㉠, ㉢

16 3개　　　　**17** 2개

18

길이 색깔	짧은 양말	중간 양말	긴 양말
초록색	4개	1개	1개
빨간색	2개	2개	1개
보라색	1개	2개	1개

19

㉔ 플라스틱과 종이로 분류하였습니다. 과자 상자는 종이이므로 잘못 분류했습니다.

20 5명

1 쿠키는 세 가지 모양으로 분류할 수 있지만 클립은 모양이 모두 같습니다.

2 블록을 색깔에 따라 빨간색과 노란색으로 분류하였습니다.

4 혈액형의 종류는 A형, B형, O형, AB형으로 모두 4가지입니다.

6 위 **5**에서 분류한 것을 보고 학생 수를 세어 봅니다.

7 A형과 B형인 학생 수가 **3**명으로 같습니다.

10 🍬 모양이면서 🍓 맛인 사탕은 ①, ⑥으로 **2**개입니다.

12 젤리 색깔별로 ○, ∨, × 등의 표시를 하면서 세어 봅니다.

13 젤리를 모양에 따라 분류하고 그 수를 세어 봅니다.

14 딸기 아이스크림이 **14**개로 가장 많고, 망고 아이스크림이 **5**개로 가장 적습니다.
망고 아이스크림을 더 준비하면 종류별 아이스크림의 수가 비슷해집니다.

15 ㉠ 무게, ㉣ 두께는 분류 기준이 분명하지 않습니다.

16 긴 양말은 ④, ⑥, ⑩으로 **3**개입니다.

17 초록색 양말은 **6**개, 보라색 양말은 **4**개입니다.
초록색 양말은 보라색 양말보다 6-4=2(개) 더 많습니다.

서술형
19

평가 기준	배점
잘못 분류한 것을 찾았나요?	2점
잘못 분류한 까닭을 썼나요?	3점

서술형
20 ㉔

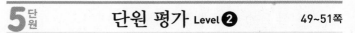

채소	가지	당근	고추	오이
학생 수(명)	6	1	4	3

가장 많은 학생들이 좋아하는 채소는 가지로 **6**명, 가장 적은 학생들이 좋아하는 채소는 당근으로 **1**명입니다.

➡ 6-1=5(명)

평가 기준	배점
가장 많은 학생들이 좋아하는 채소와 가장 적은 학생들이 좋아하는 채소의 학생 수를 각각 구했나요?	3점
두 채소의 학생 수의 차는 몇 명인지 구했나요?	2점

5단원 단원 평가 Level ❷ 49~51쪽

1 ㉔ 모양, ㉔ 색깔　　**2** ㉡

3

🟦(정육면체)	🔵(원기둥)	⚪(구)
②, ⑤	③, ④, ⑥	①, ⑦, ⑧

4

윗옷	①, ②, ⑧
아래옷	③, ④, ⑤, ⑥, ⑦

5

노란색	①, ⑧
파란색	②, ④, ⑥
빨간색	③, ⑤, ⑦

6 3개　　　　**7** 노란색

8 2마리　　　**9** 종류에 ○표

10 ㉔

종류	오렌지	포도	사과	복숭아
주스의 수(개)	5	3	3	1

11 오렌지주스

12 ㉔

종류	크레파스	로봇	공책	팽이
학생 수(명)	6	3	2	4

13 로봇, 공책　　**14** 1명

15 ㉔

모양	삼각형	사각형	원
단추 수(개)	3	3	4

16 (예)

색깔	노란색	보라색	파란색
단추 수(개)	4	3	3

17 (예)

구멍의 수	2개	4개	6개
단추 수(개)	3	4	3

18 2개

19 (예) 공을 사용하는 운동과 공을 사용하지 않는 운동으로 분류하였습니다.

20 초콜릿 맛 우유

1 도형을 모양에 따라 삼각형, 사각형, 원으로 분류할 수 있습니다. 또, 도형을 색깔에 따라 분홍색, 보라색, 연두색으로 분류할 수 있습니다.

2 물건들을 ⬛, 🟦, ⬤ 모양으로 분류할 수 있습니다.

6 윗옷은 ①, ②, ⑧로 3개입니다.

7 노란색 2개, 파란색 3개, 빨간색 3개이므로 가장 적은 색깔은 노란색입니다.

8 지렁이, 뱀으로 모두 2마리입니다.

11 위 10의 표에서 가장 많이 팔린 주스는 오렌지주스이므로 오렌지주스를 가장 많이 준비해야 합니다.

13 로봇은 3명, 공책은 2명이 받고 싶어 합니다.

14 학용품인 크레파스, 공책을 받고 싶은 학생은 6+2=8(명)이고, 장난감인 로봇, 팽이를 받고 싶은 학생은 3+4=7(명)입니다.
➡ 8-7=1(명)

18 단추 구멍이 4개인 단추는 모두 4개이고, 이 중에서 삼각형 모양인 단추는 2개입니다.

서술형
19

평가 기준	배점
분류 기준을 설명했나요?	5점

서술형
20 (예)

종류	초콜릿 맛	커피 맛	바나나 맛	딸기 맛
수(개)	10	2	6	3

가장 많이 팔린 우유는 초콜릿 맛 우유이므로 다음 날 편의점 주인이 초콜릿 맛 우유를 가장 많이 준비하면 좋을 것 같습니다.

평가 기준	배점
어떤 맛 우유를 가장 많이 준비하면 좋을지 썼나요?	2점
그 까닭을 썼나요?	3점

6 곱셈

● 서술형 문제

52~55쪽

1⁺ 4배	**2⁺** 20개
3 은호	**4** 5배
5 3배	**6** ⓒ
7 54	**8** 48개
9 35 cm	**10** 45개
11 윤성, 6쪽	

1⁺ (예) 나비를 3씩 묶으면 4묶음입니다.
따라서 나비의 수는 3씩 4묶음이므로 3의 4배입니다.

단계	문제 해결 과정
①	나비의 수는 3씩 4묶음임을 알았나요?
②	나비의 수는 3의 몇 배인지 구했나요?

2⁺ (예) 토끼 한 마리의 다리는 4개이므로 토끼 5마리의 다리 수는 4의 5배입니다. 따라서 토끼 5마리의 다리는 모두 4×5=20(개)입니다.

단계	문제 해결 과정
①	토끼 5마리의 다리 수는 4의 5배임을 알았나요?
②	토끼 5마리의 다리는 모두 몇 개인지 구했나요?

3 (예) 민지: 3씩 묶으면 5묶음입니다.
은호: 5씩 묶으면 3묶음이므로 5, 10, 15로 세어 볼 수 있습니다.
따라서 바르게 말한 사람은 은호입니다.

단계	문제 해결 과정
①	민지와 은호의 방법대로 묶어 세었나요?
②	바르게 말한 사람은 누구인지 찾았나요?

4 (예) 가지는 10개이고 당근은 2개입니다. 10은 2씩 5묶음이므로 2의 5배입니다.
따라서 가지의 수는 당근의 수의 5배입니다.

단계	문제 해결 과정
①	가지를 당근의 수로 묶어 세었나요?
②	가지의 수는 당근의 수의 몇 배인지 구했나요?

5 ㉠ 주황색 막대를 겹치지 않게 **3**개 이어 붙이면 초록색 막대와 길이가 같아집니다.

따라서 초록색 막대의 길이는 주황색 막대의 길이의 **3**배입니다.

단계	문제 해결 과정
①	초록색 막대의 길이는 주황색 막대 몇 개를 이어 붙인 것과 같은 길이인지 알았나요?
②	초록색 막대의 길이는 주황색 막대의 길이의 몇 배인지 구했나요?

6 ㉠ 6씩 4묶음, ㉡ 6의 4배, ㉣ 6+6+6+6은 모두 곱셈식 6×4로 나타낼 수 있으므로 **24**입니다.
㉢ 6×3은 **18**입니다.
따라서 나타내는 수가 다른 하나는 **㉢**입니다.

단계	문제 해결 과정
①	나타내는 수를 각각 구했나요?
②	나타내는 수가 다른 하나를 찾아 기호를 썼나요?

7 ㉠ 8의 3배 ➡ 8×3=8+8+8=24
㉡ 6의 5배 ➡ 6×5=6+6+6+6+6=30
따라서 ㉠과 ㉡의 합은 24+30=**54**입니다.

단계	문제 해결 과정
①	㉠과 ㉡의 값을 각각 구했나요?
②	㉠과 ㉡의 합을 구했나요?

8 ㉠ 배 모양 한 개를 만드는 데 사용한 면봉은 8개입니다.

따라서 배 모양 6개를 만드는 데 사용한 면봉은 모두
8×6=8+8+8+8+8+8=**48**(개)입니다.

단계	문제 해결 과정
①	배 모양 한 개를 만드는 데 사용한 면봉은 몇 개인지 구했나요?
②	배 모양 6개를 만드는 데 사용한 면봉은 모두 몇 개인지 구했나요?

9 ㉠ 막대 5개를 이어 놓은 전체의 길이는 **7** cm의 **5**배입니다.

따라서 이어 놓은 막대 전체의 길이는
7×5=7+7+7+7+7=**35**(cm)입니다.

단계	문제 해결 과정
①	막대 5개를 이어 놓은 전체의 길이는 7 cm의 5배임을 알았나요?
②	막대 5개를 이어 놓은 전체의 길이는 몇 cm인지 구했나요?

10 ㉠ (한 상자에 들어 있는 빵의 수)
=3×3=3+3+3=**9**(개)
(5상자에 들어 있는 빵의 수)
=9×5=9+9+9+9+9=**45**(개)

단계	문제 해결 과정
①	한 상자에 들어 있는 빵은 몇 개인지 구했나요?
②	5상자에 들어 있는 빵은 모두 몇 개인지 구했나요?

11 ㉠ (지은이가 읽은 동화책 쪽수)
=9×4=9+9+9+9=**36**(쪽)
(윤성이가 읽은 동화책 쪽수)
=7×6=7+7+7+7+7+7=**42**(쪽)
따라서 동화책을 윤성이가 42-36=**6**(쪽) 더 많이 읽었습니다.

단계	문제 해결 과정
①	지은이와 윤성이가 읽은 동화책 쪽수를 각각 구했나요?
②	동화책을 누가 몇 쪽 더 많이 읽었는지 구했나요?

6단원 **단원 평가** Level ❶   56~58쪽

1 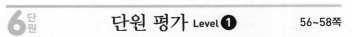 / 6개

2 6, 9, 12, 15, 18 / 18개

3 (1) 7묶음 (2) 2묶음 (3) 14개

4 4, 4, 4   **5** 3, 5 / 5, 3

6 3 / 3, 27   **7** (1) 4, 2, 8 (2) 3, 5, 15

8 5+5+5 / 5×3

9 8+8+8=24 / 8×3=24

10 4배   **11** 5×6=30

12 63개   **13** (1) 5 (2) 7

14 17살   **15** 56

16 36개   **17** 30개

18 6개   **19** ㉠, ㉢, ㉣, ㉡

20 26개

2 3씩 묶어 세면 6묶음입니다.
➡ 3−6−9−12−15−18

3 (1) 2씩 묶어 세면 7묶음입니다.
➡ 2−4−6−8−10−12−14
(2) 7씩 묶어 세면 2묶음입니다. ➡ 7−14

6 딸기의 수는 9의 3배입니다.
$9+9+9=27$ ➡ $9\times3=27$

8 5씩 3묶음 ➡ 5의 3배 ➡ $5+5+5$
➡ 5×3

9 8씩 3묶음 ➡ 8의 3배 ➡ 8×3
➡ $8+8+8=24$
➡ $8\times3=24$

10 분홍색 막대를 겹치지 않게 4개 이어 붙이면 노란색 막대와 길이가 같아집니다.
따라서 노란색 막대의 길이는 분홍색 막대의 길이의 4배입니다.

11 주어진 쌓기나무는 5개입니다.
필요한 쌓기나무의 수는 5개의 6배이므로
$5\times6=5+5+5+5+5+5=30$입니다.

12 7씩 9묶음이므로 7의 9배입니다.
$7\times9=7+7+7+7+7+7+7+7+7$
$=63$(개)

13 (1) 25는 5씩 5묶음이므로 5의 5배입니다.
(2) 56은 7씩 8묶음이므로 7의 8배입니다.

14 8의 3배 ➡ $8+8+8=24$ ➡ $8\times3=24$
따라서 현수의 형의 나이는 $24-7=17$(살)입니다.

15 이서: 9의 4배 ➡ $9\times4=9+9+9+9=36$
지우: 5씩 4묶음 ➡ 5의 4배
➡ $5\times4=5+5+5+5=20$
따라서 이서가 말한 수와 지우가 말한 수의 합은
$36+20=56$입니다.

16 별의 수: 4의 4배 ➡ $4\times4=4+4+4+4=16$
달의 수: 5의 4배 ➡ $5\times4=5+5+5+5=20$
따라서 별과 달 모양은 모두 $16+20=36$(개)입니다.

17 옷에 가려진 부분에도 같은 규칙으로 하트 모양이 그려져 있으므로 그려진 하트 모양의 수는 모두 6씩 5묶음입니다. 따라서 6의 5배이므로
$6\times5=6+6+6+6+6=30$(개)입니다.

18 (귤의 수)=3×8
$=3+3+3+3+3+3+3+3$
$=24$(개)
24를 4씩 묶으면 6묶음이므로 봉지는 6개 필요합니다.

서술형
19 예 ㉠ 2의 9배 ➡ 2×9
$=2+2+2+2+2+2+2+2+2=18$
㉡ $7+7+7+7=28$
㉢ 6 곱하기 4 ➡ $6\times4=6+6+6+6=24$
㉣ $5\times5=5+5+5+5+5=25$
따라서 나타내는 수가 작은 것부터 차례로 기호를 쓰면
㉠, ㉢, ㉣, ㉡입니다.

평가 기준	배점
나타내는 수를 각각 구했요?	3점
나타내는 수가 작은 것부터 차례로 기호를 썼요?	2점

서술형
20 예 (양 4마리의 다리 수)
$=4\times4=4+4+4+4=16$(개)
(닭 5마리의 다리 수)
$=2\times5=2+2+2+2+2=10$(개)
따라서 양과 닭의 다리는 모두 $16+10=26$(개)입니다.

평가 기준	배점
양과 닭의 다리는 각각 몇 개인지 구했요?	3점
양과 닭의 다리는 모두 몇 개인지 구했요?	2점

6단원 단원 평가 Level ❷ 59~61쪽

1 4, 6, 8, 10 / 10개
2 4묶음
3 20개
4 5, 15
5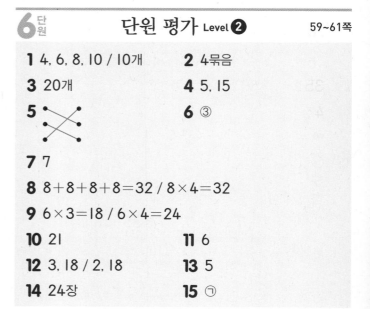
6 ③
7 7
8 $8+8+8+8=32$ / $8\times4=32$
9 $6\times3=18$ / $6\times4=24$
10 21
11 6
12 3, 18 / 2, 18
13 5
14 24장
15 ㉠

1 컵케이크의 수는 2씩 5묶음이므로 2, 4, 6, 8, 10으로 세어 모두 10개입니다.

2 5씩 묶어 세면 4묶음입니다.

3 5씩 4묶음이므로 5−10−15−20에서 야구공은 모두 20개입니다.

4 3씩 5묶음은 3의 5배입니다.
3의 5배는 $3+3+3+3+3=15$입니다.

6 ① 9의 4배, ② 9×4, ④ 9씩 4묶음,
⑤ $9+9+9+9$는 모두 36으로 같은 수입니다.
③ $9+4=13$

7 연필은 2자루, 지우개는 14개입니다.
14를 2씩 묶으면 7묶음이 되므로 14는 2의 7배입니다.

8 8씩 4묶음 ➡ $8+8+8+8=32$
➡ $8\times4=32$

10 3의 7배이므로
$3+3+3+3+3+3+3=21$(cm)입니다.

11 • 5를 6번 더하면 30이 됩니다.
➡ $5\times\boxed{6}=5+5+5+5+5+5=30$
• 6을 4번 더하면 24가 됩니다.
➡ $\boxed{6}\times4=6+6+6+6=24$

12 • 6씩 묶으면 3묶음입니다.
➡ $6+6+6=18$ ➡ $6\times3=18$
• 9씩 묶으면 2묶음입니다.
➡ $9+9=18$ ➡ $9\times2=18$

13 35는 7씩 5묶음이므로 7의 5배는 35입니다.

14 4장씩 6마리
➡ $4\times6=4+4+4+4+4+4=24$(장)

15 ㉠ $4\times8=4+4+4+4+4+4+4+4$
$=32$
㉡ 6의 5배
➡ $6\times5=6+6+6+6+6=30$
㉢ 9씩 3묶음
➡ $9\times3=9+9+9=27$
따라서 나타내는 수가 가장 큰 것은 ㉠입니다.

16 6씩 6묶음 ➡ $6+6+6+6+6+6=36$
$36=4+4+4+4+4+4+4+4+4=4\times9$
➡ 36은 4의 9배입니다.
따라서 □ 안에 알맞은 수는 9입니다.

17 4개씩 2줄 ➡ $4\times2=4+4=8$(개)
2개씩 3줄 ➡ $2\times3=2+2+2=6$(개)
따라서 종이로 가려진 부분에는 모두 $8+6=14$(개)의 점이 있습니다.

18 (기계 5대가 한 시간 동안 만드는 선풍기 수)
$=9\times5=9+9+9+9+9=45$(대)
따라서 2시간 동안 만드는 선풍기는 모두
$45+45=90$(대)입니다.

서술형
19 예 두발자전거 한 대의 바퀴는 2개입니다.
따라서 두발자전거 6대의 바퀴는 모두
$2\times6=2+2+2+2+2+2=12$(개)입니다.

평가 기준	배점
두발자전거 한 대의 바퀴는 몇 개인지 알았나요?	2점
두발자전거 6대의 바퀴는 모두 몇 개인지 구했나요?	3점

서술형
20 예 (건무가 가지고 있는 딱지 수)
$=5\times5=5+5+5+5+5=25$(장)
따라서 건무는 우진이보다 딱지를 $25-5=20$(장)
더 많이 가지고 있습니다.

평가 기준	배점
건무가 가지고 있는 딱지는 몇 장인지 구했나요?	3점
건무는 우진이보다 딱지를 몇 장 더 많이 가지고 있는지 구했나요?	2점

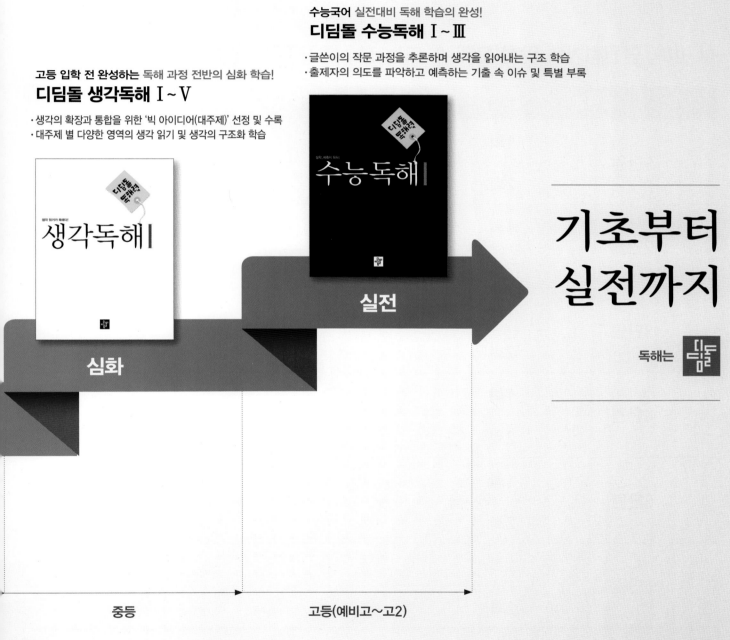

고등 입학 전 완성하는 독해 과정 전반의 심화 학습!
디딤돌 생각독해 Ⅰ~Ⅴ

· 생각의 확장과 통합을 위한 '빅 아이디어(대주제)' 선정 및 수록
· 대주제 별 다양한 영역의 생각 읽기 및 생각의 구조화 학습

수능국어 실전대비 독해 학습의 완성!
디딤돌 수능독해 Ⅰ~Ⅲ

· 글쓴이의 작문 과정을 추론하며 생각을 읽어내는 구조 학습
· 출제자의 의도를 파악하고 예측하는 기출 속 이슈 및 특별 부록

심화

실전

기초부터
실전까지

독해는 디딤돌

중등

고등(예비고~고2)

다음에는 뭐 풀지?

최상위로 가는
'맞춤 학습 플랜'

STEP 4
Book

다음에 공부할 책을 고르기 어려우시다면, 현재 성취도를 먼저 체크해 보세요.
최상위로 가는 맞춤 학습 플랜만 있다면 내 실력에 꼭 맞는 교재를 선택할 수 있어요!
단계에 따라 내 실력을 진단해 보고, 다음 학습도 야무지게 준비해 봐요!

첫 번째, 단원평가의 맞힌 문제 수 또는 점수를 모두 더해 보세요.

단원		맞힌 문제 수 OR 점수 (문항당 5점)	
1단원	1회		
	2회		
2단원	1회		
	2회		
3단원	1회		
	2회		
4단원	1회		
	2회		
5단원	1회		
	2회		
6단원	1회		
	2회		
합계			

※ 단원평가는 각 단원의 마지막 코너에 있는 20문항 문제지입니다.